告别无效学习

EXCEL

效率达人养成记

许万鸿◎编著

中国铁道出版社
CHINA RAILWAY PUBLISHING HOUSE

图书在版编目（CIP）数据

告别无效学习:Excel效率达人养成记/许万鸿编著.—北京：
中国铁道出版社，2019.3

ISBN 978-7-113-25021-8

Ⅰ.①告… Ⅱ.①许… Ⅲ.①表处理软件 Ⅳ.①TP391.13

中国版本图书馆CIP数据核字（2018）第229276号

书　　名：告别无效学习：Excel效率达人养成记
作　　者：许万鸿　编著

策划编辑：王　佩　　　　　　　　　读者热线电话：010-63560056
责任印制：赵星辰　　　　　　　　　封面设计：MXK DESIGN STUDIO

出版发行：中国铁道出版社（100054，北京市西城区右安门西街8号）
印　　刷：北京铭成印刷有限公司
版　　次：2019年3月第1版　　2019年3月第1次印刷
开　　本：787mm×1092mm　1/16　印张：15　字数：345千
书　　号：ISBN 978-7-113-25021-8
定　　价：59.80元

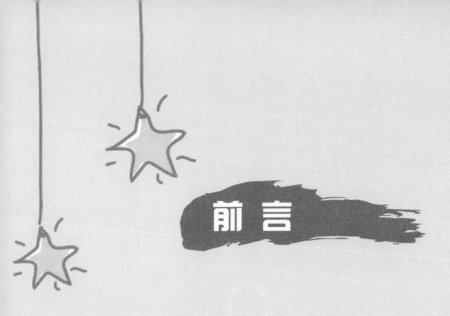

前言

一、内容亮点

和市面上类似图书对比，本书主要特色是：

致力于 Excel 实操技能的快速提升，精选实用高效的 Excel 知识点，一学就会，立竿见影；侧重于扫盲和提升，解决"不知道"和"不会用"这两个小白经常遇见的尴尬场景；合理分类，深入浅出进行讲解，并结合情境适当扩展，既贴近实战案例又触类旁通地引导读者深入思考和灵活运用；通过不断挖掘同一 Excel 工具或函数的形式深化学习成果并加强联想，避免无效学习，完善理论体系；力求用轻松的文风和有趣的例子，贴近实战，贴近读者，做一个职场新人的 Excel 贴心小棉袄。

二、本书主要内容及定位

本书共 10 章，囊括了 Excel 职场实操中各方面的技巧工具和函数。第一章通过分享学习和应用 Excel 的切身体会，总结出学习 Excel 的方法和应该具有的思维和习惯，为小白接触和实操 Excel 铺平了道路。第二章到第四章是 Excel 的基本数据操作技巧，包括输入、整理和美化等，这部分侧重对 Excel 小白的扫盲工作，串讲并演示由基本技巧引申而来的实战高能操作，从而做到快速提高和有效学习。第五章是数据透视表专题，全面揭开了数据透视表从创建到布局调整再到汇总计算等方面的神秘面纱，致力于提高 Excel 小白对数据透视表的应用能力。第六章～第九章是本书的难点，即函数部分。这部分首先对学习函数必须具备的常识和基础知识做了阐释和说明，而后分别对文本函数、统计函数和查询函数做了详细讲解并适当提高训练，使读者能够熟练运用函数完成数据处理工作。第十章通过 Excel 知识金字塔为小白们展现了 Excel 知识的全貌，指明了继续学习和进步的方向，以此作为全书的结尾。

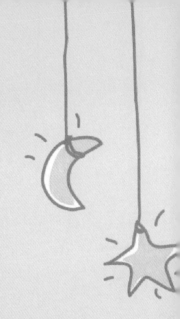

本书主要服务于 Excel 初学者。笔者按数据在 Excel 中的流转顺序，不断深入讲解。书中结合大量案例，将读者带入情境去学习，解决了大量实战问题。同时，本书图文并茂，其中穿插各类知识延伸和技巧活用，是 Excel 入门级和初级用户迅速提高实战能力的可靠助手，也可以作为中级 Excel 用户持续学习和进步的参考读物。

三、温馨提示

为了方便读者学习，请输入网址 http://www.m.crphdm.com/2018/1214/14001.shtml 或扫描下方二维码下载配套素材文件。

Excel 这件小事

作为本书的第一章，我将会从我和 Excel 的故事开始说起，延伸至学习 Excel 的方法以及实操中应该注意的问题，以此来给全书做一个铺垫。

1.1 我和 Excel 不得不说的故事

2015 年夏天，带着稚嫩和炙热，我加入了一家国内知名的快销品公司，担任财务分析专员一职。我的前辈花了大概 15 分钟的时间给我讲了几个函数，IF、SUMIF、SUMPRODUCT 和 VLOOKUP 等，就这样我和 Excel 的故事拉开了序幕，以这种单薄又略显草率的方式。

分析工作本身就是不断地汇整、处理、计算和展现数据，于是我不得不整日与 Excel 为伍，仿佛坠入无边无垠的 Excel 海洋，没错，我成了一个不折不扣的"表弟"。这样的工作曾一度让我无所适从，不只是对专业的憧憬与现实工作间的落差，更多的是和 Excel 这位小伙伴的矛盾与对立。一个 Excel 小白与职业办公明星软件间的战火熊熊燃烧着，我要粘贴，"她"告诉我格式不一致，我要查询，"她"却说查无此人，我梦想着绝世美图，"她"却用实力演绎东施效颦……

故事的开始，与 Excel 初见的日子一点也不美好，我不爱"她"，"她"也不顺从于我。为此我付出的代价就是更多的加班、更酸痛的手指肌肉以及泛红的"钛合金狗眼"。

随着分配的工作越来越多，我对 Excel 的依赖越来越大，在 Excel 世界里刀耕火种的原始生产力已经完全跟不上日益增长的工作需求，工作压力强行按下了我高傲的头颅。是的，是我先向 Excel 低了头，卑躬屈膝地去和"她"耳鬓厮磨，去了解"她"的脾气，花了很多时间和精力去认真地上下打量这位秀外慧中的职场大众情人，我开始了对"她"的疯狂追求。为了摸清"她"的喜怒哀乐，我买了好几本"报道"Excel 贵圈生活的"表白圣经"，天天诵念着爱情的甜言蜜语，"身无 LOOKUP 两分法，心有透视一点通"。为了制造"偶遇的浪漫错觉"，我逛遍了 Excel 经常出现的网站，细细品读着传遍街头巷尾的各种关于 Excel 的故事。甚至为了一次期待已久的"约会"，我会在自己的电脑上反复练习那些精心学过的桥段。

亏得我有一双发现美的眼睛，我很快看到了 Excel 的动人之处，"她"是算数达人，什么批量加减乘除的事，"她"用运算粘贴就能秒秒种搞定；"她"英姿飒爽，百万数据中取目标值头颅如探囊取物；"她"有倾城之容，只要你略施粉黛，"她"便能还你一张信达雅美的图表，巧笑情兮，美目盼兮；"她"总是一丝不苟严肃的样子，任何无效数据都躲不过"她"的法眼，任何满足条件的单元格"她"总能引导你重点关注，但"她"又十分贴心，用默认值和自动更正等方式宠着你的慵懒和小疏忽。

我陷入了对 Excel 的疯狂爱慕之中，同样地，Excel 也给了我热切的回应。故事的第二幕，像所有的青春爱情剧一样，男女主角的关系出现了狗血级的反转，Excel 成了我工作中最好最亲密的 Partner。于是乎，在 Excel 的协助下，我几乎重塑了工作中所有的表格，用更简约、更实用、更准确、更智能化的公式替代了手工劳作和人眼识别，用模板化的表格、智能的 VBA 语句把自己从重复的表格劳动中解脱了出来，用兼具美感和直观性的图表生动地呈现着团队的财务分析成果，技术成了第一生产力，而我成了办公室最"清闲"的人。Excel 专家的名号开始响遍财务部，甚至整个公司，我赢得了赞许、信任以及友情。我开始能够有更多的精力钻研 Excel 和专业知识，有更多的机会参与重要的任务，有更多的时间思考、总结和展示，我发现自己快速地成长着。与 Excel 的"甜蜜爱情"开始把狗粮撒到了工作的每一个角落，废寝忘食、挑灯夜战的苦学终于开花结果。

随后的日子里，我和 Excel 继续甜蜜地热恋，当然免不了拌嘴和闹情绪，Excel 有时任性也有小脾气，而我有更多坏习惯和无理的要求，但彼此都很快悦纳了对方，相互体谅着，进一步的学习和经验的累积，让我总能用最简单的方式完成特定的工作，同时也让我开始敬畏于 Excel 无穷无尽的知识体系。我发现，与 Excel 的这场"恋爱"注定将演变成一次没有终点的旅行，我期待并恐惧着。

一个偶然的机会，我创办了微信公众号——小花学 Excel（ID：Excel in Excel）。最初的设想是用它来教我的妻子学会 Excel 的技能，通过参与文章编写的方式提升她的 Excel 水平。但事与愿违，这位传说中的"小花"同学并没有因此在 Excel 方面大有长进，反而是公众号分享的方式受到了同事和朋友的喜爱和追捧，慢慢地积累了越来越多的粉丝。很快，学习和分享成了"小花学 Excel"的主题，它成为我持续学习的动力，也让我在分享中收获了幸福感。虽然运营公众号这件事情到目前为止并没有给我带来任何经济收入，但只要它是一个可以给别人带来帮助的公众号，就值得我持续付出。

就这样，我和 Excel 的故事延伸到了工作之外的角落，它成为一种兴趣、成为我的标签，也成为生活的另一种可能性。这个公众号，让中国铁道出版社的策划编辑王佩女士找到了我，在她的帮助和鼓励下，我完成了一件过去二十几年都不曾想象过的事情——成为一本书的作者。这是多么神奇的人生经历！感谢 Excel 给予我的无限可能，感谢中国铁道出版社王佩女士的支持与信赖，感谢一直支持鼓励我的妻子和家人。这就是我和 Excel，一个一边讲述一边向前翻滚的有趣故事。

1.2 关于学习 Excel 这件事情

Excel 这样一个使用频率极高的办公应用软件，它不仅用于很多原始数据的收集、整理和呈现，也和很多大型专业办公系统有着千丝万缕的联系，我们有足够多的理由对它保持关注并持续学习。

① 为什么要学习 Excel？

学习 Excel 的动力很多，其中最重要的一个就是，Excel 能力在很大程度上决定了一个职场人士的工作能力和工作效率。这不是夸大其词，我可以举出无数的鲜活例子来证明这件事。

曾经，同事问过我一个问题，怎么快速比较两列数据之间的差异？他的做法是用眼睛一个一个地查看比对，因为这样最为"放心"，毕竟眼见为实嘛！于是乎几百个单元格的事情他需要花一个多小时的时间来核对。当时，知道真相的我眼泪都要掉下来了，这种化石级的人物是如何适应当代高速发展的工作环境的？我决心拯救他。我告诉他，你可以选中这两列单元格，然后按 <Ctrl+\>，一键找出所有差异。他瞬间就惊呆了，一脸赞叹加感慨，一个小技巧竟能节省一个小时。这样的例子比比皆是，例如有些人在选择连续单元格的时候，总是按住鼠标左键不断拖拉，殊不知，只要按 <Ctrl+Shift+ 方向键 > 组合键就可以快速选择；有些人在查询汇总数据时，由于不会使用 VLOOKUP 函数，只能逐个筛选然后复制粘贴数值，导致效率低下并错误频频。

上述案例中的场景每天都在重复上演，这使得很多人总在花很多时间去做一件很"简单"的事情。减少盲目劳作，提升效率，正是我们学习和锤炼 Excel 技能的主要原因。

2　如何学习 Excel？

首先要保持一颗开放的心，乐于接受、学习并应用新的 Excel 工作方法。"拒绝学习"是导致 Excel 应用能力低下的主要原因之一。Excel 技能相较于经验模式的优势是不言而喻的，但为什么仍然经常吃闭门羹呢？这是因为守旧派往往具有另外一个优点，那就是高经验值。他们往往可以非常熟练快速地完成重复工作，即使不使用技巧和函数，也可以在指定的时间内完成工作。他们的熟练程度足以弥补技术上的欠缺，所以他们认为自己不需要学习。这样的人往往难以胜任工作量增大、工作时间被压缩或工作交接等情况，固执守旧因而固步自封。

其次是要打破盲区。其实对 Excel 小白来说，最重要的不是快速提高某一项技能的熟练程度，而是扫盲。小白经常问的问题是能不能，而不是怎么做，这正说明了他们对 Excel 不熟悉，甚至连怎么百度都不知道。学习 Excel 的初级阶段就是要以不求甚解的态度广泛涉猎，了解知识框架、掌握基本用法和原理即可。当遇到问题时，能立即联想到可能的解决方法，知道如何去搜索教程，就是扫盲阶段的最大目标。

再次就是深入钻研了。除了像现在的你这样，拥有一本图文结合的书籍外，还可以通过微信公众号、网站、论坛等诸多手段进行学习。已经过了扫盲阶段的你不能再不求甚解了，转而需要的是孜孜以求、刨根问底的精神。深入去钻研和探索同一知识点的各种扩展应用，这有助于加深理解并提高应用能力，对函数的学习尤为重要。这时你可能还需要一点大胆的假设，并不断试验，探究其实现的可能性。我曾经问过我的前辈，能不能让公式自动匹配表名来抓取数据，他坚定地告诉我不可能，但后来我发现了 INDIRECT 函数，不可能转化为了可能。我还假设过另外一个问题，为什么各个子公司的表格不能自动汇总合并，要逐一粘贴重复劳作，然后我编写了一段 VBA。这些钻研和发现都让我在 Excel 方面有了长足的进步。

最后就是总结、比较并持续学习。当你的 Excel 技能足够纯熟，知识面达到一定的广度，你会发现同一工具可能具备了解决多种问题的能力，而同一问题也可能有多种解决途径，这时我们就需要进行总结和比较来巩固知识，了解每一种工具的全貌并根据实际情况从中择优使用，从而进一步提升效率。

1.3　使用 Excel 应该注意的问题

1.3.1　数据库思维

　　什么是数据库思维？这是一个关于如何录入和存储数据的问题。根据数据库思维，我们称 Excel 表格的每一行为一条记录，每一列为一个字段，每一条记录都由一个或多个不同的字段构成，例如公司人员信息表中，工号、姓名、性别等列称为字段，男、女称为"性别"字段的字段值，每一行代表一名员工的全部信息，称为一条记录，如图 1.1 所示。

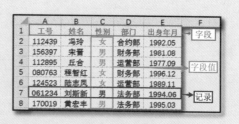

图 1.1　数据库表格

　　数据库思维其实不涉及具体的 Excel 技巧、函数或工具，更多的是一种规范性要求，它有助于我们将表格标准化由一个个独立字段值组成的方阵结构，整齐排列并彼此对应。一个规范的数据库式表格所带来的益处将贯穿表格使用的全过程。从数据录入到统计分析再到自动化、可视化，Excel 表格操作的每个细节都充斥着对数据源、表格样式的规范化要求，而数据库思维正是这些要求在实操意识和习惯上的体现。具体可以细分为以下几点要求。

1.　字段名的唯一性

　　由于字段名是标识字段值所代表的含义的重要信息，也是我们进行数据透视、函数统计等进一步操作的依据，重复的字段名会干扰我们对特定字段的引用，也会对信息产生歧义。同样的，实际上归属于相同信息类别的数据也不能分别设置不同的字段名，因此，在设置表头字段名时，既要注意避免重复字段名，还要将实际归属于相同信息类别的字段合并起来，如图 1.2 所示。

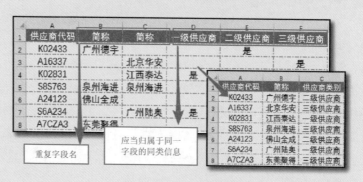

图 1.2　字段名的唯一性

2.　字段信息的独立性和完整性

　　每个字段信息都应该能彼此独立完整地表示一类信息，这些独立完整的字段单元格是我们对数据进行分类、汇总和提取分析的依据。这就要求字段既能从记录中独立划分出来，又能完整地表示记录的某一特定属性。

例如，"2018 年 3 月 12 日甲产品出库 300 件"是一条完整的记录，它可以划分为日期、产品名称、异动类型、数量和单位 5 个字段，其中日期又可以进一步划分为年、月、日 3 个子字段。

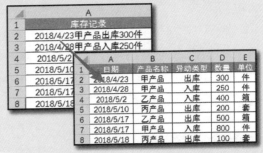

如何去划分和确定字段名是一个重要的课题，它要视具体情况而定，但切忌将明显属于不同字段的信息放在同一字段列中，例如要注意将数字和单位分离，如图 1.3 所示。合并数字和单位将会给统计分析和公式设置增加不必要的难度，而分列和自定义数字格式是解决这类问题的有效手段。

图 1.3　字段信息的独立性与完整性

3．字段值的规范性

代表某一特定信息的字段一般都有其允许输入的字段值范围，例如"性别"字段只能填写男或女，不能留白也不允许填写其他字段值；"日期"字段只能填入特定时间段的日期；"数量"、"金额"等字段只能填入数字等。这些都是对数据的规范性要求，通常我们会使用数据有效性来提醒并限制数据的录入。同时，字段值的数字格式统一也能提升数据的规范性，如图 1.4 所示。

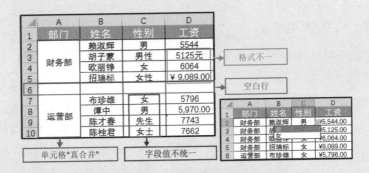

图 1.4　字段值的规范性

除此之外，字段值的规范性还要求不得留空（空行、空列、空单元格），也不能随意合并单元格，因为这些都可能影响到数据的进一步使用。遇到不得不合并单元格时，我们会使用跨列居中和假合并等方法来处理（详见 3.6 节）。

1.3.2　简单化思维

我们之所以学习和使用 Excel 是为了使工作变得更简单，使数据变得更直观，所以一切背离这个目标的操作和设置都应该被舍弃，一切符合这一目标的做法都应该被遵循。当然，简单化必须建立在不牺牲数据完整性和直观性的基础上。

1．减少非必要的重复输入

很多字段虽然不是重复字段，但它们之间存在着必然的对应关系，这样的字段之间存在信息的重叠，这时应当避免其中非必要字段的重复录入。如果我们可以从一个字段中得到另一个字段值的足够信息，依然坚持同时录入的话，不仅效率低下，而且可能使得对应关系错误。例如，"分数"字段值 60 分以下就意味着"等级"字段值为不及格，所以无须让数据输入者重复输入"分数"和"等级"这两个字段，只需输入"分数"字段，然后通过事先设置好的公式自动匹配出等级，如图 1.5 所示。

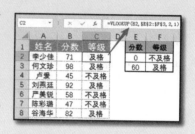

图 1.5　减少非必要的重复输入

2. 减少对数据源的调整

很多人习惯于建立辅助列来完成数据的透视或汇总，或者为了实现某一个公式的功能而去调整数据源表格结构，这些习惯不仅会增加操作的步骤和难度，使数据源面目全非，而且使表格模板陷阱重重，二次使用时一旦忘记更新辅助列或调整表格结构，就很可能出错。我们之所以磨炼函数能力，使用更加智能适配的公式，就是为了可以在最大限度地保持数据源原貌的情况下，实现数据处理需求。

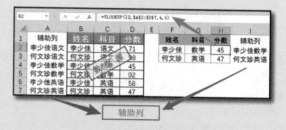

图 1.6　减少对数据源的调整

3. 尽量避免劳动力密集型表格

如何在数据源与目标结果中找到一条最简单的路径是我们都绕不开的话题。越简单越高效，出错的可能性也更小，确保一条普适公式返回值的准确性远比确保 100 个甚至 1 000 个手工结果的准确性来得简单。简单化思维就是尽量避免劳动力大量输出，转而用更智能的公式、技巧甚至 VBA 等手段来自动完成工作，最大限度地解放生产力。虽然设置这样的工具一开始可能需要投入更多的时间和精力，但这样的知识输出是一劳永逸的，是值得的、必要的。举个例子，你可能每次只需花 1 分钟就能从 100 个数字中找到最大的那个并标色，而学习并使用条件格式来凸显最大值，却可能需要 10 分钟。如果你以为前者更简单，更节约时间，那你就错了。因为一旦你学会了设置这样的条件格式，那么在今后的所有时间内，你都只需花 5 秒的时间就能完成工作。我们再把差距扩大化，如果这些数字是实时变动的，每个月需要报送 10 次，且需要从 1 000 个数字中找到最大值，此时人眼比对查找的工作量不言而喻，而条件格式的设置就显得非常必要了，它在最大限度上减少了这种情况下的劳动力输出，如图 1.7 所示。

图 1.7　减少对数据源的调整

1.3.3　服务思维

我们做的所有报表都有其使用价值，它们都在一定程度上服务于表格的用户。那么如何让用户更加直观明了、充分准确地获得表格中的信息就成为永远无法逃避的课题。

① 充分考虑使用者的需求

评价一个 Excel 表格做得好不好的标准之一就是它能否为使用者所用，以及用得称手与否。因此，我们需要根据使用者的偏好来考虑如何设置表头、如何排列数据区域、如何确定数量级及精确度、窗口冻结、行列宽度以及视图；我们需要根据使用者的关注点来决定以哪些维度去汇总分析、突出哪些重点数据以及是否进行可视化，等等。这种以使用者的需求为出发点的思维习惯，让你的表格总能收获满意。例如为方便使用者查阅表格，我们应当通过创建组、设置行列宽度、缩放等方式尽量使数据区域能在一个窗格中全部显示，这样的表格一目了然，如图 1.8 所示。

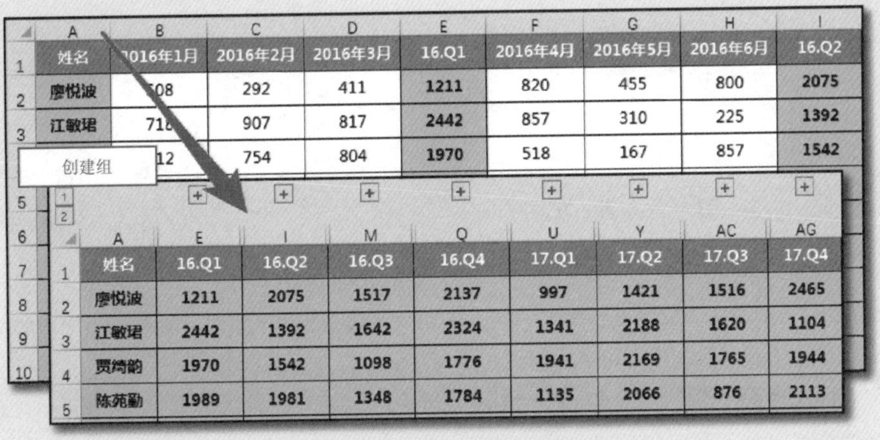

图 1.8　充分考虑使用者的需求

② 提供足够且适当的提示信息

一张表格内可能含有大量不同的数据信息，如果没有足够的提示和解释性语句，使用表格的人很可能一头雾水、错误操作或误解。然而太多的提示信息又会使表格显得杂乱、重复啰嗦，对有效数据产生不必要的干扰。因此提供足够且适当的提示信息非常必要，它能让使用者更加快速地获取和理解表格的数据信息。Excel 中的提示信息除了数据本身、标题、字段外，还可以通过插入批注和数据验证提示信息等方式来实现，如图 1.9 所示。

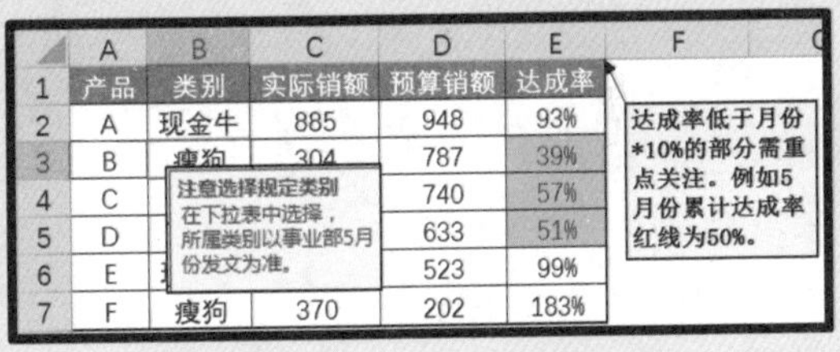

图 1.9　提供足够且适当的提示信息

以上就是本章的全部内容，大多来源于笔者的日常感悟和个人见解，希望对读者有所帮助，粗浅鄙陋之处还望各位花瓣见谅。很多优秀的习惯以及重要的想法和细节未能一应俱全，还请多多见谅，欢迎指正。

第二章

输入达人，技巧才是第一手速

录入数据是一项无关紧要却又意义重大的工作。说它无关紧要，是因为数据输入工作往往是繁杂、重复和索然无味的；说它意义重大，是因为数据来源于实践和收集，升华于分析和阐释，而数据录入正是架设在二者间的桥梁。任何现代化的数据分析工具都离不开数据源的获取和输入，且数据输入的质量往往会在很大程度上影响分析和决策的准确性。一般情况下，我们会希望数据输入能够快速、准确且规范。本章小花会带领各位花瓣学习能够快速提高输入效率的技能，快跟上小花的脚步吧！

2.1 你不知道的"填充柄"

填充柄是 Excel 输入工具中一个常见且实用的工具，很多花瓣都会有意识或无意识地使用到这个工具。但你真的了解填充柄吗？不妨跟着小花来认识一下填充柄的全貌吧，看看你不知道的填充柄！

2.1.1 自动填充选项：让填充为所欲为

　　小花：呆呆，我考考你，你会用填充柄吗？

　　阿呆（信心满满）：那当然了！当需要连续输入相同数据时，我们只需输入第一个单元格的数据，然后将鼠标移动到单元格右下角，待鼠标箭头变成"+"后，双击鼠标左键，Excel 会自动根据相邻单元格的连续性自动填充数据，如图 2.1 所示。

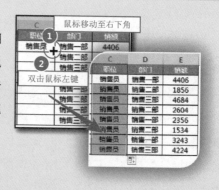

　　阿呆：对于文字，瞬间完成重复填充完全不是问题。但是对于数字，自动填充却经常要脾气，有时我们要填充连续序号 1 ～ 100，却都填充成了 1，有时又反着来，这是怎么回事啊？

图 2.1　双击填充

　　小花：对于文本数据，自动填充默认为复制单元格，但对于数值数据，自动填充又给出了按序列填充的功能，所以会出现错乱的可能。这时我们需要更改选定区域的填充方式，单击"自动填充选项"，选择所需的填充方式即可，如图 2.2 所示。

　　阿呆：原来每次双击完成自动填充后出现的这个，还可以这么玩啊，我以前怎么都没想过点开来看看呢？小花大神，能不能顺便解释一下这几个选项的区别？

　　小花：可以啊，听好，看好，做好笔记哦！为方便讲解，我们将作为填充数据源的单元格称为初始单元格，要填充数据的其余单元格称为目标单元格。

（1）复制单元格：将相同数据填充到所有单元格中。特别的，当填充方向上有多个连续初始单元格，复制单元格的含义是按多个初始单元格次序循环复制到目标单元格中，如图 2.3（左）所示

（2）填充序列：按一定的规则填充一系列不同的数据。特别的，当在填充方向上有多个初始单元格时，自动填充会遵循已有的规则，如图 2.3（右）所示。

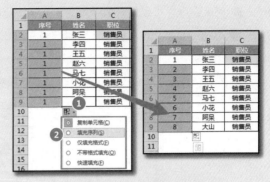

图 2.2　自动填充选项

初始选择	扩展序列
1, 2, 3	4, 5, 6,...
9:00	10:00, 11:00, 12:00,...
周一	二、三、四、...
星期一	星期二、星期三、星期四、...
1 月	2 月、3 月、4 月、...
1 月、4 月	7 月、10 月、11 月、...
2007 年 1 月、2007 年 4 月	2007 年 7 月、2007 年 10 月、2008 年 1 月、...
1 月 15 日、4 月 15 日	7 月 15 日、10 月 15 日、...
2007, 2008	2009, 2010, 2011,...
1 月 1 日、3 月 1 日	5 月 1 日、7 月 1 日、9 月 1 日、...
第 3 季度（或 Q3 或季度 3）	第 4 季度、第 1 季度、第 2 季度、...
文本 1、文本 A	文本 2、文本 文本 3、文本 A、...
第 1 期	第 2 期、第 3 期、...
产品 1	产品 2、产品 3、...

填充序列规则

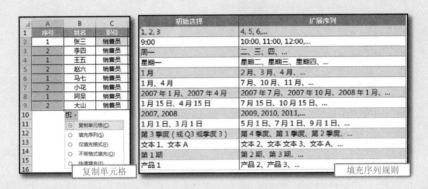

图 2.3　复制单元格与填充序列规则

（3）仅填充格式：将初始单元格格式填充到目标单元格。特别的，当填充多个连续单元格，仅填充格式是将初始单元格格式按次序循环填充到目标单元格中。

（4）不带格式填充：不将初始单元格的格式填充到目标单元格中。

这里的（1）和（2）是互斥条件、（3）和（4）是互斥条件，但是（1）与（3），（2）和（3）、（4）可以是并列的，即可以实现带格式填充序列、不带格式填充序列、带格式复制单元格。操作中，仅需一次选择这两个条件即可，如图 2.4 所示。

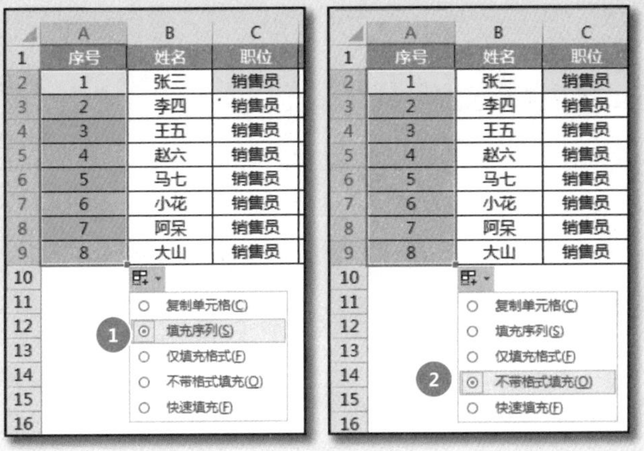

图 2.4　不带格式填充序列

🐣 阿呆：哇，可以选择多个初始单元格，还可以抢格式刷的饭碗，填充柄真是太厉害了！

🌸 小花：还不止这些呢！不要以为填充只能向下，其实它是个万向轮，什么方向都可以随意填充，填充多少单元格都可以自由拖动。选择初始单元格后，将鼠标移动到初始单元格区域右下角，向任意方向拖动任意个单元格，就可完成填充，如图2.5所示。

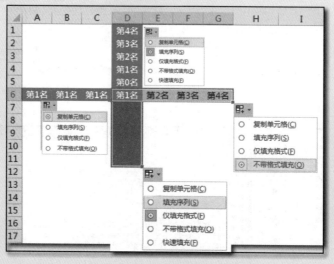

图 2.5　拖动填充

🐣 阿呆：拖动填充后选择填充方式，这方法固然好，但是当目标单元格很多时，需要拖动很长时间才能见底，而且绝大多数情况下都是向下填充，所以我认为双击更实用一点。

🌸 小花：有道理。但更有效率的填充方法是，拖动配合键盘来确定填充方式，随即双击填充。其中，按住 <Ctrl> 键拖动填充为自动填充序列，按住 <Alt> 键拖动填充会复制单元格填充。例如，我们要在 A2:A101 中填充 1 ～ 100，可以先在 A2 中填入 1，将鼠标移动至 A2 单元格的右下角，按住 <Ctrl> 键拖动至 A3 或 A4（任意拖动几个单元格以确定规则），然后双击完成填充，如图 2.6 所示。

图 2.6　快捷键与填充柄配合

🐣 阿呆：哇，好厉害！有了这两个快捷键，搞定不听话的自动填充简直易如反掌，太棒了！

2.1.2　序列填充：玩出填充新花样

🌸 小花：呆呆，如果要填充的不是 1,2,3 这样的简单序列，而是 1,3,5 这样的奇数数列或者 1,2,4 这样的等比数列，你会怎么办？

🐣 阿呆：你刚刚不是讲了吗？当在填充方向上有多个初始单元格时，自动填充会遵循已有的规则，我只要在连续几个单元格中输入 1,3,5，再双击或拖动填充就可以了啊，如图 2.7 所示。

🌸 小花：不错哦，现学现卖啊！确实，在大多数实操中，我们都是通过先输入序列的前几项来确定规则，然后再进行自动填充，从而实现非常规序列的填充。但事实上还有另外一种方法，那就是通过【序列】对话框设置填充规则。我们以按月填充为例，讲解如何设置序列填充规则。

通过设置规则完成序列填充

Step 01　选择初始单元格和目标单元格，单击【开始】选项卡【编辑】栏位中的【填充】下拉列表中的【序列】按钮，弹出【序列】对话框，如图 2.8 所示：

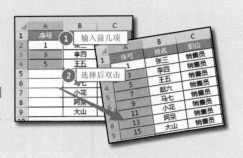

图 2.7　拖动等比填充法

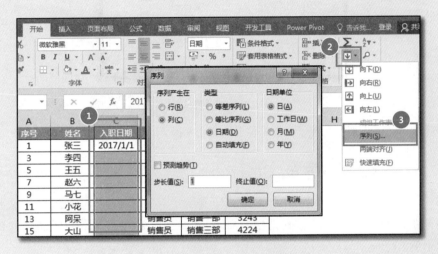

图 2.8　调出【序列】对话框

Step 02　设置规则为【列—日期—月】，单击【确定】按钮，完成按月填充序列，如图 2.9 所示。

图 2.9　设置序列规则

　　阿呆：我注意到【序列】对话框中有很多可供选择的按钮，它们各有什么用处？

　　小花：对的，你很用心哦。【序列】对话框上部分有三栏，【序列产生在】、【类型】和【日期单位】。这些都很容易理解，需要特别注意的是，只有当【类型】一栏选择"日期"型数据，【日期单位】一栏才可以选择，从而实现按年 / 月 / 日填充。而【序列】对话框的下部分则有【步长值】和【终止值】两个输入框，这里的步长是指序列中各数据间的间隔，如【类型】为【等差序列】，此处填入公差，【等比序列】此处填公比，【日期】则此处填入间隔的周期，如间隔十日填充，此处填 10。

🐸 阿呆：我明白了，例如我们经常做的各季度数据统计，就可以将【序列】设置【到一日期—月】，步长为 3，如图 2.10 所示。

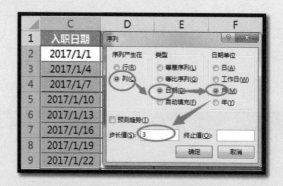

图 2.10　按季度填充

🐸 小花：举一反三啊！太棒了，看来你已经完全掌握了！

2.1.3　跨行粘贴的解决方案：Ctrl+R

🐸 小花：阿呆，看这样一张库存表，B 列中正数表示入库，负数表示出库。现在要求将出入库分开填列在 C 列和 D 列，我们先筛选出 B 列的正数，如图 2.11 所示，接下来你会怎么把这些数据挪到 C 列上呢？

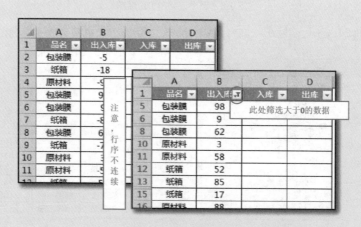

图 2.11　不连续行序区域

🐸 阿呆：复制粘贴嘛，这谁不会啊！（2 秒后）什么情况，如图产 2.12 所示，长短腿？错行了？

🐸 小花：不连续行复制后，这些被选中的可见数据会在剪贴板中连续排列，执行粘贴后，就从起始单元格开始，按行序填入目标单元格中，第一个数 98 填入 C5，第二个数 9 填入 C6，第三个数 62 填入 C7，以此类推，这样的结果就是不连续区域数据被粘贴到连续的区域中。不信，我们清除筛选来看看就一目了然了，如图 2.13 所示。

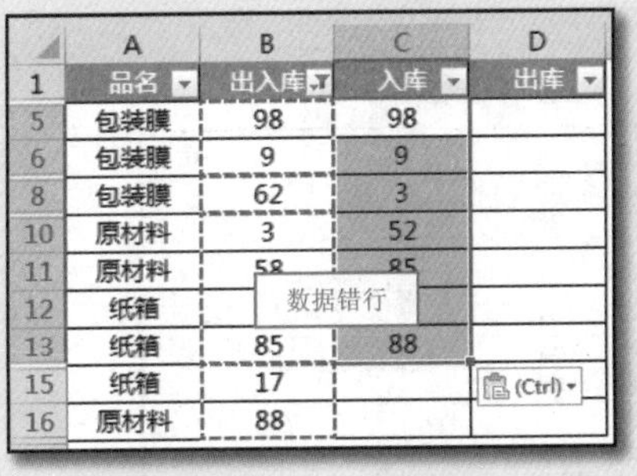

图 2.12 普通粘贴后，数据错行

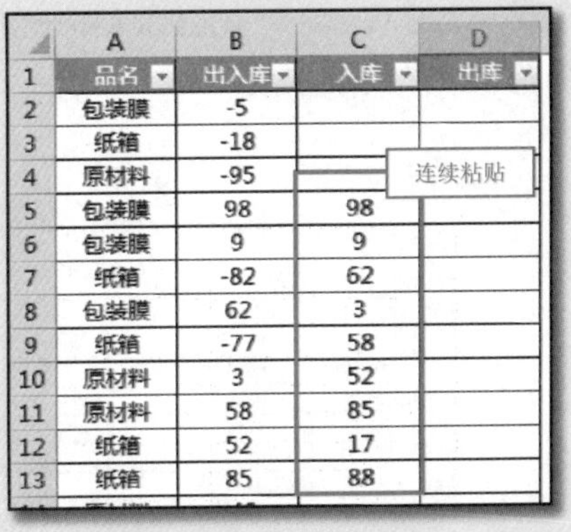

图 2.13 普通粘贴的真面目

阿呆：真的，完全不对应！这可怎么办，难道只能分成几个连续的区域逐一粘贴不成，这数据量要是大的话……

小花：嗯，遇到这种跨行粘贴问题，不会使用技巧的话，就只能白白浪费时间了。解决的焦点就在【填充】工作组中的 ↓、→、↑、←。没错，按方向填充命令。其中，向下填充和向右填充的快捷键分别为 <Ctrl+D> 组合键和 <Ctrl+R> 组合键。解决跨行粘贴的秘诀就是 <Ctrl+R> 组合键向右填充。

阿呆：赶紧操作给我看一下吧，就这一个组合键就搞定了，说得也太邪乎了吧？

跨行粘贴者：<Ctrl+R>

选择初始区域，即 B 列不连续行序数据区域，按住 <Ctrl> 键选择目标区域，选择与 B 列对应等行的区域。按 <Ctrl+R> 组合键或者 ↓ 按钮，即可完成跨行粘贴，如图 2.14 所示。

如果初始区域和目标区域相邻，直接选择两个区域即可。

阿呆：这回没有长短腿了？看我清除筛选来"验明正身"！（1 秒后），哇，太厉害了，竟然完成了跨行粘贴，如图 2.15 所示。

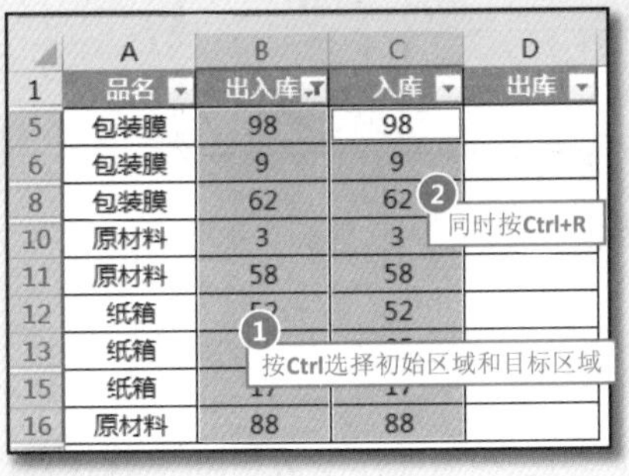

图 2.14 跨行粘贴者：<Ctrl+R>

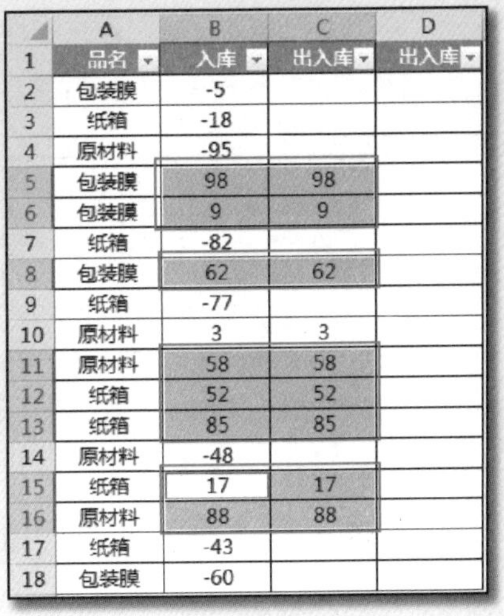

图 2.15 跨行粘贴效果

小花：这还不止呢！<Ctrl+R> 组合键只是比较常用的跨行粘贴方式。其实它的兄弟们都可以做到中，如图 2.16 所示。

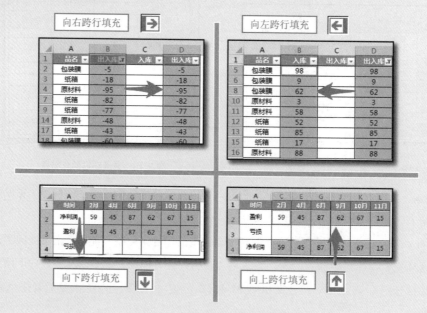

图 2.16　四个方向上的不连续粘贴

阿呆：不对啊，我按你的方法做了向上填充，却将已经隐藏的值也填充了，这是什么情况？如图 2.17 所示。

小花：哦，你提醒我了。正常我们在做左右填充时，默认填充可见单元格，但是上下填充时会默认将所选的列都填充。这就要求我们，在单击填充按钮前，需要给系统下达对可见单元格区域进行填充的命令，即用 <Alt+；> 组合键定位可见单元格。不连续粘贴的操作方法为选择区域，按 <Alt+；> 组合键或单击【填充】按钮。水平方向上也可以定位可见单元格后再填充，这样更严谨些。

阿呆：哦，那我重新试试，在选择区域和填充中间增加按 <Alt+；> 组合键这个步骤，嘿，果然可以了。

	A	B	C	D	E	F	G	H	I	J	K	L	M
1	时间	1月	2月	3月	4月	5月	6月	7月	8月	9月	10月	11月	12月
2	盈利		59		45		87			62	67	15	
3	亏损												
4	净利润	-88	59	-86	45	-45	87	-3	-57	62	67	15	-28

图 2.17　向上不连续填充效果图

2.1.4　成组填充：让跨表成为可能

阿呆：小花，我最近学习了一个很厉害的技巧，可以同时操作多张表，（一顿操作后）看，多厉害！

小技巧：工作组——多表操作者

Step 01 单击要操作的第一张表，按住<Shift>键选择连续的表或按住<Ctrl>键选择不连续的表，
这些表即形成工作组，如图 2.18 所示。

Step 02 我们对工作组中的活动工作表进行操作，这
些操作会自动同步到工作组中的其他工作
表中。例如，我们在表 1 的 A1 单元格中输
入"玩转 Excel"，再查看表 2 和表 3，会
发现表 2 和表 3 的 A1 单元格也被输入了同
样的文字，这就是工作组，如图 2.19 所示。

PS：工作组仅支持部分常规操作。

图 2.18　建立工作组

图 2.19　工作组—同步操作

　　小花：原来是工作组啊，这是一个很有用的技巧。它可以将操作同步到多个表格中，例如
批量设置表头格式、批量清除指定区域内容等。它还可以将活动工作表指定单元格区域的内容和
格式一次性复制到工作组中的所有表中，这个技巧你会吗？

　　阿呆：额，我想想。（30 秒后）有了，形成工作组后，逐个双击活动工作表中的单元
格，进入编辑模式后，不做修改退出，造成输入的假象，其他工作表就会同步输入了。哈，我真
聪明！！！

　　小花（满脸黑线）：快别自恋了，就这还叫方法？看我操作吧，一个按钮的事。

成组填充

Step 01 将要批量填充的初始工作表和目标工作表建立工作组。

Step 02 选择要批量复制的单元格区域（如 A1:F9），单击【开始】选项卡—【编辑】栏位—【填
充】下拉列表—【成组工作表】按钮，如图 2.20 所示，弹出【填充成组工作表】对
话框。

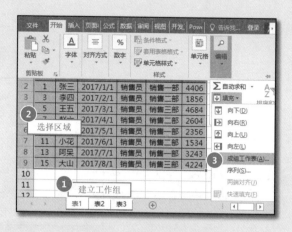

图 2.20　【成组工作表】按钮

Step 03 根据需要选择【全部】、【内容】或【格式】单选按钮，单击【确定】按钮完成填充，如图 2.21 所示。

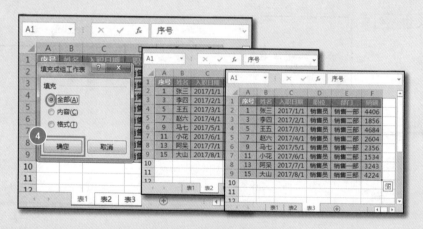

图 2.21　完成成组填充

🖐 阿呆：这……又关公面前耍大刀了，受教了！

2.1.5　两端对齐：数据合并和拆分的利器

🖐 阿呆：小花大师，我每次筹备大型会议，领导都要求我把同部门参会人员的姓名填写在一个单元格中，我真是崩溃了，如图 2.22 所示。

🖐 小花：小问题。我们还是用填充，但这次的主角是两端对齐，也就是老版本的内容重排。

两端对齐填充—合并

Step 01 拖动列标题右侧边界，调整列宽至使所有要合并填充的文字能够在同一行显示，如图 2.33 所示。

	A	B
1	部门	姓名
2	财务部	小花、
3	财务部	阿呆、
4	财务部	猪猪、
5	财务部	行子、
6	财务部	大山、
7	财务部	阿杰、
8	总经办	凯、
9	总经办	小糖果、

图 2.22　参会人员原始名单

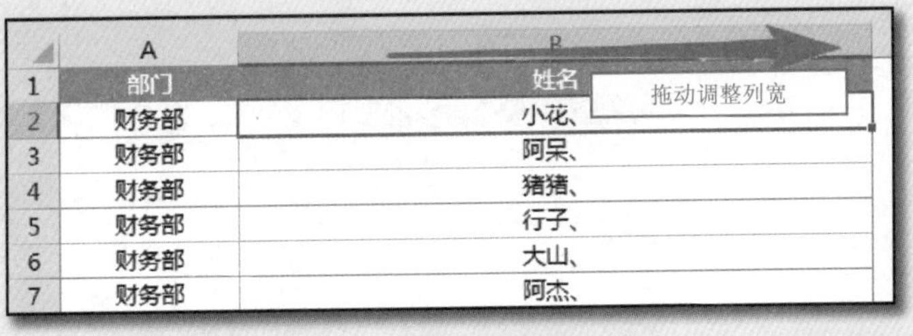

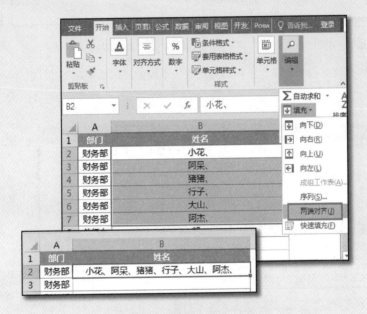

图 2.23　合并填充—调整列宽

Step 02 选择要合并填充的单元格区域，单击【开始】选项卡—【编辑】栏位—【填充】下拉列表—【两端对齐】按钮，完成单元格内容合并，如图 2.24 所示。

图 2.24　两端对齐填充—合并

阿呆：太棒了，要的就是这个效果！以后我只要用"&"给每个名字后面都加上间隔号就可以合并单元格内容了，真是太实用了！

小花：不止呢，这个技巧还可以反着来用，不仅可以合并填充，还可以拆分填充。

两端对齐填充—拆分

Step 01 拖动列标题的右侧边界，调整列宽至拆分后每个单元格所容纳字符数的对应宽度，如图 2.25 所示。

Step 02 选择要合并填充的单元格区域，单击【开始】选项卡—【编辑】栏位—【填充】下拉列表—【两端对齐】按钮，完成单元格内容拆分，如图 2.26 所示。

阿呆：哦哦，我算是整明白了。这两端对齐的原理和用水桶装水的原理是一样的。列宽就是每个水桶的标准大小，所有单元格的内容就是要装的水，第一个单元格填满字符后，其他字符就会依次填入到第二个、第三个单元格中。合并填充就像要把全部的水都装到一个单元格中，这需要一个足够大的水桶，也就是足够大的列宽；而拆分单元格则需要一个标准的列宽来把字符平均分配到每个单元格里。

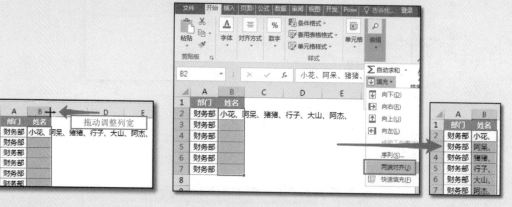

图 2.25 拆分填充—调整列宽   图 2.26 两端对齐填充—拆分

小花：你这见解很独到嘛！不同的列宽对应不同的序列填充结果，让我用一首古诗示范给你看看，如图 2.27 所示。

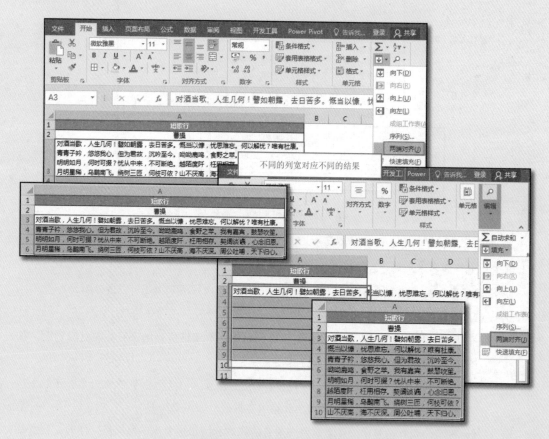

图 2.27 两端对齐填充—不同列宽

阿呆：哇，这两端对齐填充在重排内容方面还真是无所不能啊！

小花：别夸它，两端对齐填充可有的是脾气。第一，不能对多列进行同步操作；第二，只能对文本或文本型数字进行合并，对数值和公式无效。

　　阿呆：哦哦，还是个有脾气的技能，没事，看在它这么能干的份上，我原谅它了。

2.2　揭开"数据验证"的神秘面纱

　　经常使用 Excel 的表弟表妹一定都听说过或使用过"数据有效性"，它总是通过巧妙的设置来完成数据的验证和约束，其中的门道经常让 Excel 小白们摸不着头脑，显得强大而又神秘。本节，小花就给大家讲讲数据有效性，一起来揭开它的神秘面纱吧。

2.2.1　初识数据验证

　　小花：呆呆，你听说过数据验证吗？

　　阿呆：就是数据有效性吧，它是用来限制和规范数据输入的一种工具，比如限制数值大小、文本长度等。我们可以在【数据】选项卡—【数据工具】栏中找到【数据验证】按钮单击之后弹出【数据验证】对话框，如图 2.28 所示。

图 2.28　数据验证

　　小花：【数据验证】对话框共有 4 个选项卡，其中【设置】选项卡是有效性条件主战场，【输入信息】、【出错警告】及【输入法模式】也各有用处。

　　阿呆：柿子挑软的捏，先跳过【设置】选项卡，讲讲后 3 个选项卡吧。说起来真是尴尬，我也用过数据验证，却从来没用过这 3 个选项卡。

　　小花：【输入信息】即当目标单元格被选中时所要显示的提示操作者如何正确输入数据的提示语，它可以在不设置任何有效性条件的情况下单独使用。在一张统计年龄的表格中，如果我们要求年龄一栏"以身份证出生日期为准并且输入整数"，该如何设置呢？

输入信息——给输入者的提示语

Step 01 选择要设置输入提示语的单元格区域，单击【数据验证】按钮，选择【输入信息】选项卡，勾选【选定单元格时显示输入信息】，在【标题】栏和【输入信息】栏填写要提示的信息，单击【确定】按钮，完成提示设置，如图 2.29 所示。

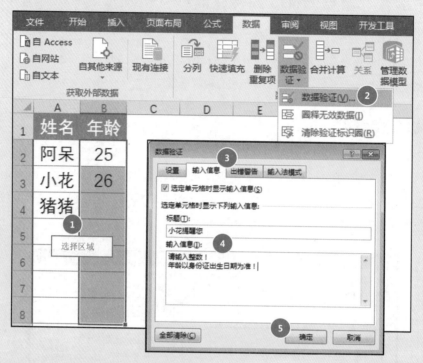

图 2.29　设置输入提示语

Step 02 此时，我们再选中已设置了输入信息的单元格，就会出现提示语了，如图 2.30 所示。

🤚 阿呆：这个功能不错呀，像网页一样，档次都提高了不少呢。

🤚 小花：那是，【输入信息】起到事前提示的作用，通过减少错误输入来提高效率。而与之相邻的【出错警告】则是在输入非法数据后提示并提供处置方式的工具，它必须和设置条件共同使用。

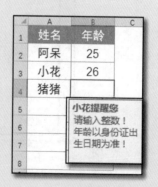

图 2.30　输入提醒效果

出错警告——非法数据的处置者

Step 01 选择需要设置出错警告的单元格区域 B4:B10，单击【数据验证】按钮，在【设置】选项卡中设置数据有效性为 1 ～ 100 的整数，如图 2.31 所示。

Step 02 选择【出错警告】选项卡，勾选【输入无效数据时显示出错警告】，将要警告的内容输入在【标题】和【输入信息】栏中。视需要选择出错警告【样式】（此处选【停止】），如图 2.32 所示，单击【确定】按钮，完成出错警告设置。

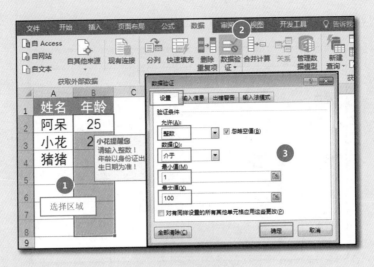

图 2.31　设置有效性条件

Step 03　选中任意有效性区域中的单元（如 B4），输入不符合条件的数据 234，按回车键完成输入，此时系统会提示错误，如图 2.33 所示。

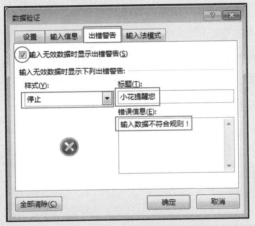

图 2.32　设置出错警告

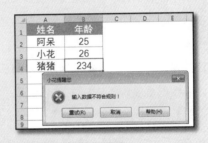

图 2.33　出错警告效果

🖐 阿呆：有了这个出错警告，我们就可以及时发现输入的无效数据并进行校正了，单击警告对话框中的按钮就可以进行修改或是校正了吧？

🖐 小花：没错，我们可以根据出错警告进行下一步操作，但是不同的警告样式允许的操作类型还不一样，听我给你说道说道，如图 2.34 所示。

停止：输入的无效数据无法存储在单元格中，只能选择【重试】（重新输入）或者【取消】（清空输入内容）。

警告：输入的无效数据可以选择依然存储在单元格中，可以选择【是】（存储无效数据）、【否】（重新输入）或【取消】（清空输入内容）。

信息：输入的无效数据可以选择存储或清空，无法立即重新输入。可以选择【确定】（存储无效数据）或【取消】（清空输入内容）。

注：除特殊设置外，本书讲解数据有效形式均为默认的【停止】样式。

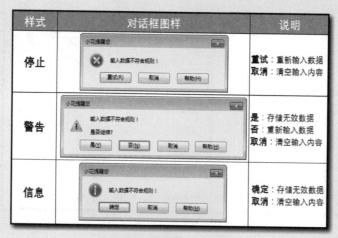

图 2.34　出错警告样式图解

阿呆：有了这三种样式，我们就可以根据实际需要，灵活选择处理无效数据的方式。比如我们在连续输入大量数据时，不宜过分拘泥于个别数据的有效性，应优先满足输入速度。此时我们就应该使用【警告】样式，通过简单判断，来决定是选择【是】先暂存然后再探究错误原因，还是选择【否】立即更改数据。反之，当数据的准确性优先于输入效率时，我们应该选择【停止】样式。

小花：你说的很对。出于输入效率或其他原因而保留下来的无效数据，Excel 也给我们提供了批量标识的工具，那就是【数据验证】下拉列表中的【圈释无效数据】和【清除验证标识圈】这对小伙伴。

圈释无效数据

选择想要圈释无效数据的区域 B4:B10，单击【数据验证】下拉列表中的【圈释无效数据】命令，即可标识无效数据，如图 2.35 所示；需取消标识则单击【数据验证】下拉列表中的【清除验证标识圈】命令即可。

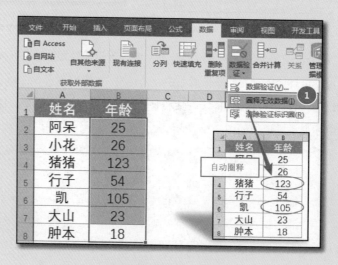

图 2.35　圈释无效数据

🖐 阿呆：【输入信息】和【出错警告】都非常实用，这让我无比期待【输入法模式】的表现。

👀 小花：我们在输入不同数据时，往往需要在不同输入法间切换，这很费时而且容易出错。【输入法模式】能帮助输入者自动完成输入法的切换，从而提高输入效率。例如，我们在员工编码一栏（图中 C 列）只能输入英文姓名全拼，而其他列我们默认使用中文输入法，此时在 C 列与其他列切换时，可以使用【输入法模式】完成自动切换。

自动切换输入法

选择需要自动切换输入法的区域 C4:C10，单击【数据验证】按钮，在打开的对话框中选择【输入法模式】选项卡，将【模式】一栏设置为【关闭（英文模式）】，单击【确定】按钮完成设置，如图 2.36 所示，此时编辑该区域的输入法被锁定为美式英文输入法，且无法切换。而当从该区域切换至其他区域进行编辑时，则输入法自动切换为默认的中文输入法。

图 2.36　输入法自动切换

🖐 阿呆：这么神奇？我也来试试。（几秒后）不行啊，我怎么切换不了，如图 2.37 所示。

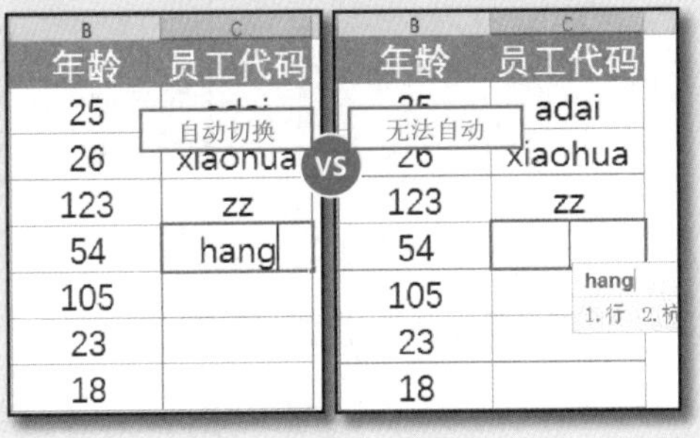

图 2.37　输入法无法自动切换

👀 小花：这是因为你的输入语言中缺了英语（美国）-美式键盘。你需要在输入法图标处右击，选择【设置】命令，打开【文字服务和输入语言】对话框，在【常规】选项卡单击【添加】按钮，弹出【添加输入语言】对话框，勾选【英语（美国）】选项组中的【美式键盘】一项，确定之后，重新打开 Excel 即可，如图 2.38 所示。

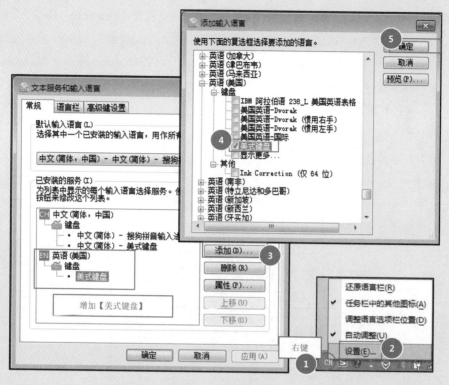

图 2.38　添加美式键盘

阿呆：原来如此！你看，我们都设置了数据有效性，那万一设置错误或者不需要数据验证了，该怎么删除这些规则呢？

小花：这就非常简单了，你看【数据验证】对话框左下角不是有一个【全部清除】按钮吗？只需选择需要去除数据验证的区域，单击这个按钮即可，如图 2.39 所示。

阿呆：我以前以为数据验证全赖规则的设定，没想到这还没开始设置规则呢，就有这么多变化，真是大开眼界啊。

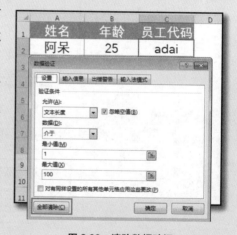

图 2.39　清除数据验证

2.2.2　设置有效区间：从源头控制数值的准确性

阿呆：小花老师，日常工作中我们经常要求正确输入的大多是数值型数据，您先给我讲讲怎么设置这种类型的数据有效性吧。

小花：日期、时间和数字都是数值型数据，我们可以通过设置有效区间来控制输入。选择单元格区域后，单击【数据验证】按钮，弹出对话框后选择【设置】选项卡，根据需要设置验证条件，单击<确认>按钮即可。例如我们要求输入年龄在 18 ～ 60 之间，则我们设置【允许】整数，【数据】介于，【最小值】18，【最大值】60，如图 2.40 所示。

数据类型中的整数、小数、日期和时间都可以用逻辑条件来设置有效区间，如图 2.41 所示。

图 2.40 设置整数区间

图 2.41 数据类型与逻辑条件

💬 阿呆：这些逻辑条件都很好理解和掌握，就不烦您逐一解释了。据我所知，最小值和最大值不仅可以手动输入，还可以引用单元格的值甚至是函数公式，从而实现动态的数据验证。

💬 小花：在上例中，我们只需在【最小值】输入框中改为引用 C2 单元格（单击输入框右侧 🔲 按钮，单击或拖动选择所要引用的单元格，再单击 🔲 按钮即可），在 C2 单元格中输入 18 或是可以使 C2 单元格的运算结果为 18 的公式即可，如图 2.42 所示。

💬 阿呆：换汤不换药，同样是 18，换个包装以为我就不认识了？

💬 小花：不不不，二者差异还是很明显的。引用单元格和使用函数实际上都是引用公式的计算结果，有效性规则随公式计算结果变化而变化。

图 2.42 引用单元格

引用单元格是简单的迭代赋值，变化直接体现在被引用单元格本身，它们需要经过比较复杂的运算才能得出有效区间的临界点。而直接输入临界值较为简单，但缺乏变化。二者殊途同归，都是为有效性提供合适的临界值。

💬 阿呆：这有效区间的设置还真是玄机重重啊！正好我有一个困扰很久的问题，我们公司针对不同职位的员工给予不同的通讯费用报销额度，怎么根据职位级别自动限制可输入的最大报销金额呢？

💬 小花：我们可通过使用 VLOOKUP 函数在预先输入额度等级的区域中查询到员工等级对应的核定额度，将它作为有效区间的上限，如图 2.43 所示。

阿呆：我赶紧试试，（2 秒后）真的哎，输入超过职级额度的金额就直接被拒绝了，如图 2.44 所示。

图 2.43 使用函数设置有效区间

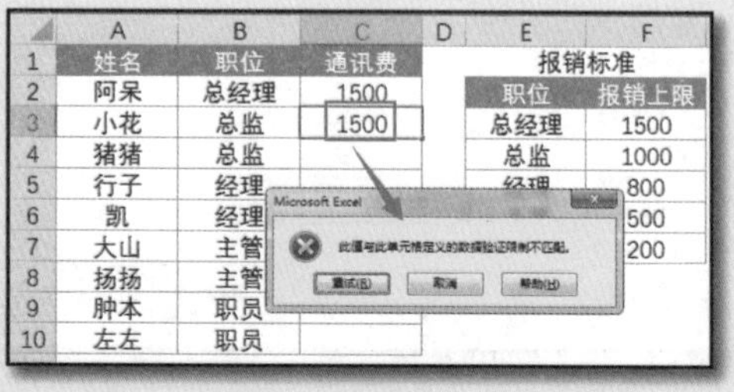

图 2.44 超过额度无法输入

小花：设置有效区间不局限于数字，像日期和时间这样的数值型数据同样可以。比如我们在输入员工入职日期时，要求不得晚于当前日期。这时返回系统当前日期的函数 TODAY 就派上用场了，如图 2.45 所示。这时我们再输入晚于系统时间的入职日期就会被拒绝，且这个有效区间的上限随系统时间而变化，这样的防错手段在日常输入中是非常实用的，如图 2.46 所示。

图 2.45 日期有效区间设置

图 2.46 无效日期提示

2.2.3 文本长度限制：过犹不及

阿呆：工作中，我们不止对输入的数字有要求，对数字的长度也会有要求，比如手机号码必须是 11 位，身份证号码必须是 18 位等，这种数据验证怎么处理呢？

小花：这样的数字验证实际上是把数字当成文本来处理，和要求姓名必须由两个以上字符组成是一个道理，都是对文本长度的限制。我们以手机号码为例来操作一下。

文本长度限制——11 位手机号码

Step 01 首先建议将目标单元格区域改为文本格式，以免类似 0 开头的数字串被自动省略或超出字符串被自动用科学计数显示等情况干扰输入，如图 2.47 所示。

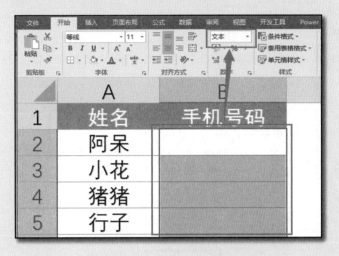

图 2.47 设置为文本格式

Step 02 选择目标单元格区域，单击【数据验证】按钮，弹出对话框后选择【设置】选项卡，选择【允许】文本长度，【数据】等于,【长度】11，单击【确认】按钮即可，如图 2.48 所示。

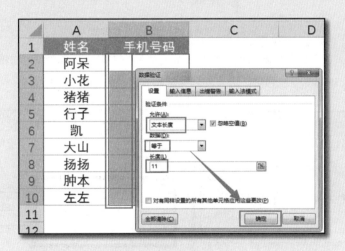

图 2.48 文本长度规则设置

　　👆 阿呆：让我来试试输入一个 12 位的数字，（5 秒后）真的，报错了，如图 2.49 所示。

　　👆 小花：在文本长度限制里，汉字、字母、字符和数字的长度均为 1，无须特意区分，而且它也可以引用单元格和使用函数。文本限制还有一个比较有意思的用法，那就是不允许修改数据。

图 2.49 文本长度不符警告

阿呆：这不是抢保护工作表的活吗？文本长度限制还有这黑科技？

小花：这种保护力度是很有限的，一个复制粘贴就能把它制伏（粘贴破解的情况是所有数据验证规则都无法规避的漏洞）。但是它灵活运用文本长度限制技能的巧妙思路值得称道，我们来看操作。

文本长度限制——不允许修改数据

选择已经完成输入的单元格区域，单击【数据验证】按钮，弹出对话框后选择【设置】选项卡，选择【允许】文本长度，【数据】大于，【长度】1000，单击【确认】按钮即可，如图 2.50 所示。

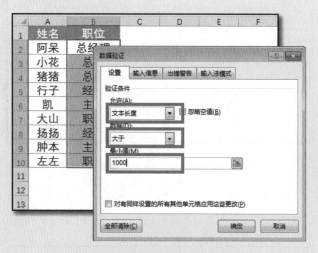

图 2.50　利用文本长度防止修改数据

阿呆：哦，我明白了，通过设置一个不可能达到的文本长度，而使再次输入的数据总是因不能满足数据验证规则而不能存储，进而起到保护已有数据的作用，如图 2.51 所示。

图 2.51　文本长度防止修改的利弊

小花：这种数据验证的用法思路非常新颖，而且这种例子在 Excel 实操中屡见不鲜。它启发我们用创新的角度去对待和使用各类 Excel 工具，从而巧妙地解决工作中遇到的问题。

2.2.4　下拉列表：数据验证的超级明星

阿呆：小花大师，我看到很多 Excel 的单元格可以通过选择列表中的选项来完成数据录入，格调非常高。你能教教我怎么设置这种列表吗？

小花：你说的是下拉列表吧。它其实是数据验证的一种，分为单级下拉列表和多级下拉列表，都是通过【数据验证】中的【序列】选项来实现。我们先来尝试建立一个用于输入省份的单级下拉列表。

单级下拉列表

Step 01　引用法。在任意区域输入所有备选项（如图中 D2:D6），作为下拉列表序列引用的对象。选择目标单元格区域 B2:B10，单击【数据验证】按钮，弹出对话框后选择【设置】选项卡，选择【允许】序列，单击【来源】输入框右侧按钮，拖动选择 D2:D6，单击右侧按钮确认引用区域，单击【确定】按钮完成下拉列表的设置，如图 2.52 所示。

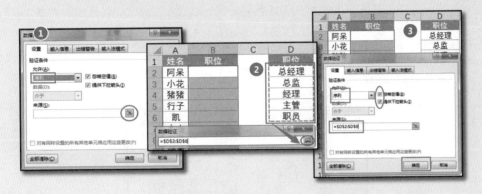

图 2.52　单级下拉列表：引用法

Step 02　直接输入法。选择目标单元格区域 B2:B10，单击【数据验证】按钮，弹出对话框后选择【设置】选项卡，选择【允许】序列，在【来源】输入框依次输入下拉列表各选项值，用半角（英文输入状态）逗号"，"隔开，单击【确定】按钮完成下拉列表设置，如图 2.53 所示。

阿呆：这，就完事了？我试试先，（1秒后）哇，这也太简单了吧，如图 2.54 所示。

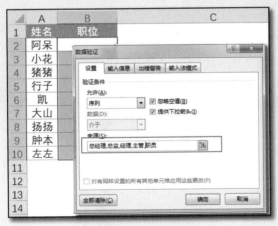

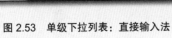

图 2.53　单级下拉列表：直接输入法　　　　图 2.54　单级下拉列表效果图

小花：单级下拉列表是非常容易设置的，它能够极大地提高输入效率，缩减重复输入的同时提高输入的准确性。

阿呆：单级下拉列表确实很实用，但是当选项数量很多时，在下拉列表中寻找需要的项目会耗费很多时间。比如，我输入员工户籍所在地信息时，需要输入省、市两列信息，省份名称不多，做单级下拉列表很好用，但是市级名称就太多了，这种情况下拉列表就不灵了。

　小花：这时，让二级下拉列表来帮你。只需将二级下拉列表选项设置为以对应一级选项为名的定义名称区域（可逐一建立也可批量建立），下拉列表就可以根据所选定的省份名称出现对应的市级名称。这样就不会出现大量的选项和省市不对应的情况。多级下拉列表是输入从属关系明确的数据时经常使用的一种方法。

二级下拉列表

Step 01　将一二级选项按图 2.55 所示形式排列，使一级选项在对应二级选项的上方（或左侧）一字摆开。选择单元格区域 E1:G6，单击【公式】选项卡—【定义的名称】栏位—【根据所选内容创建】按钮，选择【首行】复选框，单击【确定】按钮，完成一二级选项间联动关系的建立。

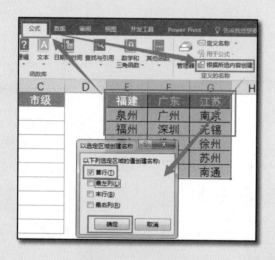

图 2.55　批量定义名称

Step 02　建立一级下拉列表，方法和单级下拉列表一样，不再赘述，如图 2.56 所示。

图 2.56　建立一级下拉列表

Step 03 选择二级下拉列表目标区域 C2:C10，单击【数据验证】按钮，弹出对话框后选择【设置】选项卡，选择【允许】序列，＜来源＞框输入"=INDIRECT(B2)"，确定后，系统弹出报错警告，单击【是】按钮，完成二级下拉列表的设置，如图 2.57 所示。

公式说明：选中目标区域 C2:C10 后，活动单元格为 C2，B2 相对于 C2 的位置是左边一个单元格。INDIRECT 函数可以返回文本字符串所指定的引用地址，参数 B2 代表省份，而 B2 中的省份已经定义了名称，INDIRECT 函数即可根据当前单元格左侧单元格中的省份返回对应的二级下拉列表中的市级名称选项。

阿呆：有点复杂啊，我先试试看灵不灵？（2 秒后）果然，选择了福建省后，【市级】列就只能选择福建的市级名称了，这太酷炫了吧，如图 2.58 所示。

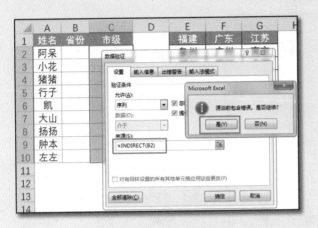

图 2.57　设置二级下拉列表

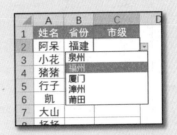

图 2.58　二级下拉列表效果图

小花：二级下拉列表的建立方法还可以继续递推到三级、四级或者更多级下拉列表，只要上下级关系得以建立，这种联动就可以一直传递下去，你有兴趣可以自己尝试一下，非常有意思哦。

2.2.5　自定义规则：不允许重复输入

阿呆：日常工作中有很多数据验证规则并不能简单地归类为有效区间、文本长度或是指定序列，这时，数据验证还能起作用吗？

小花：当然可以，数据验证还有一个非常强大的功能，那就是自定义验证规则，数据有效性验证的真正奥义就在于此。它让我们根据实际需求灵活设置规则。

阿呆：你说的我都糊涂了，什么是自定义规则？怎么定义？

小花：举个例子说明吧，工作上我们经常要求输入的数据不能重复，这时就可以用自定义规则来完成这样的数据验证。

自定义规则——不重复输入

选择目标单元格区域 B2:B10，单击【数据验证】按钮，弹出对话框后选择【设置】选项卡，选择【允许】自定义，在【公式】框输入"=COUNTIF($B$2:B2,B2)=1"，确定后完成自定义规则设置。

公式说明：COUNTIF 是条件计数函数，验证规则公式为"=COUNTIF($B$2: B2,B2)=1"。第

一个参数 $B$2:B2 是计数的区域，前半部锁定，后半部不锁定，表示对目标单元格区域中的任意单元格，计数区域都从 B2 单元格到当前单元格连接的区域，如对 B3 进行数据验证时，计数区域为 B2:B3。第二个参数 B2 为计数条件，不锁定表示计数的条件为当前单元格内容。整个函数所定义的规则即为从目标区域的第一个单元格 B2 开始到需要验证的当前单元格，对所有内容与当前单元格一致的单元格计数，结果为 1。如果除了当前单元格外，还有重复内容的单元格存在，则计数结果必定大于 1，数据验证出错，如图 2.59 所示。

    🐾 阿呆：这样就能够阻止重复输入？我不信，太轻巧了吧？

    🐱 小花：不信你且看，如图 2.60 所示。

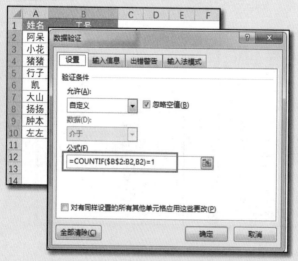 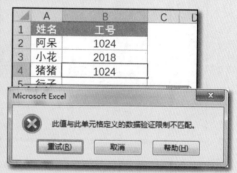

图 2.59　自定义数据验证规则：不重复输入　　　　　　图 2.60　重复输入验证错误

    🐾 阿呆：一个简单的函数就能搞定这么神奇的防重验证，这自定义规则真是深不可测啊！

    🐱 小花：是啊，这里面的神奇妙用还有很多，你不妨跟随本书学习，相信定会大有收获。

2.3　复制粘贴：Excel 中的无名英雄

复制粘贴作为使用频率最高也是最基本的 Excel 技巧，可谓是人人皆知。但是今天小花要讲的复制粘贴技能，却不是人人都会，其中门道估计很多小白甚至是 Excel 熟手都不见得用过。不信？不信就一起来见识一下复制粘贴的神奇妙用！

2.3.1　剪切板：专治各种不服

    🐱 小花：阿呆，你会复制粘贴吗？

    🐾 阿呆：这还用说，肯定会啊，右键打开快捷菜单，选择 < 复制 > 命令或同时按 <Ctrl+C> 组合键完成复制，选择要粘贴的位置，右键打开快捷菜单，选择 < 粘贴 > 命令或同时按 <Ctrl+V> 组合键完成粘贴，搞定，如图 2.61 所示。

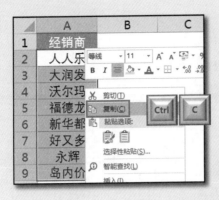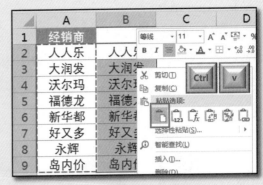

图 2.61　复制粘贴的基本操作

小花：挺能啊！那我问你，怎么把这些经销商名称全部粘贴到一个单元格中？

阿呆：这，粘贴不了吧？难道双击编辑单元格后再逐一复制粘贴？

小花：山人自有妙招。剪贴板是复制和粘贴中间的桥梁，复制后的数据暂存在剪贴板中，粘贴的数据又来源于剪贴板中暂存的数据。不信的话，你在刚刚已经执行了复制粘贴的表格中，单击【开始】选项卡—【剪贴板】栏位右下角的按钮，打开剪贴板，便可以看到剪贴板中已经复制的内容，如图 2.64 所示。将多个单元格的内容合并粘贴到一个单元格中的神奇技能就蕴藏在这剪贴板中。

剪贴板——合并粘贴

选择要合并粘贴的初始单元格区域 A2:A9，按 <Ctrl+C> 组合键复制，打开【剪贴板】，再双击目标单元格，进入编辑状态，单击【剪贴板】中要粘贴的内容，完成合并粘贴，如图 2.63 所示。

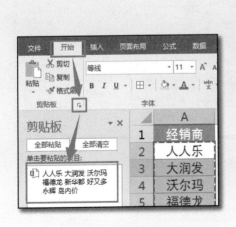

图 2.62　打开剪贴板　　　　　图 2.63　合并粘贴

阿呆：哇，还有这种粘贴的方法，真是长知识了！

小花：这功能还能反着用呢，即把单元格中分行填写的数据分开粘贴到连续单元格中。

剪贴板——拆分粘贴

双击初始单元格 B2，进入编辑模式，选择全部文字后复制。打开【剪贴板】，选择目标区域的初始单元格，单击【剪贴板】中要粘贴的内容，完成拆分粘贴，如图 2.64 所示。

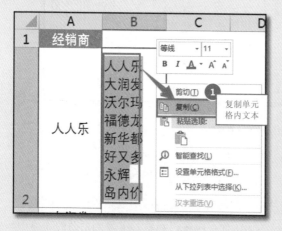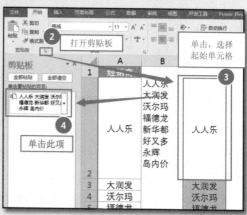

图 2.64　拆分粘贴

阿呆：好家伙，这分分合合的活全包了！

小花：剪贴板的实力还不止这些呢，它还有一招绝技，叫眼见为实，它能把单元格显示的内容直接变成真实的内容填入单元格，它不仅是数字四舍五入的好手，还能将单元格显示内容批量转换为真实数据填入。

剪贴板——四舍五入

调整数字到需要的精确度，选择并复制初始区域 B2:B9，打开【剪贴板】，单击【剪贴板】中要粘贴的内容，完成四舍五入粘贴，如图 2.65 所示。

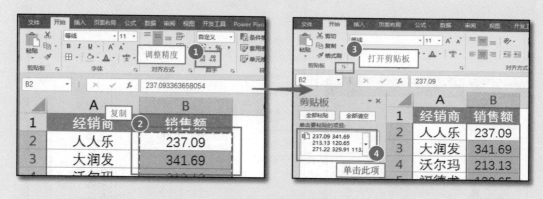

图 2.65　四舍五入粘贴

剪贴板：表里如一

很多时候，出于便于输入或是直观查阅的需求，我们会使用自定义数字格式的方法给文本或数字添加虚拟的单位、前后缀或是其他显示格式（具体设置方法见 3.4 节）。这类数据有一个共同的特点就是表里不一，即显示内容与实际内容不一致，如图 2.66 所示。

此时我们只需使用剪贴板粘贴即可使数据"表里如一"，即实际内容变为显示内容。

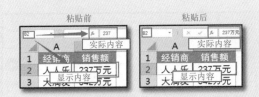

图 2.66　剪贴板：表里如一

🐾 阿呆：哇，这两个技巧太好用了，正好解决了近期遇到的难题。

🐝 小花：还有一个剪贴板粘贴技巧，也一定可以帮到你，那就是数据重新输入功能。一般我们用文本格式输入的公式或算式，即使将文本格式改为常规格式，公式也无法计算，需要逐一双击单元格才能解决。这时使用剪贴板粘贴，可以让公式"重新输入一遍"，公式就能计算了。如图 2.67 所示，操作不再赘述。

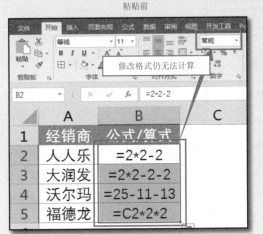
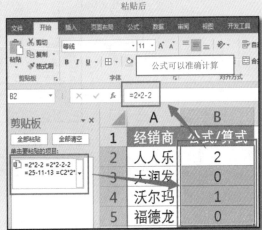

图 2.67　剪贴板：让公式算起来

🐾 阿呆：这剪贴板真是高能工具啊，今天大有收获，感谢小花老师！

2.3.2　选择性粘贴：大有门道

🐾 阿呆：说到粘贴，我觉得选择性粘贴才是最牛逼的粘贴手法。什么一堆数据集体倍化、缩小指定倍数、同增同减等，都不在话下。

选择性粘贴：数值运算（以乘法为例）

Step 01 假设要将销售额扩大 10 倍，我们先在 D2 输入 10，作为因数的复制源。选择 D2，按 <Ctrl+C> 复制。选择要运算粘贴的目标区域 B2:B9 并右击，在右键快捷菜单中单击【选择性粘贴】命令，弹出对话框，如图 2.68 所示。

选择性粘贴快捷键：<Ctrl+Alt+V> 组合键

Step 02 在【选择性粘贴】对话框中，选择【粘贴】数值，【运算】乘，单击【确定】按钮完成运算粘贴，如图 2.69 所示。

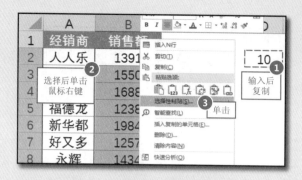

图 2.68 选择【选择性粘贴】命令

图 2.69 选择性粘贴——数值运算

小花：呦呦，会挺多啊，看来有下功夫哦！运算粘贴是使用频率非常高的选择性粘贴技能，尤其是当我们在【运算】栏位选择"无"或选择粘贴选项中的 📋 时，可以将公式计算的结果变为静态的数值/文本保留下来，即数值化粘贴，避免出错。此外，公式也可以运算粘贴，其粘贴结果是两个公式的加减乘除，如图 2.70 所示。

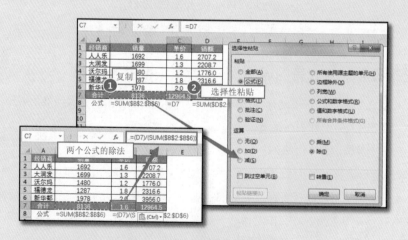

图 2.70 选择性粘贴——公式运算

阿呆：把两个单独的公式串联起来？选择性粘贴干的活还真多！

小花：选择性粘贴可是多才多艺呢，它还可以粘贴格式、验证和批注等，如图 2.71 所示。

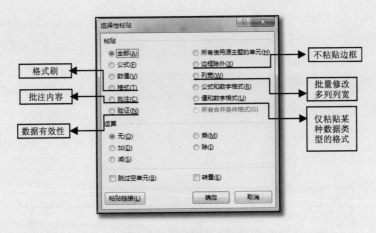

图 2.71 更多选择性粘贴功能

🐚 阿呆：这么多单元格信息都可以粘贴，真是太牛了。尤其是粘贴列宽，可以一下子把目标列宽都修正为标准样式，再也不用花大把时间调整了。

🐌 小花：还有两种高难度的技能，一种叫作行列转置，如图 2.72 所示，另一种叫交叉粘贴（多行列也可交叉，仅以单列为例，如图 2.73 所示）。

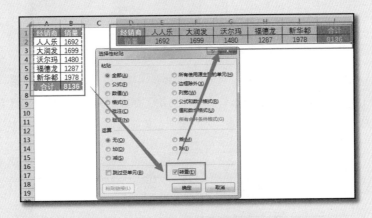

图 2.72 转置——行列互换

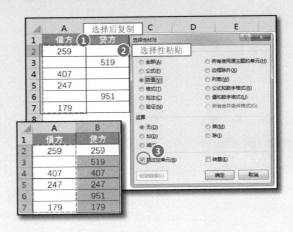

图 2.73 跳过空单元——交叉粘贴

阿呆：这个跳过空单元粘贴真赞，没想到选择性粘贴还能这么玩！

小花：还有很多选择性粘贴新奇用法呢，我就不说了，留给你自己去发现吧！

2.3.3 移动和复制：表格复制秘技

小花：呆呆，你试过将整张工作表的内容都复制粘贴到另一张表上吗？

阿呆：当然了！单击标题栏左上角即可选中初始工作表，复制，单击目标工作表的左上角或第一个单元格 A1，按 <Ctrl+V> 组合键就搞定了，如图 2.74 所示。

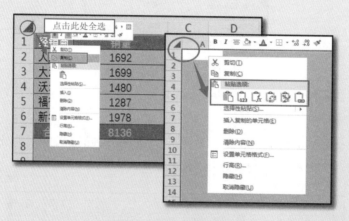

图 2.74　整表复制的一般方法

小花：这是小白常用的方法，它需要重新调整格式。遇到这类复制整表问题，高手都懂得用秘籍。在同一工作簿内复制某张工作表，只要选中初始工作表，将鼠标键移动至工作表标签位置，按住 Crl 键的同时按住鼠标左键拖动至某张表格标签后，即可复制整张工作表，如图 2.75 所示。

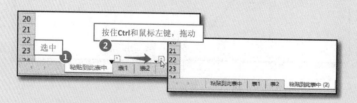

图 2.75　拖动复制工作表

阿呆：我只知道按住鼠标左键拖动工作表标签可以调整工作表次序，没想到按住 Ctrl 来拖动竟可以复制工作表。

小花：这种移动复制法还可用在复制部分单元格区域中。其中，不同的按键对应不同的功能，直接拖动表示移动，按住 Shift 键拖动表示插入，按住 <Ctrl> 键表示复制，按住 Alt 键则可以跨表复制。

表格区域移动：直接拖动，配合 <Shift>、<Ctrl> 及 <Alt> 键拖动

选择要移动的初始单元格区域（含隐藏行列），将鼠标移动至区域边缘，待鼠标变为 ✛ 时，按住热键同时按住按住鼠标左键拖动至目标位置，即可完成移动（直接拖动）、插入（<Shift> 键）、复制（<Ctrl> 键）或跨表移动（<Alt> 键），如图 2.76 ～图 2.79 所示。三个热键彼此间可以重叠使用，即复制插入（<Ctrl+Shift> 组合键）、跨表复制（<Ctrl+Alt> 组合键），跨表插入（<Alt+Shift>

组合键）及跨表复制插入（<Alt+Ctrl+Shift> 组合键）。

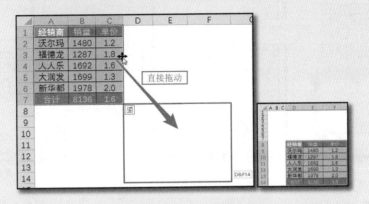

图 2.76　直接拖动——移动区域

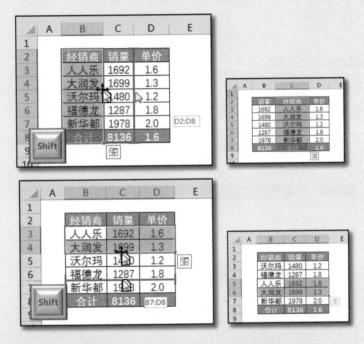

图 2.77　按 <Shift> 键拖动——插入区域 / 行列

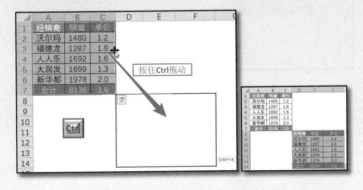

图 2.78　按 <Ctrl> 键拖动——复制区域

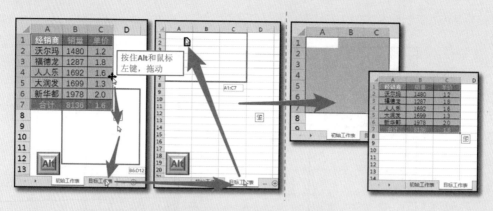

图 2.79　按 <Alt> 键拖动——跨表移动

🌰 阿呆：我明白了，每个按键都有自己的功能，彼此间可以嵌套使用。这些操作结合起来，工作表移动什么的根本不在话下！

🌸 小花：不，还差一招，跨工作簿移动全靠它！

跨工作簿移动和复制工作表

Step 01　打开初始工作簿和目标工作簿。选择要移动或复制的工作表或多个工作表（按 <Ctrl> 键逐个选择多张表或按 <Shift> 键选择连续多张表）。选择【开始】选项卡—【单元格】栏位—【格式】下拉列表中的【移动或复制工作表】命令。或者右击工作表标签，选择【移动或复制】命令，如图 2.80 所示。

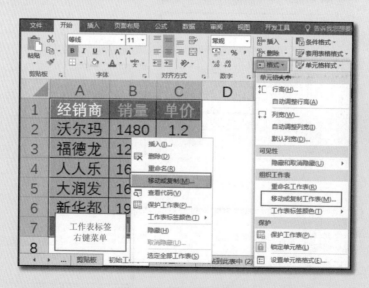

图 2.80　移动或复制工作表

Step 02　弹出【移动或复制工作表】对话框，单击要将选定工作表移动或复制到的工作簿（可单击【新建工作簿】按钮将选定工作表移动或复制到新工作簿中）。在【下列选定工作表之前】列表中，单击某张工作表或单击【(移至最后)】，将工作表移动到指定位置；勾选【建立副本】复选框可复制工作表而不移动它；单击【确定】按钮即可，如图 2.81 所示。

图 2.81 【移动或复制工作表】对话框

阿呆：哎呀，这真是听君一席话，胜读十年书啊！这些移动和复制技能，解决了我工作上的好多困恼呢，谢谢小花老师！

2.4 数据输入的其他技能包

本章前三节中，小花详细讲解了填充柄、数据验证和复制粘贴的用法，旨在让各位表哥、表姐能实现更加快速、高效、便捷的数据输入。但 Excel 中的输入技巧千千万，这三部分内容只是冰山一角。Excel 输入兵器库中，还有哪些遗珠呢？本节小花就带大家窥探一下数据输入的其他技能包。

2.4.1 横空出世的超新星：<Ctrl+E> 组合键

小花：呆呆，你知道吗，自从 2013 版 Excel 问世后，填充家族迎来了一位超新星，那功能简直是 BUG！

阿呆：哦？什么超新星？给我拿出来看看。

小花：它就是快速填充，我们可以在【开始】选项卡—【编辑】栏位—【填充】下拉列表中找到它，也可以使用组合键 <Ctrl+E> 来召唤它。它能够根据现有的对照关系，智能地识别填充规律，自动进行填充。举个简单的例子，我们要把 AB 两列数据连接起来，过去用连接符 "&"，现在多了一种选择，那就是 <Ctrl+E> 组合键。

<Ctrl+E>：文本连接新兵

在第一个单元格 C2 输入想要连接的目标样式 "A1"，选择要快速填充的单元格区域 C2:C10，按 <Ctrl+E> 组合键即可实现文本连接，如图 2.82 所示。

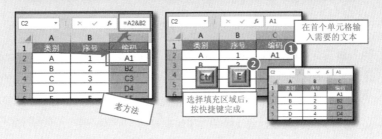

图 2.82 <Ctrl+E>：文本连接新兵

阿呆：这方法不错哦！

小花：这就不错啦？ <Ctrl+E> 有的是本事呢，再秀一个文本截取技能给你看看！过去我们使用 LEFT、RIGHT 和 MID 等文本函数才能实现的复杂文本处理问题，现在统统由 <Ctrl+E> 负责搞定，如图 2.83 所示。

<Ctrl+E>：文本截取多面手

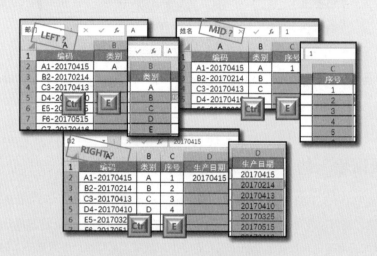

图 2.83　<Ctrl+E>：文本截取多面手

阿呆：这能力有点过分了，不给文本截取函数留活路啊！！！

小花：不全是！如果要让文本截取随引用单元格动态变化，我们还是得使用这几个函数。但是静态文本处理之类的活，以后交给 <Ctrl+E> 会更有效率，对复杂的文本截取更是如此。例如从一串不规则的字符串中提取数字这类问题，过去我们会用到多个文本函数组合甚至是复杂的数组运算来处理，现在用 <Ctrl+E> 就能轻松搞定，如图 2.84 所示。

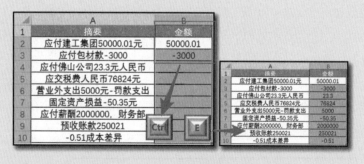

图 2.84　<Ctrl+E>：从字符串中提取数字

阿呆：咦？为什么这次有两个快速填充初始单元格呢？

小花：这和快速填充的原理有关。快速填充根据初始单元格与参照单元格构成的对照组"推测"出可能的填充规则并据此填充剩余单元格。当填充规则较为复杂时，可能的填充规则就比较容易出现推测错误，这时我们就通过构建更多的对照组来提高这种"推测"的准确性，如图 2.83 所示。当一种快速填充结果无法满足要求时，我们可以在快速填充选项中选择进一步的处理方式！

阿呆：看来构造合适的对照组对快速填充来说非常重要啊。

小花：是的，构造了合适的对照组，我们就可以用 <Ctrl+E> 来完成更多复杂工作了。比如，重组文本次序、添加或去除符号等，如图 2.86 所示。

图 2.85 对照组与快速填充选项

图 2.86 文本重组

阿呆：这也可以，我也来试试！（一分钟后）提取身份证出生日期和电话号码显示方式调整，统统一键搞定！<Ctrl+E> 真是超级厉害，如图 2.87 和图 2.88 所示。

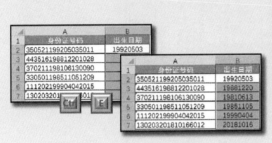

图 2.87 提取身份证出生日期

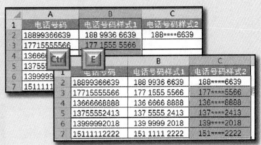

图 2.88 更改样式

小花：<Ctrl+E> 是高版本 Excel 中的快捷键之王，更多强大功能等你去探索哦！

2.4.2 批量输入者

阿呆：小花老师，有没有能够在很多单元格中批量输入同样的内容或公式的方法呢？不是填充那种，而是不规则区域单元格。

小花：当然有，它就是批量输入组合键 <Ctrl+Enter>。例如我们要对一张成绩表中没有成绩的单元格批量输入"缺考"，就可以这样操作。

<Ctrl+Enter>：单元格批量输入

Step 01 选择目标数据源区域 B2:D7，按 <Ctrl+G> 组合键，弹出【定位】对话框，单击【定位条件】按钮，如图 2.89 所示。

Step 02 弹出【定位条件】对话框，选择 <空值> 单选按钮，确认后完成定位，如图 2.90 所示。

Step 03 输入目标内容"缺考"，按 <Ctrl+Enter> 组合键即可完成批量输入，如图 2.91 所示。

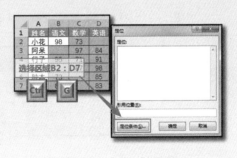

图 2.89 【定位】对话框

图 2.90　定位空值

图 2.91　<Ctrl+Enter>：批量输入

  阿呆：这操作帅爆了，但是如果我输入的不是同一类数据，怎么解决？是这样的，我从系统下导出一张工作表，重复字段都被省略了，我怎么批量完成"数据复原"。

  小花：处理方法还是一样，定位空值后，输入"=↑"生成活动单元格对其上方单元格的相对引用公式，最后按 <Ctrl+Enter> 组合键完成批量输入，如图 2.92 所示。

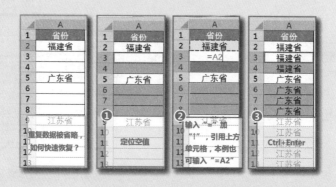

图 2.92　<Ctrl+Enter>：批量复原

  阿呆：批量复原其实就是批量输入公式，并利用单元格的相对引用来实现功能。最好立即对公式进行数值化，避免因后续操作而出现引用错误。

  小花：说得没错！按 <Ctrl+Enter> 组合键批量输入公式时，会根据单元格与公式的相对位置来自动调整公式，而非刻板地复制公式文本，这也是它备受亲睐的重要原因。但在输入求和公式时，它不如另一组批量输入快捷键来得便捷，那就是 <Alt+=> 组合键。

<Alt+=>：批量输入求和公式

选择需要求和区域和结果区域，按 <Alt+=> 组合键，批量输入求和公式。

LEVEL 1：多行（列）批量求和（见图 2.93）

图 2.93　<Alt+=>：多行 / 多列批量求和

LEVEL 2：多行（列）批量求和（见图 2.94）

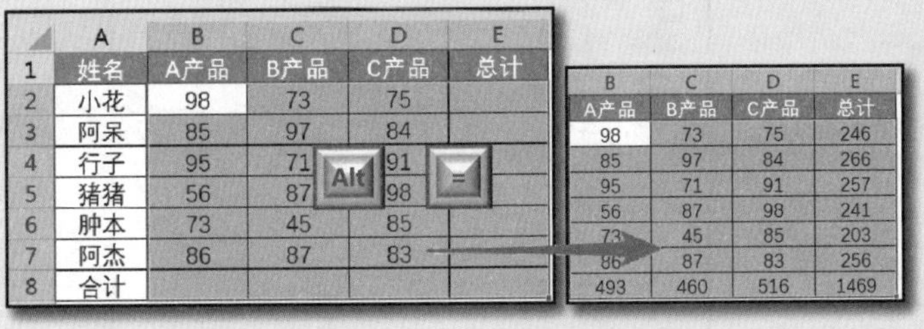

图 2.94　<Alt+=>：多行 / 多列批量求和

LEVEL 3：多区域批量求和（见图 2.95）

定位结果区域（定位空值，方法见图 2.90），按 <Alt+=> 组合键，实现多区域批量求和。

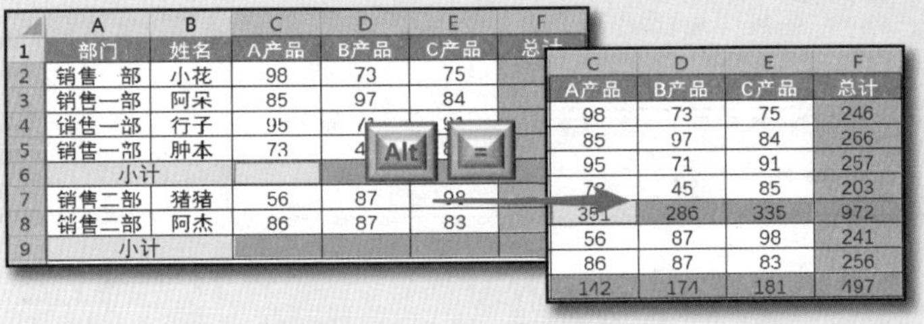

图 2.95　<Alt+=>：多区域批量求和

阿呆：这两个批量输入技巧我得勤加练习，简直是提升效率的大杀器！谢谢小花大师传道授业解惑！

2.4.3　多条简单实用的输入技巧

第 01 条：先输入半角单引号"'"，再输入长数字或以 0 为开头的数字串，才能完全显示。

这是因为超过 11 位长数字会自动转变成科学计数法，15 位后的所有数字会变成 0（Excel 的数字精度有限）。半角单引号"'"是文本标识符，可以将输入的长数字以文本的格式保留下来，也可用来输入以 0 为开头的数字串，如图 2.96 所示。

第 02 条：输入两个乘号"**"后输入数字可快速输入科学计数法。

这一科学计数法输入方法对以很多个"0"为结尾的大数字输入尤为便捷。使用这一输入法后，可待全部数字输入完成再批量改回需要的数字格式，如图 2.97 所示。

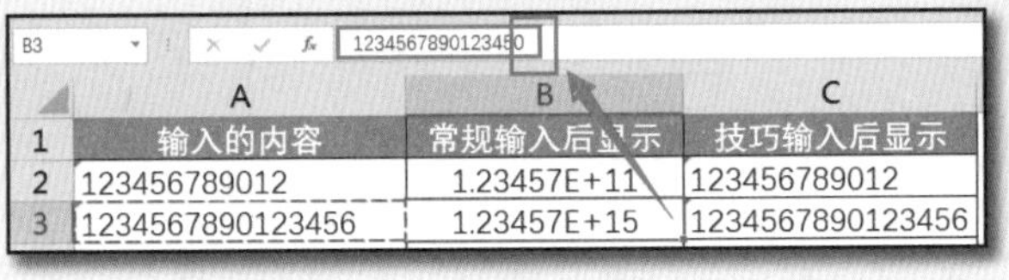

图 2.96　输入长数字

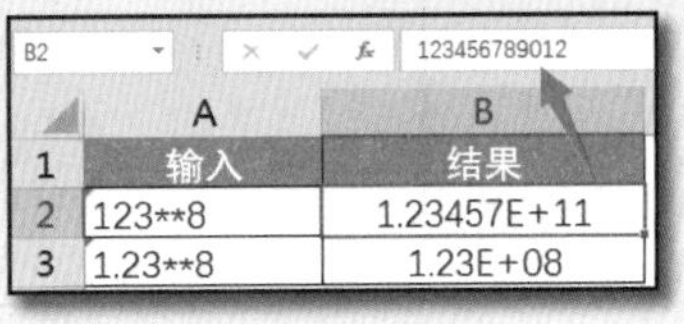

图 2.97　输入一串"0"

第 03 条：通过设置单元格格式可以实现上下标输入，如图 2.98 所示。

图 2.98　输入上下标

第 04 条：在单元格内按 <Alt+Enter> 组合键可以实现换行输入，如图 2.99 所示。

第 05 条：输入"0"加空格，然后输入分数（如 1/2），可以避免分数被识别为日期，如图 2.100 所示。

图 2.99　换行输入

图 2.100　输入分数

第 06 条：通过设置自动更正选项可以简化常用的复杂输入。

单击【文件】—【选项】命令，弹出【Excel 选项】对话框，选择【校对】栏，单击【自动更正选项】按钮，输入替换标的文本和替换结果文本，单击【添加】按钮后单击【确定】按钮，即可完成自动更正选项设置。此后在任意单元格中的标的文本立即会被替换为结果文本，如图 2.101 所示。

图 2.101　自动更正

第 07 条：输入函数名称后，按 <Ctrl+A> 组合键可以调用函数参数向导，如图 2.102 所示。

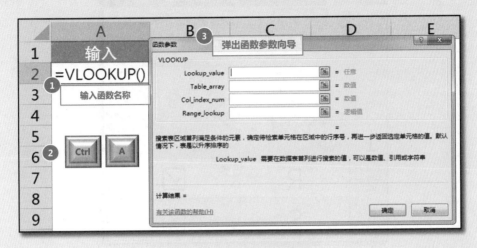

图 2.102 调用函数参数对话框

第 08 条：通过选定区域、定位单元格或【Excel 选项】对话框，可以改变 Enter 键单元格跳转的方向。

不规则跳转：选定区域和定位多个单元格后，按 <Enter> 键可以在这些单元格中依次跳转，使连续在不规则区域中输入数据变得便捷。

规则跳转：在【Excel 选项】—【高级】—【编辑选项】栏中设置【按 Enter 键后移动所选内容】的方向，则可以更改 Enter 键默认的跳转方向，从而因地制宜地选择需要的跳转方向，解放鼠标，如图 2.103 所示。

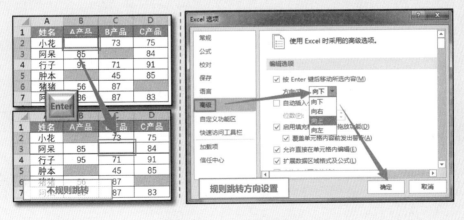

图 2.103 Enter 键灵活跳转

第 09 条：按 <Ctrl+；> 组合键，可以快捷地输入当前日期；同时按 <Ctrl+Shift+；> 组合键，可以快捷地输入当前时间，如图 2.104 所示。

快捷键	输入内容
Ctrl+;	3月12日
Ctrl+Shift+;	22:25

图 2.104 快速输入时间和日期

第 10 条：设置单元格格式为 Wingding2，输入 "R" 可以得到 "☑"，输入 "S" 可以得到 "☒"，如图 2.105 所示。

图 2.105　输入特殊符号

数据输入是 Excel 最基础的操作技能，它的受众也最多。大多数基层工作者或多或少有数据输入的需要，如核算会计要输入科目及金额、营销人员需要输入业绩、HR 从业者要输入人员信息等。这些数据输入工作往往量大且有规律，相信通过对本章内容的学习，你已经掌握了快速高效且准确地输入数据的技能，是时候把它们应用到工作中去，让你的同事惊叹一番了！

第三章

整理达人，驯服各种奇葩表格

在数据爆炸的今天，我们可以很轻松地获取到大量的数据。面对多维度抑或杂乱无章的数据，如何从中获取有用的信息以便据此做出正确决策成为我们面临的重大课题。而整理数据就是我们迈出的重要一步。Excel为我们提供了很多数据整理的方法，如排序、筛选、查找与替换。本章就让我们逐一领略一下这些整理技能的风采。

3.1 "排"资论"序"，这可有讲究！

排序是我们对数据进行整理和初步分析的重要工具。本节我们将详细讲解各种排序条件的设置，相信花瓣们定能有所收获。下面不妨尝试着和小花一起使用这些技巧，动起手来，让你的Excel表变得"井然有序"吧！

3.1.1 扎稳马步：排序的基本功

👤 阿呆：花花，工作中我经常用到排序功能，却总是不能得心应手，好焦心啊！

👤 小花：那是因为你基本功不过硬。所谓排序，通俗地讲就是将一系列数据按一定的规则排列。它有4个要素。

（1）范围：回答对哪些区域的数字进行排序。

（2）关键字：以范围内的哪行/列为参照排序。

（3）排序依据：以关键字的哪个属性，如数值。

（4）次序：升序、降序、逻辑或自定义排序。

👤 小花：所谓万变不离其宗，任何排序的高级操作都来源于对这4个要素的变形。比如，我们按学生语文成绩的高低来排序。

排序的基本操作

（1）选择排序范围A2:G17。

（2）单击【排序】按钮。

（3）选择【主要关键字】（语文）、【排序依据】（数值）和【次序】（降序）。

（4）单击【确定】按钮完成排序，如图3.1所示。

👤 阿呆：等等，【排序】按钮？是不是在【数据】选项卡中？

👤 小花：完整地说，【排序】按钮至少有3处。

【排序】按钮在哪里（见图3.2）

（1）【开始】选项卡—【数据】栏位—【排序和筛选】下拉列表。

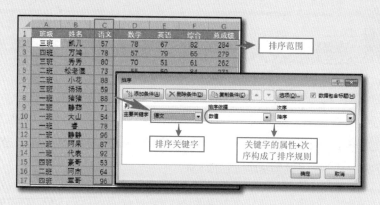

图 3.1　排序要素

（2）【数据】选项卡—【排序和筛选】栏位。

（3）右键快捷菜单。

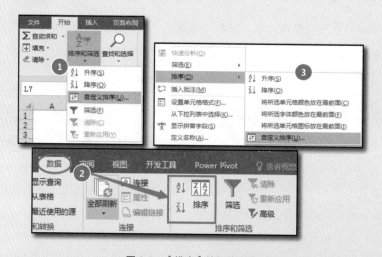

图 3.2　【排序】按钮的位置

阿呆：为什么我们明明只要按语文成绩那一列排序，却要选择整个成绩表呢？

小花：一般地，我们选择整个需要排序的区域后再按【排序】按钮进行排序，但也有很多人习惯仅选择关键字所在的列或某个单元格后就直接进行排序。针对后者，Excel 做了贴心的设计，即弹出【排序提醒】对话框，如图 3.3 所示。

扩展选定区域：即数据排序区域自动根据所选定范围的相邻区域是否有数据向外扩展，并将扩展后的区域也跟随排序调整。

以当前选定区域排序：仅对选中的关键字区域进行排序，不考虑数据之间的关联性。这种方法很可能破坏数据的对应关系，需谨慎使用。

阿呆：有时候标题行也会莫名其妙地参与到排序中，这又是怎么回事啊？

小花：这就需要留意【排序】对话框中的【数据包含标题】复选框，可以选择是否将标题也纳入排序范围，如图 3.4 所示。

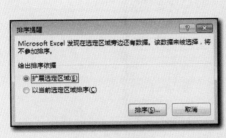

图 3.3　排序提醒　　　　　　　图 3.4　数据包含标题

3.1.2　渐入佳境：排序的进阶用法

阿呆：很多时候，我们需要根据两三个条件来对数据进行排序，这时候要怎么做呢？如何让 Excel 按不同条件的优先级层层排序？

小花：处理这种多级排序问题，我们会增加排序的条件，即增加一条或多条由关键字、排序依据和次序组成的语句。而多个排序条件如何确定优先次序，这就牵扯出了关键字的主次关系。

主要关键字：第一排序依据，即排序范围优先按这一关键字的排序规则排列，无论次要关键字如何，主要关键字相同的记录总是依次连续排列。

次要关键字：第二或第 N 个排序依据，即在上一级关键字一致的前提下，将满足条件的记录按这一关键字的排序规则排列。

阿呆：这，我都听晕了，还是举例实操演示吧。

小花：例如，图 3.5 是某次考试全年级的成绩表，要求按班级。按总成绩由高到低排列。此时，主要关键字是"班级"、次要关键字是"总成绩"。

图 3.5　年级考试成绩表

多级排序

（1）选择排序范围，单击【排序】按钮，弹出【排序】对话框，如图 3.6 所示。

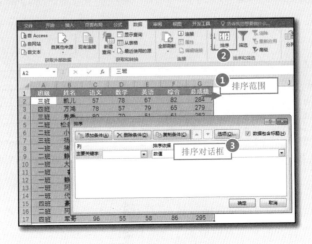

图 3.6　【排序】对话框

（2）选择【主要关键字】为班级，【排序依据】为数值，【次序】为降序，如图 3.7 所示。

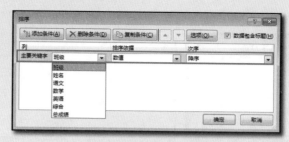

图 3.7　设置主要关键字条件

（3）单击【添加条件】按钮，选择【次要关键字】为总成绩，【次序】为降序，如图 3.8 所示。

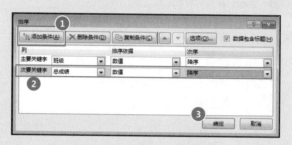

图 3.8　设置次要关键字条件

（4）单击【确定】按钮完成排序，如图 3.9 所示。

阿呆：我明白了，如果关键字有三个，就再增加一个【次要关键字】条件，以此类推。

小花：聪明！这排序的关键就是如何设置如图 3.8 所示的条件或条件组，它的条件可以是单个或多个，排序依据也可以是除“数值”外的“单元格颜色”等其他单元格属性，同时，次序也可以是“顶端”或自定义等。【排序】对话框的设置是排序多样性的核心。

（PS：为简化篇幅，后续仅对排序条件设置做详细讲解。）

阿呆：在排序时，我们通常习惯对列进行排序，即排列的次序在表格中都是自上而下的。但是也不排除一些特殊情况下，我们需要调整各列之间的排列次序，这种操作排序功能还派上用场吗？

小花：你说的是按行排序吧，如图 3.9 所示。我们把成绩表行列转置一下，我来示范如何横向排序，如图 3.10 所示。

	A	B	C	D	E	F	G
1	班级	姓名	语文	数学	英语	综合	总成绩
2	一班	猪猪	88	90	76	76	330
3	一班	翥	78	78	80	86	322
4	一班	静静	96	77	78	66	317
5	一班	代表	92	98	52	67	309
6	一班	阿呆	87	60	52	88	287

图 3.9　排序结果

	A	B	C	D	E	F	G	H
1	班级	一班	一班	一班	一班	一班	一班	四班
2	姓名	猪猪	翥	静静	代表	阿呆	大山	军哥
3	语文	88	78	96	92	87	54	96
4	数学	90	78	77	98	60	94	55
5	英语	76	80	78	52	52	57	58
6	综合	76	86	66	67	88	63	86
7	总成绩	330	322	317	309	287	268	295

图 3.10　横排的成绩表

横向排序

选择 B2:I7 作为排序范围（不包含标题列），选择第 3 行（语文成绩）为【主要关键字】，单击【排序】按钮后，在打开的对话框中单击【选项】按钮，弹出【排序选项】对话框，选中【按行排序】单选按钮，单击【确定】按钮完成排序选项设置，再单击【排序】对话框中的【确定】按钮完成排序，如图 3.11 所示。

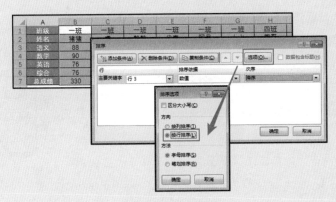

图 3.11　按行排序

阿呆：还有一个问题，日常工作中，我们对数据进行排序有时仅仅是为了将重点关注的数据排最前面或者把不重要的数据排在最后面，并不需要对所有数据进行排序，有没有这样的排序方法？

小花：我们用置顶 / 置底排序来解决这类问题。Excel 中提供了 3 种置顶 / 置底的排序依据。

（1）单元格颜色：即单元格的填充色。

（2）字体颜色：即单元格内文字或数字的颜色。

（3）单元格图标：一般指条件格式图标，如箭头 ⬆88 。

置顶 / 置底排序

我们对语文成绩不及格的学生进行了重点标示（红底白字并加粗），为了突出这部分学生，要求将这些学生置顶排序。将【排序依据】更改为【单元格颜色】，【次序】为【在顶端】即可，如图 3.12 所示。

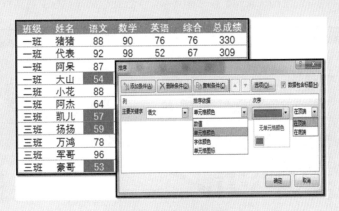

图 3.12　置顶 / 置底排序

3.1.3　融会贯通：破解排序难题

小花：呆呆，我考考你，在 Excel 排序中，数值和日期都是按数字大小排列，文本则按字母（汉字采用拼音字母）进行排列（A ～ Z 为升序，Z ～ A 为降序）。但是现实工作中，存在着很多特定的逻辑顺序，例如按职位高低、按地区位置、按品牌知名度，这些都无法用升序或降序等来识别和排序。这种难题怎么破？

🖐 阿呆：这个问题问得好，（调皮一笑）可惜我不会！

🖐 小花：这就要用到自定义序列，添加新的序列来完成特定的
排序。

自定义序列

现有一张各大地产商在各区域的销售额情况，需要按省份排列，
如图 3.13 所示。

	A	B	C
1	地区	开发商	销额
2	福建	万科	364
3	广东	绿地	518
4	浙江	恒大	424
5	广东	恒大	134
6	浙江	绿地	342
7	广东	万科	264
8	福建	恒大	311
9	浙江	万科	445

图 3.13　各地区开发商销售额

Step 01　选择排序范围，单击【排序】按钮，选择【主要关键字】
为【地区】，选择【次序】为【自定义序列】，如图 3.14 所示。

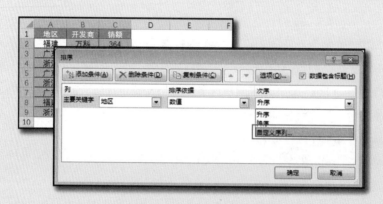

图 3.14　选择【自定义序列】

Step 02　弹出【自定义序列】对话框，在【输入序列】列表框输入自定义的地区次序（按 <Enter>
键分行列示），单击【添加】按钮和【确定】按钮返回【排序】对话框，如图 3.15 所示。

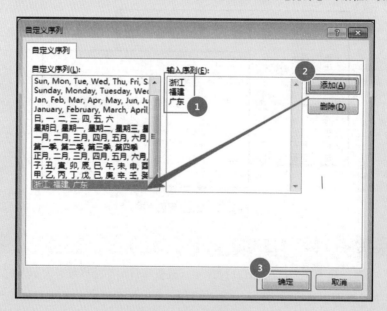

图 3.15　添加自定义序列

Step 03　单击【确定】按钮，完成排序，如图 3.16 所示。

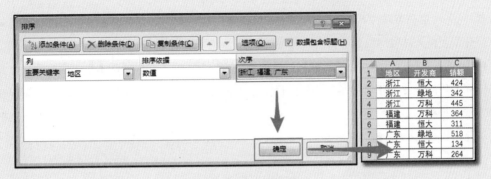

图 3.16　完成自定义排序

　　阿呆：哇，原来还可以自己定义排序的次序，这就灵活多了。我可以把我常用的序列一个个录入进去，就再也不用为排序烦恼咯！

　　小花：如果自定义的序列很多或有多个需要自定义的序列，不妨尝试单击【文件】选项卡—【选项】按钮，在打开的对话框中选择【高级】选项，在【常规】栏目中单击【编辑自定义列表】按钮，选择已经在单元格中编辑好的序列，导入即可，如图 3.17 所示。

图 3.17　批量导入自定义序列

　　阿呆：小小的排序学问还真多！这么多排序方法加诸于身，原来的数据次序早已面目全非，恐怕再也回不到"最初的面目"了？

　　小花：事实上，解决这个问题的方法非常简单，就是在排序前，先在数据区域外构建一个 1 ～ N 的有序整数辅助列，当要恢复排序时，就选择这个辅助列做升序排列即可，如图 3.18 所示。

图 3.18　恢复排序辅助列

阿呆：这个方法太巧妙了吧，我就随口一说，没想到还真有解决之道。那我就再嘴欠一回，合并单元格无法排序问题有招吗？

小花：有啊，但解决合并单元格排序问题的方法并不在于排序操作本身。通常解决合并单元格排序的思路是先取消合并单元格，然后重复填充取消合并后产生的空白单元格，再按正常的排序方法进行操作，最后运用技巧完成单元格的批量合并。因此，解决合并单元格的本质是批量合并单元格技巧。（这一技巧笔者会在 3.6 节中详细讲解，此处不再赘述）。

3.2 物竞天“择”，筛选的“进化论”

在使用 Excel 处理数据时，我们经常会用到筛选功能，但你真的会用筛选吗？你真的了解自动筛选的套路吗？你知道 Excel 高级筛选的存在和用法吗？你是不是也经常“众里寻他千百度”，却“误入藕花深处”？本节，小花就和花瓣们一起来探寻筛选的“进化论”，也许它们正是你苦寻已久的神器！

3.2.1 筛选的套路

阿呆：小花，Excel 中的筛选真难掌握，想选的选不到，不想选的却筛出一大堆来。有人说筛选这家伙狡猾得很，我看一点也没错，你看，所谓“狡兔三窟”说的就是它，如图 3.19 所示。

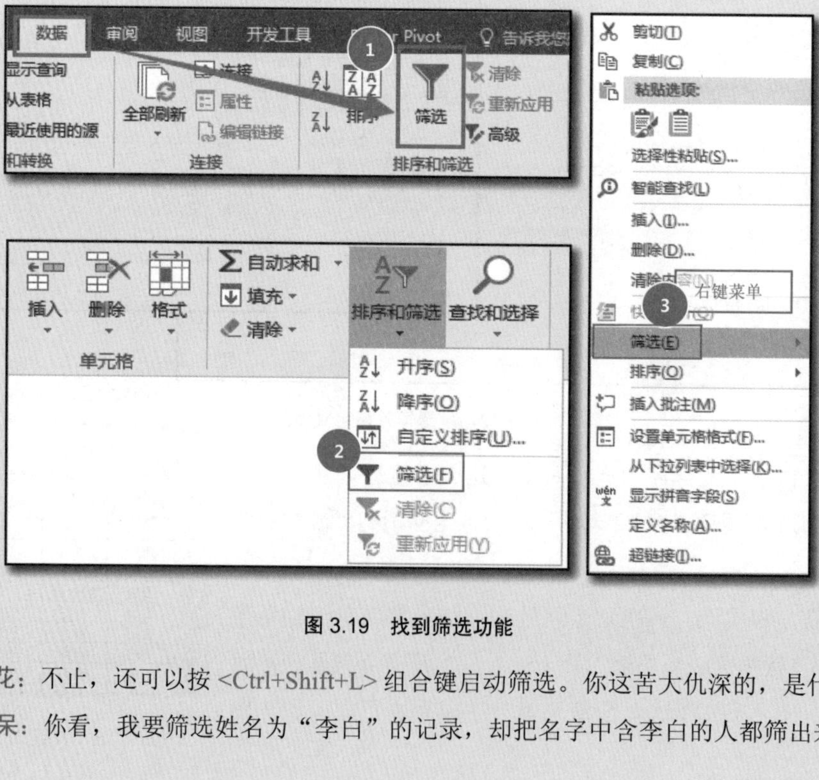

图 3.19　找到筛选功能

小花：不止，还可以按 <Ctrl+Shift+L> 组合键启动筛选。你这苦大仇深的，是什么情况？

阿呆：你看，我要筛选姓名为“李白”的记录，却把名字中含李白的人都筛出来了，真正的李白混在其中了，如图 3.20 所示。

小花：像你这样在【搜索框】中输入指定文本的，就是包含筛选。如果要精确筛选出指定字符，就需要输入双引号（英文半角）加指定文本，例如"李白"，如图 3.21 所示。

图 3.20 文本筛选：包含   图 3.21 指定文本筛选

阿呆：哦，加引号就是指定文本的精确查找，不加引号就是包含文本的模糊查找。但是有的时候，包含指定文本的单元格有很多，但我只要以指定文本为开头的单元格，这种情况可以筛选吗？

小花：不只是开头，结尾或中间都可以用筛选来完成。但这需要使用通配符，让我们来认识一下吧。

通配符（均为英文半角）

星号"*"：通配任意个字符。

问号"?"：通配一个字符。

波形符"~"：波形符与问号"?"和星号"*"连用，可使后两者被识别为其本身。

阿呆：不明觉厉！就拿刚刚那张表，我现在需要筛选出姓"李"的人员记录，要在搜索框中输入什么？

小花：在筛选或者说在运用 Excel 处理数据的任何时候，操作的关键就在于让程序明白你的意图，换句话说，就是把你的需求转化成系统能够理解的语言。比如你要的是筛选姓"李"的人员记录，比如"李白"、"李商隐"，这些文字对 Excel 来说就是首字符"李"+任意个字符的字符串。任意个字符用通配符星号"*"表示。那么此时筛选的搜索条件就可以写成"李*"，如图 3.22 所示。

阿呆：我懂了，如果以指定字符结尾，那就输入星号"*"+指定字符，例如我要找职位为"总监"的人员名单，可以在职位一栏筛选搜索框输入"*总监"，如图 3.23 所示，真是分分钟搞定！

图 3.22　以指定文本开头　　　　　　图 3.23　以指定文本结尾

　小花：那如何筛选包含指定文本且不在首尾的单元格呢？比如，我们要从产量统计表中找出 L4 线（生产批次的第 5 ～ 6 个字符代表生产线）生产的产品（见图 3.24），要怎么做？

　阿呆：这还不简单，输入"*L4*"不就搞定了？

　小花：这你就错了。这样的筛选条件和直接输入"L4"没有区别，筛选结果都是包含 L4 的全部单元格，无论 L4 是不是出现在首尾位置上。这是因为通配符星号"*"匹配任意个字符的含义包括没有字符。要完成这样的条件筛选，还得使用第二个通配符问号"?"——通配单个字符。我们把条件写成"?*L4*?"（左右两边的"?"和"*"不分先后），也就说 L4 前后面都至少有一个字符，这才是程序能够理解的"中间包含"，如图 3.24 所示。

图 3.24　指定文本在中间

　阿呆：这两个通配符真是黄金组合啊，配合起来连这种复杂筛选都能搞定，太好用了。

　小花：它俩配合起来还有很多招式呢，可不止这些，比如重复包含、重复不连续包含等，都能轻松搞定，如图 3.25 所示。

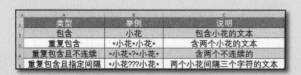

类型	举例	说明
包含	小花	包含小花的文本
重复包含	*小花*小花*	含两个小花的文本
重复包含且不连续	*小花*?*小花*	含两个不连续的
重复包含且指定间隔	*小花???小花*	两个小花间隔三个字符的文本

图 3.25　自动筛选类型

　阿呆：听到这里，我觉得通配符星号"*"完全是主角啊，问号"?"更像是打杂的。

小花：这你就错了，它俩各有千秋！当我们不筛选指定字符，而把关注点转移到字符数量上时，问号"?"就能一展风采！例如，我们想筛选出工龄超过 10 年的老员工（员工编号为 3 位字母或数字），可以输入 3 个问号"???"来锁定字符数量，如图 3.26 所示。

阿呆：我忽然有个大胆的想法，如果我要筛选员工编号大于 3 位数的单元格，那我是不是可以输入 4 个问号加一个星号"????*"，意思就是至少 4 个字符，我来尝试下。（2 秒后）哈，成功了，如图 3.27 所示。

图 3.26　指定字符数　　　　　　　　　　图 3.27　最少字符数

小花：Bingo，完全正确！看来你已经掌握了用通配符进行文本筛选的精髓。

阿呆：可是我还有一事不明，通配符本身也是字符，那我要是想筛选的字符包含通配符本身，要怎么让系统明白？

小花：这个问题算问到点子上了！这就要说说第三个通配符了，真正的配角在这里，它就是波形符"~"（键盘 <Tab> 键上方）。它是专门为识别通配符本身而生，放在通配符前面。例如，我们要找规格为 15*15 的产品库存情况，是否输入波形符"~"直接影响着最终筛选的结果，如图 3.28 所示。

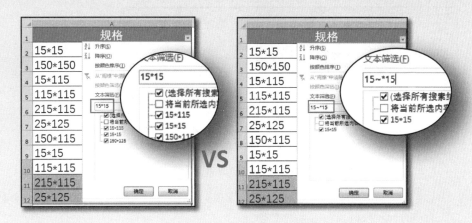

图 3.28　通配符"~"的作用

阿呆：不输入波形符，程序依然将通配符"*"识别为通配任意字符，所以"15*15"的含义就是以 15 开头，以 15 结尾的任意字符串，因此 15*115 这样的单元格也会被筛选出来。而在星号前加上波形符，星号就被识别为其本身，"15~*15"就能筛选出含"15*15"（作为一个整体）的字符串，这才是正解。

小花：理解很到位！这几个通配符配合使用能够完成大部分文本筛选工作。它比使用文本筛选对话框设置自动筛选方式要来的快速便捷。但一些复杂的文本筛选，我们还是得用自定义文本筛选条件来完成，如图 3.29 所示。

图 3.29　自定义文本筛选

阿呆：我看看，文本筛选给我提供的逻辑运算有等于、不等于、开头是、开头不是、结尾是、结尾不是、包含和不包含。我想想，除了几个排除性筛选条件，其他都可以用通配符快速筛选。

小花：不止，逻辑关系"与"和"或"也非常实用。而且我们在设置自定义筛选时也可以使用通配符。通过这些逻辑运算和逻辑关系的不同搭配，我们可以完成十分复杂的筛选。举个例子，我们要筛选不以 15 开头，且不包含 115 的规格，设置的筛选条件，如图 3.30 所示。

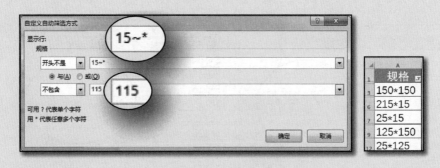

图 3.30　复杂的文本筛选条件

阿呆：这自定义文本筛选的水太深了，变化太多了。我先记下这用法，以后工作中再慢慢研究试验，以后再也不用为文本筛选烦恼了！

小花：顺便把下面这条也记在你的小本本上。一些文本筛选的方法也可以用来对数字进行筛选，这时我们只需将数字当成一串没有数值大小的字符串即可，例如三位数就是三个字符，负数就是以"-"开头的字符串，精确筛选数字就加上双引号，等等。

阿呆：关于数字筛选我也是有研究的，如图 3.31 所示，数字不只是字符串的含义，更多的是其数值大小。数字筛选最重要的就是构造【目标数字区间】，这其实是简单的数学问题，我们只要用 Excel 提供的关系运算符就可以轻松构造。而对于复杂的多条件数字筛选，我们也可以像文本筛选那样使用逻辑运算符，如图 3.32 所示。

数字的文本筛选法	举例	筛选条件
指定位数的整数	筛选100-999的三位数	???
指定区间的数字	筛选小于1大于0的小数	0.*
精确数值	筛选数字100	"100"
多条件筛选	以0结尾的整数	不包含 . 与 结尾是 0

图 3.31 数字的文本筛选法

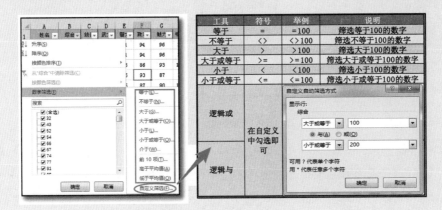

图 3.32 数值筛选的区间构造

小花：有进步，总结得很不错。但是你总结这些数字筛选方法看起来和文本筛选并没有大的差别。其实数字筛选是有其独到之处的，比如平均值筛选和最值筛选。平均值筛选可分为【高于平均值】和【低于平均值】，其中平均值是根据所选择的筛选列区域数值自动计算得出。而最值筛选则更强大，它是根据要求筛选出最大 / 最小的前 N 项或前 N%，如图 3.33 所示。

图 3.33 自动筛选：平均值筛选

阿呆：这平均值筛选计算量还不算大，但最值筛选就有点强悍了，尤其是百分比筛选，这样的计算量相当于要在后台先进行排序，再计算出要筛选的项数，最后才能进行筛选。这要是手工进行筛选得多麻烦啊！就这两把刷子，够甩文本筛选几条街了，如图 3.34 所示。

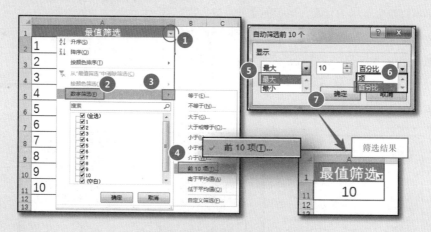

图 3.34　自动筛选：最值筛选

　　🔘 小花：对了，还有一个天天在你眼前晃悠，但你可能从未用过的重量级自动筛选技能，堪称自动筛选中"最熟悉的陌生人"，它就是【将当前所选内容添加到筛选器】！

　　🔘 阿呆：哦，我有印象，是在……我想想，对了，在筛选搜索框输入筛选条件后就会出现这个选项。我从来没用过，真不知道它有什么用处。

　　🔘 小花：它可是个能干的主。筛选器是一个存储筛选结果的虚拟容器，一般情况下，这个容器是一次性的，即下次筛选生效后，存储在这个容器中的旧筛选结果被清空，新筛选结果取而代之。然而当我们执行新的条件筛选时选中了【将当前所选内容添加到筛选器】复选框，我们就可以在不删除旧结果的情况下，加入新的筛选结果，使得新旧筛选条件合成一个多条件筛选。用图 3.35 的例子讲，在筛选完工号为 3 位数的员工记录后，我们想同时把工号为 4 位数的员工也纳入考虑，这时，可以在输入 4 个通配符问号"????"后，勾选【将当前所选内容添加到筛选器】复选框，再单击【确定】按钮，此时工号为 3 位数或 4 位数的员工记录就都被筛选出来了。

图 3.35　将所选内容添加到筛选器

　　🔘 阿呆：这不就是并列条件吗？用自定义筛选不就可以了吗？

小花：不不不，不一样。并列条件（逻辑或）最多可以容纳 2 个条件，但我们可以不断地将所选内容添加到筛选器。还是员工号的问题，我们已经筛选了 3 位数和 4 位数了，如果我们想再把工号为 6 位数的员工也筛选出来，这种情况自定义并列条件就黔驴技穷咯，而添加到筛选器的做法依然游刃有余。自定义筛选的各种变化再厉害也是一次性的，只有在将所选内容添加到筛选器这一工具的帮助下，我们才能将多种条件合并起来，做出满足工作需求的复合筛选。

阿呆：自动筛选可以设置那么多重条件，可是一旦我们对数据进行更改，系统并不会自动重新筛选，那岂不是又要重头再来？

小花：在编辑过程中，数据筛选是不会自动更新的，因为这会严重干扰用户的操作。如果我们在编辑过程中需要重新按原有条件进行筛选，只需单击【重新应用】按钮或按组合键 <Ctrl+Alt+L> 即可，如图 3.36 所示。

图 3.36　筛选的重新应用

小花：另外，如果筛选的列中含有不同的字体颜色或者填充颜色，Excel 还为我们提供了按颜色筛选的功能。我们可以点开筛选窗口或选中指定颜色所在的单元格并右击，在下拉列表或右键快捷菜单中选择对应的颜色筛选条件，如图 3.37 所示。

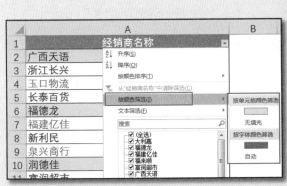

图 3.37　颜色筛选

阿呆：Oh，I get it！没想到自动筛选这么多套路，受教了！

3.2.2　高级筛选：条件查询函数的终结者

小花：呆呆，是不是觉得查询与引用函数脾气怪、性格偏、非常难学啊？想不想不用函数就完成条件查询引用？

阿呆：对啊对啊，查询函数真的太 deep 了。真的有绕过查询函数的条件查询方法吗？快快教教我！

小花：有啊，而且你还不陌生，就是筛选，正确地说，是【高级筛选】，它号称"条件查询函数终结者"。

    🐸 **阿呆**：筛选？别闹！Excel中的函数难是难，但功能确实强大，岂能被一个听都没听过的小技巧 KO 了？

    🌸 **小花**：这你就错了，Excel除了很牛的函数，还有很多功能强大的技巧，【高级筛选】就算其中一个。名气不大，本领可不小。它就在【数据】选项卡【筛选】按钮隔壁，是一个不起眼的小按钮，如图 3.38 所示。

    🐸 **阿呆**：我以前这么没注意到这里还藏着一个高级筛选！它是怎么用的呢？

    🌸 **小花**：使用高级筛选的关键是如何设置【高级筛选】对话框，包括列表区域、条件区域、结果区域和去重选项 4 个要素。

高级筛选的 4 个要素（见图 3.39 ）

图 3.38 【高级筛选】按钮

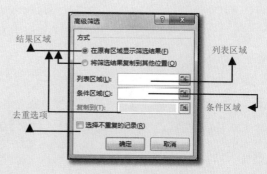

图 3.39 高级筛选的四要素

列表区域：必填，一个包含列标题的数据区域，它是执行筛选的数据源，即我们从这个数据区域筛选出符合条件的数据。

条件区域：选填，它是一个包含列标题和条件值的单元格区域。条件区域是高级筛选的核心，高级筛选的十八般武艺几乎都来源于此。因此，设置条件区域的注意点也比较多：

（1）条件区域的非空标题一定要同时是列表区域的标题。标题允许重复，重复标题意味着同一行所构成的复合条件对该标题字段存在多重要求。

（2）除标题行外，条件区域中处于同一行的值或公式表示逻辑"与"，即列表区域中的某一行必须同时满足这些条件才能被筛选出来；而不同条件行间是并列关系，即列表区域中的某一行只需满足条件区域中任意一行所确定的条件就能被筛选出来。

（3）在特定情况下，某一标题和条件值可以为空值。空标题表示筛选条件不针对某一特定列，这样的标题对应的条件值通常是公式。条件值为空表示不对指定标题字段做出约束。即使条件区域的某一标题或条件值为空值，选择条件区域仍然要包含它。

结果区域：筛选结果显示的单元格区域。当选择【在原有区域显示筛选结果】单选按钮，则结果区域即为列表区域；当选择【将筛选结果复制到其他位置】单选按钮，这时【复制到】输入框解除锁定，需要选择要复制的区域。注意：这个结果区域只能在活动工作表中选择（即单击高级筛选时所选中的表），通常只需选择想要显示结果的区域左上角第一个单元格即可。

去重选项：通过勾选【选择不重复的记录】复选框来设置。这里的重复记录是指最终结果区域中的某一行的每个单元格都与另一行完全一致。

　　😀 阿呆：这一下子这么多解释、注意，我都晕菜了。能不能来点实例讲解？

　　😀 小花：别晕别晕，不知不觉中你就能理清楚了。先举个简单的例子，我们要从一张销额统计表中找出广东的所有经销商和广西的一级经销商的销售情况，如图 3.40 所示，我们要怎样操作？

	A	B	C	D	E	F	G
1	首次供货日期	经销商名称	经销商编码	经销商类别	经营地区	实际销售	预算销额
2	1996/5/5	广西天语	60001	一级经销商	广西桂林	5027.9	8946.6
3	1997/3/19	浙江长兴	500010	二级经销商	广东广州	7002.5	6580.4
4	2012/2/18	玉口物流	40035	一级经销商	广东揭阳	4102.7	8236.2
5	2011/9/23	长泰百货	560012	三级经销商	福建泉州	9495.6	329.8
6	1998/12/1	福德龙	458320	全国直营	福建泉州	5635.0	9797.1
7	2007/8/11	福建亿佳	21004	地区直营	福建福州	3212.2	5271.9
8	2013/1/2	新利民	310350	地区直营	广东韶关	4523.9	9308.4

图 3.40　销额统计表

高级筛选的基本用法

Step 01　分析需求，建立包含条件标题和条件值的条件区域。

- ● 广东的所有经销商即经营地区包含广东，经销商类别不限制，为空值。
- ● 广西的一级经销商即经营地区包含广西，经销商类别为一级经销商。
- ● 两个条件组之间为并列关系，分行填列；且标题仅需设置经营地区和经销商类别，如图 3.41 所示。

图 3.41　设置条件区域

Step 02　选中"筛选结果"表，单击【高级筛选】按钮，弹出【高级筛选】对话框后，【列表区域】选择"销额表 !$A$1:$G$21"和【条件区域】选择"筛选结果 !$A$1:$B$3"，指定【复制到】为"筛选结果 !$A$6>"，如图 3.42 所示。

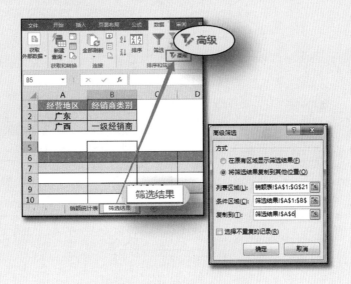

图 3.42　设置【高级筛选】对话框

　　PS: 为方便讲解，我们将条件区域和结果区域都设置在"筛选结果"表中，后续全部图解均同此理。读者可以根据实际情况选择结果区域。

Step 03 单击【确定】按钮完成筛选，满足条件的数据就被显示在结果区域中了，如图 3.43 所示。

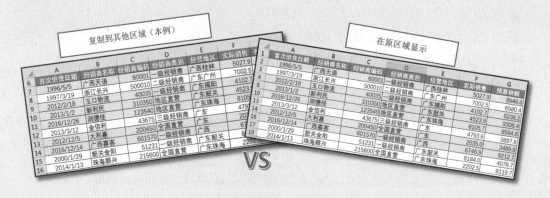

图 3.43　高级筛选结果

🐷 阿呆：咦，如果我选择【在原有区域显示筛选结果】单选按钮会怎样？我来试试，（几秒后）哦，除了没有筛选的标志 🔽 外，其余都和自动筛选一模一样嘛！

🌼 小花：对的，别拿高级筛选不当筛选嘛！只是没有筛选标志，清除原区域的高级筛选也可以使用【清除】筛选按钮 🏷 清除。

🐷 阿呆：毕竟顶着高级的头衔，高级筛选肯定不止这点本事吧，快快快，还有什么神操作，秀出来让我学习学习！

🌼 小花：你慢慢听我说。高级筛选和自动筛选之间是有共同点的，比如在条件区域中，通配符的用法和自动筛选基本一致。下面我们来筛选经营地区为"广西"，且供应商名称以"广西"开头的销售记录，如图 3.44 所示。当然，它们也有很多不一样的地方，比如在精确筛选指定字符时，自动筛选使用半角双引号"指定字符"，高级筛选则使用"=指定字符"（需将单元格设置为文本格式，下同）；在筛选指定字符数时，自动筛选使用连续个数的问号"????"，而高级筛选则使用"=????"。例如，我们要筛选经营地区为"福建"，供应商名称为 3 个字符的销售记录，如图 3.45 所示。

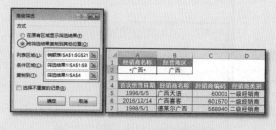

图 3.44　星号在高级筛选中的运用

图 3.45　精确筛选和字符数筛选

🐷 阿呆：运用通配符和等号，加多几行并列条件，再来多个条件标题，这高级筛选能完成的筛选类型复杂程度岂不是相当惊人？

🌼 小花：这还只是高级筛选的冰山一角呢，接下来才是见证奇迹的时刻。条件区域除了可以用指定值和通配符构建条件值外，还可以用不等式来对数字进行筛选。在高级筛选中，对数据区间筛选条件的设置，可以直接用关系运算符 <、>、>=、<=、<> 等字符连接数字来表示。例如我们筛选实际销售大于 5 000 小于 8 000 且预算销额大于 9 000 的销售记录，如图 3.46 所示。

阿呆：哦，原来刚刚提到的重复列标题是这样的啊！这高级区间筛选简直叹为观止，试想，这还只是一个数据区间条件，如果是多个复杂的区间，高级筛选只需再多写几行这样的条件值，而用函数的话，估计我早哭晕了！

小花：别急着晕啊，前方继续高能！高级筛选还能对两列数值进行比较筛选，除此之外，自动筛选所具有的平均值筛选和最值筛选它也能做。比如，我们要筛选预算金额高于平均数且实际销售低于预算的供应商销售记录，如图 3.47 所示。

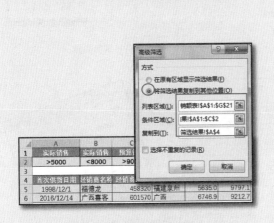

图 3.46 高级筛选：区间筛选　　　　　　图 3.47 不同列比较筛选

阿呆：这里条件值为公式，列标题可以为空，这个知识点刚刚有提到。可是公式仅仅是对列表区域的第一行数据（除标题外）进行比较，是不是高级筛选会像函数公式那样，自动扩展到全部行中？

小花：答对了，我们只需对首行的条件公式进行设置，只要不锁定行，就会自动扩展为每个列表区域行的筛选条件，比如 A2 单元格公式。而那些需要固定下来的引用区域只需向输入函数公式那样锁定就可以了，这一点和普通公式没什么分别！

阿呆：这么高能的筛选技能再配上可以随心所欲变换的公式，这筛选能力太震撼了！

小花：如果我告诉你，高级筛选还可以仅显示你需要用到的列，无须将这个列表区域全部筛选列示，甚至无须将条件标题行列示出来，你会不会更加崩溃？但是这个技能仅限选中【将筛选结果复制到其他位置】时使用。我们需事先将需要列示的标题行写在结果区域的首行。例如，我们要筛选销售达成率低于 50% 的客商，仅需列明客商名称即可如图 3.48 所示。

阿呆：在选择性列示的同时，如果我们勾选【选择不重复的记录】复选框，就可提取出不重复数据清单，这不是和去除重复值有异曲同工之妙吗？我来试试从出货明细表中筛选出 1 月份单次出货大于 1 000 的客商明细，如图 3.49 所示。

小花：高级筛选还是表格核对的神器呢，将两张结构一模一样的表互相作为对方的条件区域，执行高级筛选并选中【在原有区域显示筛选结果】单选按钮，筛选结果即为两表相同内容。

我们给筛选结果标色后清除筛选得出的未标色部分即为两表差异内容，如图 3.50 所示。

图 3.48　选择性列示　　　　　　　　　　　图 3.49　高级筛选：条件去重

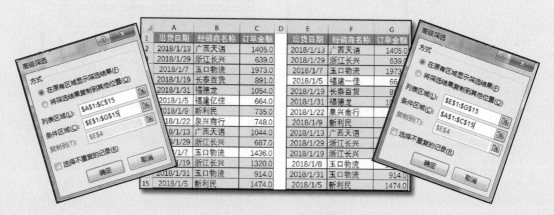

图 3.50　高级筛选：两表核对

阿呆：这高级筛选真的是太厉害了，是时候终结查询函数了！

3.3　查找与替换：拒绝滥竽充数

在整理 Excel 表格时，我们会经常使用到查找和替换功能。几乎人人都会用的 <Ctrl+F> 查找和 <Ctrl+H> 替换功能，它的强悍独到之处可能远超你的想象。不信就跟小花一起来看看吧！

3.3.1　认识查找与替换：谁还没有两把刷子？

阿呆：花花，我们公司的一个重要客户更名了，我怎么把表格中这家公司的名字批量替换成新名称？

小花：用查找替换就行了，选中要替换的区域，同时按 <Ctrl+H> 组合键打开【查找和替换】对话框，输入查找内容（要替换什么）和替换内容（替换成什么），单击【全部替换】按钮即可。通常情况下，替换是以单元格内容为标的的，即仅替换单元格中的目标字符，并不对单元格中的其他字符产生影响，如图 3.51 所示。

　　👆 阿呆：全部替换岂不是意味着查找区域内全部的查找内容被一次性替换成新内容了？不行不行，我只是想对部分内容进行替换，但一个个用眼睛找又非常困难，有没有能够经过判断再考虑是否替换的方法？

　　👆 小花：这样啊，那你就不要单击【全部替换】按钮，改为先单击【查找下一个】按钮，判断所选的内容是否要替换再单击【替换】按钮，遇到不替换的就继续单击【查找下一个】按钮跳过该单元格即可。还可以单击【查找全部】按钮，将全部查找结果都列示出来，逐个单击判断是否替换，如图 3.52 所示。

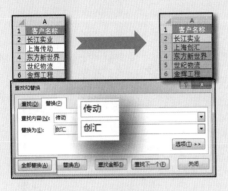

图 3.51　全部替换

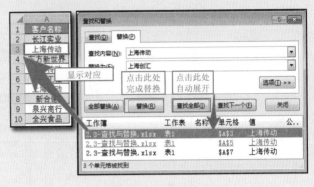

图 3.52　逐个替换

　　👆 阿呆：哦，这样就能准确查找并替换掉指定字符。如果我们只知道要替换的内容中的部分字符，怎么做查找替换啊？

　　👆 小花：这时候就该上通配符了，问号、星号和波形号，这三兄弟在查找替换中也可以使用哦。比如我们要将客户代码批量删除，就可以用星号"*"来通配任意字符数，如图 3.53 所示，将【】及其中的全部字符替换为空。

　　👆 阿呆：哦，通配符我也可以用吗？这 3 个符号我早就用熟了！我来查找一下 3 个字符的客户。（几秒后）咦，怎么不对啊？ 3 个字符以上的单元格都查找出来了，如图 3.54 所示。

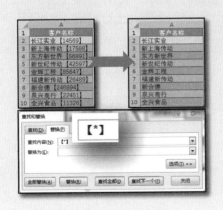

图 3.53　通配符在查找中的运用

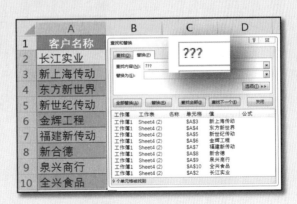

图 3.54　通配符的错误用法

　　👆 小花：这是因为查找通常是以单元格内容为标的的啊，所以只要内容中的部分连续字符能满足通配条件，这样的内容就会被替换。注意：替换的是指定部分的内容，而不是单元格整体哦！你查找的"???"在筛选中表示 3 个字符，在查找中却表示单元格含 3 个以上的字符；而我刚刚查找的"【*】"，如果"】"后没有其他有用字符，写成"【*"也是一样的。这个区别我们在查找中要特别特别注意。如果你刚刚查找"?"并替换为空时，你就会删除区域内单元格中的全部内容，如图 3.55 所示。

🐱 阿呆：也就是说我们所有的查找都是"包含筛选"咯？

🐱 小花：这个说法恰到好处！我突然有一个大胆的想法，既然问号"?"是匹配单个字符，也就是说如果用它来做重复输入，岂不是非常有效！我们经常用实心五角星"★"来表示客户级别，但是输入"★"很麻烦，可以输入等量的字符来替代，然后用查找与替换，将单个字符批量替代为星号★，如图 3.56 所示。

图 3.55 慎用通配符　　　　　图 3.56 通配符"?"的妙用

🐱 阿呆：高手果然是高手，随便一个想法就是一个神技能！

🐱 小花：哈哈，学习 Excel 本来就是一个大胆假设、小心求证的过程嘛！比如整理不规则日期（把小数点等不规则时间分隔符替换成斜杠"/"）、单元格批量换行。拿后者来说吧，只要在【替换为】输入框中输入"Ctrl+J"，就可以将指定内容替换成分行符，从而完成单元格内容分行，如图 3.57 所示。

🐱 阿呆：反过来也能用替换 Ctrl+J 为空的方式将分行排列的单元格内容转化为连续排列。这方法 666 啊！比一个个按 <Alt+Enter> 组合键可快多了！

🐱 小花：那是，技巧用得好，往往能收获神效！光查找和替换这对兄弟就够你研究的了！

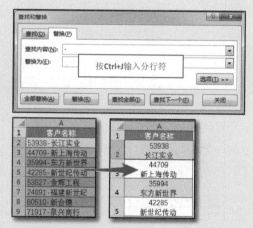

图 3.57 替换为分行符

🐱 阿呆：是啊，关于查找和替换，我还有疑惑求解答呢！在查找时，我们可以查找下一个，切换到最后一个才能再从头查找。那有没有方法能反着来查找上一个？

🐱 小花：简单，回答你！按住 <Shift> 键的同时单击【查找下一个】按钮，就可以反向来查找上一个了！

🐱 阿呆：关闭【查找和替换】对话框后，还可以查找下一个吗？始终打开对话框遮挡视线，频繁打开关闭对话框又很不方便。

 🐝 小花：可以的。在执行完查找后关闭对话框并不会清除查找设置，同时按 <Shift+F4> 组合键依然可以继续查找下一个。

 🐝 阿呆：既然我们能够查找出全部满足条件的单元格内容，那有没有办法同时选中这些单元格，以便我们对这些单元格进行凸显或者批量更改？

 🐝 小花：这当然是可以的，我们只要单击【查找全部】按钮，任意选中查找结果列表中的一行，按 <Ctrl+A> 组合键就可以选中这些单元格了，之后可以关闭【查找和替换】对话框并对这些单元格进行批量操作，如图 3.58 所示。

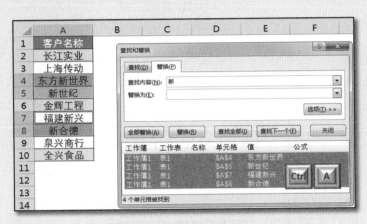

图 3.58　选中全部查询结果

3.3.2　查找替换的百宝袋——选项

 🐝 阿呆：小花，我觉得通配符用来做"包含查找"真是屈才了，难道查找只能是"模模糊糊"的吗？

 🐝 小花：当然不是！如果我们要按单元格内容精确查找，也是可以做到的。那就是单击【选项】按钮后勾选【单元格匹配】复选框，这样查找的标的就变成了单元格整体内容，如图 3.59 所示。只有当单元格整体内容与查找内容完全一致时，才能被查找出来并进行整体替换。这不仅对通配符有效，对普通的字符精确查找也一样可以。

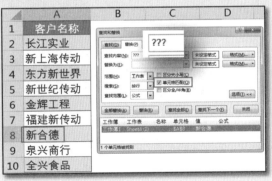

图 3.59　匹配单元格与通配符

 🐝 阿呆：哇，真是柳暗花明又一村，勾选前后整个查找内容和通配符的作用就完全不一样了，太厉害了！我也来试试你说的精确查找单元格整体内容，把销售额"0"替换成"无"吧。（几秒后）果然，成功了，其他含 0 的数字都没有被替换，只有等于 0 的单元格被替换成了"无"如图 3.60 所示。

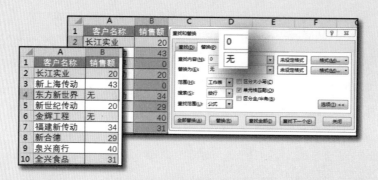

图 3.60　精确查找指定字符

🌸 小花：不止柳暗花明哦，这个查找【选项】简直就是查找与替换的百宝袋。除了可以将查找标的更改为单元格整体，还可以对查找的文本进行有效区分，也就是【区分大小写】和【区分全/半角】。比如，我们想将 green 替换为 Green，也就是首字符大写，这时仅在【查找内容】框中输入"green"，【替换为】框输入"Green"，是无法做到精确替换的。这样的替换会殃及"GREEN"这样字母相同的字符串，因为在没有勾选【区分大小写】复选框前，Excel 会傻傻分不清的，如图 3.61 所示。

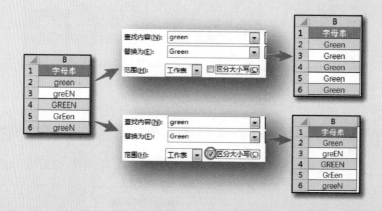

图 3.61　区分大小写

🖐 阿呆：嗯，这在整理表格的时候可以用来规范文本，区不区分大小写都有用处。有时候一些正式的报表还是不要统一为好。

🌸 小花：这两个区分只是查找【选项】里的小技巧，接下来这个才是"大杀器"——【范围】。如图 3.62 所示，正常情况下，我们查找前都会选择查找的区间范围，如果没有选择就默认为对整张工作表进行查找。如果我们在查找【选项】—【范围】中选择【工作簿】，那么就可以一次将工作簿中所有工作表中的内容都按规则进行查找替换。

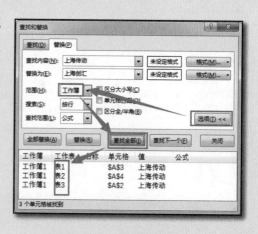

图 3.62　工作簿查找与替换

🖐 阿呆：哇哦，这才是查找与替换的 AOE！

再也不用逐个表做重复工作了，酷毙了！

🦜 小花：就这个思路往下看。【搜索】可以选择【按行】和【按列】，这涉及查找的优先次序问题，简单地说，就是你单击【查找下一个】按钮时，是横向移动还是纵向移动到下一个目标单元格，这个选项我们很少会用到。

🦜 阿呆：哦，一个冷门的知识点，我记下了，有备无患嘛！那【查找范围】又怎么用？

🦜 小花：在【查找】选项卡，【查找范围】可以选择【值】、【公式】、【批注】，对应查找单元格值、单元格公式和单元格批注。查找【值】是对单元格中的常量（文本、数值和符号）和公式计算结果进行查找；查找【公式】则是对常量和公式本身进行查找。听起来很绕对不对？那就用实例讲解吧。A3为常量2，所以无论查找公式还是值，都可以被查找到；A4是公式，公式本身包含2，而计算结果为3，不包含2。所以查找【公式】时可以查找到A3和A4，查找【值】时就只能查找到A3，如图3.63所示。

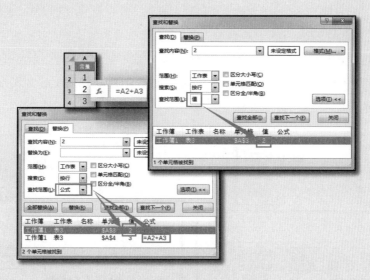

图 3.63 ＜值＞与＜公式＞的区别

🦜 阿呆：OK，有点理解了！但【批注】真的也可以查找吗？我来试试看，如图3.64所示。

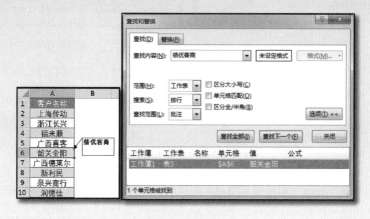

图 3.64 查找批注

小花：【批注】可以查找但无法像公式和值那样可以被替换，这是一大遗憾！好在我们并不会在单元格中大量添加批注。另外，【替换】选项卡中【查找范围】下拉列表，连【值】这个选项都没有，只剩【公式】孤军奋战。换句话说，公式所计算出来的值是无法被替换的。这是因为公式结果是运算的返回值，我们只能通过改变运算本身来改变它，所以任何直接替换返回值的操作也就没有存在的必要了。

阿呆：公式本身可以被替换的话，意味着当我们选择的查找替换区域包含公式时，【查找内容】一栏输入的英文字母、符号和其他常量都有可能导致公式被更改，需要特别注意咯！

小花：正解！此外，除了这些常规查找替换方法外，查找与替换【选项】还为我们提供了按【格式】查找或替换为指定【格式】的方法。这些格式涵盖了单元格格式的各个方面，如填充色、字体颜色、数字格式、边框样式等。前两者是工作中比较常用的查找替换技巧。这里的【格式】可以自定义也可以从已有的单元格中选择，这给我们批量更改单元格样式提供了极大的便利。例如，要将图3.65中单元格填充色粉色批量更改为黄色，可以用【格式】查找与替换来实现。不需要输入查找内容和替换内容，只需输入要查找的格式和要替换的目标颜色即可。

阿呆：查找内容和替换结果一定都要是格式吗？能不能对含指定文本的单元格批量标色呢？我来试试，把含"新"字的单元格中的字体批量替换为红字加粗格式，如图3.66所示。（几秒后），哇，这也行！这确定不是条件格式？

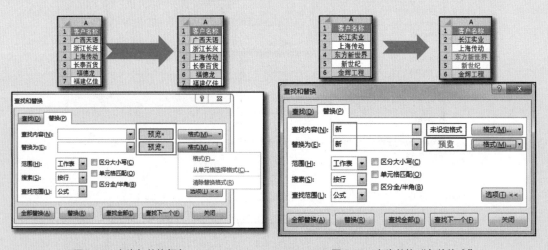

图 3.65　查找与替换颜色　　　　　　　图 3.66　查找替换"条件格式"

小花：当深入探究 Excel 技巧时，我们经常能发现它们之间的交叉地带，例如利用向右填充完成跨行粘贴、利用分类汇总玩批量合并单元格、利用数据透视表搞定批量创建工作表，等等。言归正传，【格式】查找还可以和查找内容构成并列条件，查找特定格式单元格中包含的指定文本。

阿呆：有了这【格式】查找与替换，我们就可以将查找与替换和筛选、条件格式等技巧配合使用。例如我们在核对数据时，用条件格式凸显出的重要值可以再用查找与替换对其中的分类信息进行精细化排查或更改；在填报表格时，我们对数据有疑问的单元格进行填色，但由于跨列无法筛选的情况，这时候也可以使用【格式】查找来完成。

小花：呦，呆呆真是用心啊，这么快就融会贯通了。不过你倒是提醒了我，查找还能配合隐藏列快捷键 <Ctrl+)> 来完成横向筛选呢，厉害吧！如图 3.67 所示，要横向筛选每季度销售额所在的列，我们要怎么做呢？

图 3.67　格式与内容组成的并列查找条件

查找与替换：横向筛选

Step 01　选择第一行数据 B1:M1，由于要隐藏的列的首行均为红色填充（另一筛选条件也可以包含"月"字），所以将 B1:M1 的查找条件设置为"填充色为红色"格式（或者【查找内容】为"月"）；单击【查找全部】按钮，在查找结果列表中按 <Ctrl+A> 组合键选中全部结果，如图 3.68 所示。

图 3.68　查找并选中结果

Step 02 关闭对话框，按 <Ctrl+)> 组合键隐藏选中单元格所在的列，完成横向筛选，如图 3.69 所示。

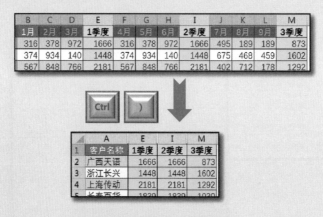

图 3.69　隐藏列完成横向筛选

阿呆：服了服了服了，这种脑洞大开的用法你也想得出，太厉害了！看来我还"路漫漫其修远兮"！

小花：还诗意起来了！其实我们去探究和试验一个技巧运用的极限，其意义并不在于去发现更多神奇用法或冷门技能，而是为了加强对技巧精髓的理解和把握，以便能够不拘泥现有的教程和说明，因地制宜地使用技巧来更快更好地完成工作。

3.4 单元格格式的秘密

任何时候，只要有人提及 Excel，始终无法绕开的名字就是单元格。作为 Excel 中出镜率最高的绝对主角，却没有得到应有的关注度。你可能会运用函数引用单元格，可能也熟知如何筛选或替换单元格内容，但关于单元格格式的秘密你了解多少呢？本节我们就将单元格从幕后请到台前来，看看它真正的面目吧！

3.4.1　单元格对齐方式：可不只上下左右那么简单

小花：呆呆，你会单元格对齐吗？

阿呆：小菜一碟，这种事情用脚趾头也能回答上来。不就是"上下左右中"这几招吗？在【开始】选项卡—【对齐方式】栏位左侧一目了然，如图 3.70 所示。

图 3.70　对齐的基本招数

小花：呵呵，这就是你所认识的单元格对齐？这只是基本招数。来来来，给你出个简单的题，怎么将明细项与一级项目错开两个字符对齐呢？

阿呆：不好意思，这个问题我刚好会哦，别以为我还会傻傻用空格来对齐。单击"基本招数"隔壁的 和 可以将字符向前或向后缩进，从而实现一二级项目直接错开的效果，如图3.71所示。

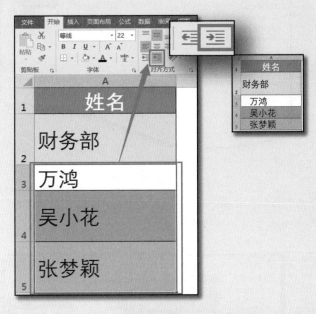

图3.71　缩进对齐

小花：嘿，你小子什么时候也学吕蒙了？士别三日，当刮目相看啊！那更改单元格文字旋转方向这种小问题你也会吧？

阿呆：当然了！还是"基本招式"的邻居 ，我们经常用它来将文字竖排，如图3.72所示。

小花：可以哦，不仅会用，还能厘清重点呢！既然有长足进步，那我要出狠招咯！你看，表中的姓名有长有短，看起来凌乱无章，怎么让它们整齐地排列起来呢？

阿呆：就是这个问题，我是深受其害又无可奈何啊！我领导总是要求我这样本来不一样长的字符的两端都对齐，没办法，我只能一个个在中间加空格来对齐。目前这个问题应该是无解的吧？

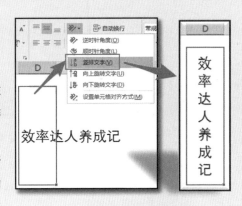

图3.72　竖排文字

小花：这你就错了，这个问题可以用分散对齐完美破解！单击【对齐方式】栏右下角的 按钮或右键菜单中的【设置单元格格式】，打开【设置单元格格式】对话框，选择【对齐】选项卡，选择【水平对齐】为【分散对齐（缩进）】，单击【确定】按钮完美搞定，如图3.73所示。

阿呆：哇哦，看来我还是学艺不精啊，这招太实用了！以后再也不用做"空格党"了。

图 3.73　分散对齐

💬 小花：在水平对齐方式下还有一个了不起的家伙，它就是【跨列居中】，如图 3.74 所示。它是可以创造出合并单元格视觉效果的"魔术师"哦！

图 3.74　合并单元格"魔术师"——跨列居中

💬 阿呆：是我看花眼了吗？这竟然不是合并单元格？

💬 小花：这只是视觉上的合并单元格。这样"合并"的单元格只是把原本应该在一个单元格内显示的内容对齐到选中单元格的正中，使人看起来像是把单元格合并了一样。而实际上，我们所看到的合并单元格中的内容还是存储在首个单元格中，并没有被合并哦！这样的单元格还是可以像常规单元格那样去操作，跟合并单元格这种带刺的玫瑰可不一样哦。

3.4.2　单元格数字格式：随心所欲，无所不能

💬 小花：呆呆，你知道的单元格数字格式有哪些？

🐸 阿呆：就文本、日期、时间、数字、货币、百分比和分数等，这些在【开始】选项卡—【数字格式】栏位下拉列表中就可以选择了。或者在右键菜单中单击【设置单元格格式】，在打开的对话框中的【数字】选项卡中也可以设置，如图 3.75 所示。

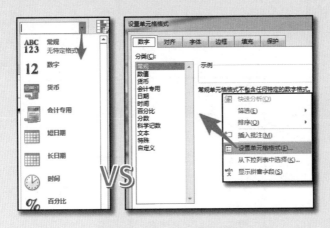

图 3.75　设置单元格格式的方式

🌸 小花：这些都很基础啦，平平无奇。况且打开【设置单元格格式】的方式很多，按 <Ctrl+1> 也可以嘛！能不能来点高级的技巧？

🐸 阿呆：那我就献丑了！在【设置单元格格式】对话框—【数字】选项卡—【分类】列表框中有一个【特殊】选项，它真的很特殊哦。它可以把阿拉伯数字转变成中文大写数字。在输入阿拉伯数字后，选择【中文大写数字】即可完成这种难以置信的"翻译"功能，如图 3.76 所示。

图 3.76　中文大写数字格式

🌸 小花：不错，这个格式对很多花瓣的工作都有很大的帮助，一键转化成中文大写数字可比用键盘挨个敲出来要轻松快速得多！但是这种转化仅仅是视觉上的，在编辑栏里依然是阿拉伯数字，换句话说，这样的数字依然可以进行运算，其属性还是数字，并非文本。事实上，所有的数字格式设置都只是改变单元格数值的显示方式，而不会对数值本身产生影响，它可以实现视觉内容和实际内容的分离，这就是数字格式最大的秘密。当然，如果我们想把它们以文本的形式保留下来，只需用"眼见为实"的剪贴板，复制粘贴一下即可。

阿呆：这补充我给满分，我怎么没想到！还有，这【分类】列表框中最后一项【自定义】是何方神圣，我完全不知道怎么使用它？

小花：哦，真是太可惜了，这个【自定义】才是设置单元格数字格式的核心，用好了就是大神级别的，毕竟它能搞定的事情太多了。先给你来一道小菜，试着点开【自定义】，在【类型】输入框中输入三个英文半角分号";;;"试一下，如图3.77所示，你会有惊喜哦！

图 3.77　隐藏单元格内容

阿呆：什么情况，玩失踪啊？三个小分号就把单元格内容都隐藏起来了？这是怎么回事，求解释啊！

小花：这得从自定义格式的代码开始说起。

自定义数字格式的构成

自定义数字格式最多由四个区段组成，每个区段之间用英文分号";"隔开，分别约束着不同数值类型的格式。

大于条件值的格式；小于条件值的格式；等于条件值的格式；文本格式

由于条件值默认为0，所以在不特殊指定的情况下，也可以认为自定义格式四个区段分别代表：

正数格式；负数格式；零值格式；文本格式

因此当我们输入三个分号";;;"时，无论哪种数值类型对应的格式都是空，那么单元格内容就必定显示为空，这样就把单元格隐藏起来了！

当然，自定义的区段可以少于四个，缺省区段的自定义格式只能对数字起作用，对文本不起作用。

- 只定义一个区段时，该格式对所有数字有效。
- 定义两个区段，则第一区段作用于正值和0，第二区段作用于负值。
- 定义三个区段，则第一区段作用于正值，第二区段作用于0值，第三区段作用于负值。

阿呆：哦，原来如此！这么说，我们也可以选择不设置某种或某几种数值类型的格式，从而实现对某种数值类型的"隐藏"咯？

小花：没错，正是如此！这样的数值格式可以让我们的表格更加直观的同时，最大限度地保证数据的完整性。这里仅仅依靠简单的字符，就可以玩出很多"大变活人"的花样来，如图3.78所示。

🐾 阿呆：这么看来，如果自定义格式时把零值格式区段放空（如 0;-0;;@），这就可以起到隐藏零值的作用了，这和在【文件】选项卡—【选项】—【Excel 选项】—【高级】中，去除勾选【在具有零值的单元格中显示零】，图 3.79 所示，有异曲同工之妙！

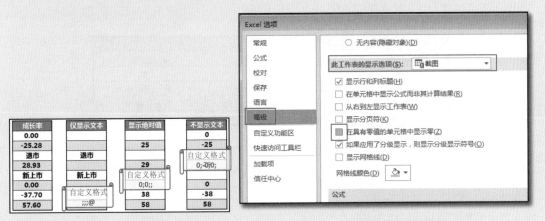

图 3.78　隐藏 / 显示指定数值类型　　　　　　图 3.79　零值显示为空的另一种做法

🐾 小花：嗯，知识联动很不错哦！不知道你有没有注意到我刚刚在设置自定义格式时，用到了两个特殊的符号，@ 和 0，你知道为什么用它们两个吗？

🐾 阿呆：我还以为你随意输入的呢？这两个符号有什么特殊含义吗？

🐾 小花：这两个符号有一个共同的名字，叫占位符。自定义数字格式中的占位符有很多，先来认识一下数字占位符 0 和它的兄弟们。

自定义数字格式：数字占位符

（1）零值"0"：它代表一位数字。它是一个 0 值偏执狂，该位上的数字为 0，无论是不是有效 0，都会强制显示！占位符"0"通常用于补足会在常规格式下被省略的无效 0。

（2）英文问号"?"：零值"0"的"孪生兄弟"，它是一个对齐"强迫患者"。问号"?"会用空格来补足小数点前后的无效 0 值所留下的空位，使得不同数字始终能围绕小数点对齐。

（3）井号"#"：零值"0"的另一个"同胞兄弟"。它的性格却和它的两个"兄弟"完全不同，它是个"懒鬼"，并不对任何无效的"0"做补充，甚至有效的 0 它都不愿花力气去显示它。即小数点前第一个 1 ~ 9 间的有效数字前的所有 0 都被省略，包括 0.01 都会被省略成 .01。

（4）其他与数字相关的符号还有英文逗号","、小数点"."、百分比符号"%"和科学技术符号，如图 3.80 所示。

常规格式	显示格式	自定义格式	说明
9.2	9.20	0.00	强制显示两位小数
1845	001845	000000	强制显示为六位数字编码
71.321	71.321	???.???	强制对齐小数点
321.71	321.71		
0.9	.9	#.##	不显示无效数字
0.90	0.9	0.##	一种常规的数字格式
1000000	1,000,000.00	#,##0.00	带千位符的数值所对应的自定义格式代码
1230000	1.23E+06	0.00E+00	科学计数法的格式代码
0.34	34.00%	0.00%	百分比的格式代码

图 3.80　　数字占位符

阿呆：这数字占位符三兄弟还真是各有本事啊，尤其是 0 值和问号 "?"。有它们在，还怕数据格式不乖乖听话！

小花：如果加上反斜杠 "\" 和英文感叹号 "!"，可以让数字格式的变化更加丰富。因为这两个符号可显示其后一位字符本身。有了它们，我们可以做万元显示等复杂数字格式，如图 3.81 所示。

实际内容	显示内容	自定义格式	说明
19684701	1968.5万元	0!.0,"万元"	万元显示
56879	568.79百元	0!.00"百元"	百元显示
56897423	568.97十万元	0!.##,"十万元"	十万元显示
532186490	53.2百万元	0!.0,,"百万元"	百万元显示
8569741569	85,6974,1569.00	#!,####!,###0.00	万分位符

图 3.81　数量级显示

阿呆：哇，这个牛啊！我看到很多高手设置的表里都有这样的万元显示，明明数字大小没有变化，可是 11000 就变成了 1.1 万，太不可思议了。你就更厉害了，不仅可以万元显示，还能搞定所有数量级显示。能告诉我为什么这么设置吗？

小花：以万元显示为例，确切地说，这里起作用的符号主要是感叹号 "!" 和千分位符。

万元显示详解

Step 01　先通过千分位符来确定千位（或百万位或十亿位）所在的位置。因为千位总在第一个千分位左侧第一个位置上，用 0 来占千位和万位，把它们标示出来，而千分位后不放置任何占位符，使得后面的数字不再显示（系统自动四舍五入），避免出现一串数字中有两个小数点，即构成了 "00,"。此处不能使用问号 "?" 或井号 "#"，否则可能会出现小数点前/后面光秃秃的尴尬局面，例如 10000 就变成了 10. 万元，1000 变成了 .1 万元。

Step 02　万元显示的小数点应该插在千分位和万分位之间，用感叹号的功能来使小数点显示在该位置上，即构成 "0!.0,"，如图 3.82 所示。

万元显示进程	完整显示真实面貌
原数字 19684701.00	19684701.00
第一步 00, 19685	19,684,701.00
第二步 0!.0, 1968.5	19,68.4701.00

图 3.82　万元显示的原理

阿呆：哦，原来是利用 "\" 或 "!" 来强行在万位和千位中间添加一个"多余小数点"，然后通过不显示千位以后的数字使得这个多余小数点看起来像"真正的小数点"，从而产生"万元显示"的视觉效果。这设置太精妙了！

小花：完全正确！万元显示或是十万元，其实都是海市蜃楼，只能改变显示格式，并不能改变单元格内容的实质。如果要将这种虚幻转变成现实，可以用剪贴板实现（详见上一章）。

阿呆：那数字后面的单位也不会把数字变成文本吗？为什么要用双引号把它包装起来？

小花：哦，你说万元、百万、十万这些单位啊。这其实是另一个知识点。在自定义格式中的文本，我们除了用反斜杠 "\" 或英文感叹号 "!" 来强制插入单个字符外，我们可以用下面这些符号。

自定义数字格式：文本符

（1）英文双引号 ""：代表要在单元格中显示的文本常量，如"万元"。

（2）占位符 @：代表单元格中原有内容文本的整体，我们用它只是说明单元格原始内容最终显示的位置。当我们使用两个 @ 时，表示把原始内容重复两次。

（3）星号"*"：重复其后一位字符直至填满单元格。

（4）下画线"_"：添加与其后字符等宽的空格，如图 3.83 所示。

实际内容	显示内容	自定义格式	用法说明
100	100天	0"天"	自动添加单位
广州市	广东省广州市	"广东省"@	自动添加前缀
泉州众磊	泉州众磊有限公司	@"有限公司"	自动添加后缀
明日	明日复明日	@"复"@	自动重复文本
123456	********************	**	全部数字加密
137544	137000000000 544	000*0000	不断重复"0"
12.34	12.34	_-0.00;-0.00	补足负号位置，
-12.34	-12.34		

图 3.83　文本符号的使用

阿呆：哦哦哦，我最想学的自动添加单位和前后缀原来是这么设置的啊。还有最后一个对齐位数也很实用啊，再也不用忍受凌乱的正负数排列了！问题是，你不是说字符都有用双引号来引导吗？为什么负号"-"不需要呢？

小花：不完全是这样的。在自定义数字格式中，有些特殊的符号可是"免检"字符哦，除了负号"-"，还有很多呢，如图 3.84 所示。

美元	撇号	左括号	右括号	左大括号	右大括号
$	'	(	)	{	}
加法	减号	小于号	等于号	大于号	扬抑号（脱节号）
+	-	<	=	>	^
斜杠符号	冒号	感叹号	与号	波形符	空格字符
/	:	!	&	~	

图 3.84　"免检"字符

阿呆：主要是些有特殊含义的字符呢。这些留着我以后慢慢研究吧！我现在更想知道日期这种特殊的数值类型有没有定义格式的方法？比如不要总是 2018/03/12，能不能变为 2018.03.12 或 2018-03-12 呢？

小花：当然可以了。自定义格式对日期和时间这种特殊的格式也是有特殊照顾的。你知道日期 / 时间的本质是什么吗？是数值，以 1 代表 1 天，1/24 代表 1 个小时，1/（24*60）代表 1 分钟，以此类推。日期和时间的最小值为 0，小于 0 的数值无法显示为日期 / 时间格式。而真正有效的日期值从 1 开始，代表 1900 年 1 月 1 日，如图 3.85 所示。

阿呆：这真是惊呆了我的下巴！原来日期 / 时间是一种数值啊！那岂不是说我们可以直接把两个日期 / 时间相减，取整数就是两个间隔的天数，乘以 24 再取整就是间隔的小时数，然后是分钟和秒，不用函

日期	对应数值	时间	对应数值
1900/1/0	0	00:00:00	任意整数
1900/1/1	1	01:00:00	1/24
1900/2/1	32	00:01:00	1/1440
1901/1/1	367	00:00:01	1/86400

图 3.85　日期 / 时间的本质

数也可以办到。

小花：对的，把握日期/时间型数据的本质对我们处理这一类数据有很大的帮助。但是在计算时间差时要小心这类时间是否有日期上的差异。因为日期和时间的显示往往不能并存（系统提供的常规选项是将二者分开的），所以经常认清日期/时间的完整面貌，也出于对不同日期/时间格式显示的需要，学习和掌握这类数据的自定义格式，是非常重要的。

阿呆：嗯嗯嗯，对对对。比如怎么把时间和日期完全显示出来，还有把斜杠 \ 替换成其他符号显示日期，这些棘手问题都是我工作上的一大烦恼呢！

小花：在日期/时间的格式上，一共有 7 个代表不同时间单位的字符，分别是 y（年year）、m（月 month）、a（星期）、d（天 day）、h（时 hour）、m（分 minute）、s（秒 second）。每一个字符都可以重复使用，不同的重复次数都有不同的含义，有点占位符的意思，以 2018/3/4星期日 7:02:05 这个时点为例，我们来盘点一下，如图 3.86 所示。

符号	含义	显示格式	自定义代码
y	年	2018	yyyy
		18	yy
m	月	3	m
		03	mm
		Mar	mmm
		March	mmmm
		M	mmmmm
d	日	4	d
		04	dd
		Sun	ddd
		Sunday	dddd
a	周	日	aaa
		星期日	aaaa
		周日	[$-zh-CN]aaa

符号	含义	显示格式	自定义代码
h	时	7	h
		07	hh
		07 am	hh am/pm
		计算间隔时数可以大于24如：25:05:07	[h]:mm:ss
m	分	2	m
		02	mm
		计算间隔分钟可以大于60如：75:09	[m]:ss
s	秒	5	s
		05	ss
		计算间隔秒数可以大于60如：256	[s]

图 3.86　日期/时间符号的基本用法

小花：有了这些日期/时间符号的基本用法，我们可以构造满足工作需要的系统中没有的日期/时间格式。例如，用 yyyy/mm/dd 规范日期格式，使之更好地对齐排列，或者用 yyyy.mm.dd 来自定义日期分隔符（见图 3.87），等等。

阿呆：这样看来，除了这些指定代表某种时间单位的符号，其余的符号我们都可以自定义，而且时间符号的次序也可以随意摆放。感觉就像玩积木一样，只要知道每个"符号"块的"形状"，我们就能拼凑出想要的"结构"，如图 3.87 所示。

小花：这个比喻真有趣，还很形象呢！其实自定义数字格式都像是"积木游戏"，而且还是有颜色的积木呢！不知道了吧，自定义格式还可以定义颜色呢！在 Excel 中，我们可以用英文方括号"[ ]"把代表颜色的中文括起来，放在指定每个数字格式区段的最前面，就可以将指定数据类型定义为相应的颜色。但是，允许的颜色只有以下 8 种，如图 3.88 所示。

显示格式	自定义格式代码	自定义格式代码
2018/03/04	yyyy/mm/dd	补足无效0，以便对齐日期
2018.03.04	yyyy.mm.dd	使用自定义分隔符

图 3.87　常见的两种自定义日期格式

[黄色]	[白色]	[绿色]	[蓝绿色]
[黑色]	[黑色]	[红色]	[洋红色]

图 3.88　自定义数字格式的调色板

阿呆：哦，这就是自定义数字格式的"调色板"啊，虽然不多，够用就好，毕竟一张表里也不能有太多颜色。我们怎么用这个调色板来设置单元格颜色呢？

小花：举个比较全面一点的例子，4 个区段各自标色，正数为蓝色，负数为红色，零值为白色，文本用绿色。我们可以把自定义单元格格式写成，如图 3.89 所示的格式。

[蓝色]↑#,##0;[红色]↓#,##0;[白色]#;[绿色]@

图 3.89　自定义数字颜色

阿呆：哇，好帅气的用法！这简直就是自定义版的条件格式啊！

小花：不全对，这种数值类型标色还不能算条件格式。在自定义格式中使用条件，也要用方括号把条件括起来（如"[>100]"）才行。举个简单的例子，为了方便输入性别，我们要实现这样一个功能，即在单元格中输入 1 则显示为男，输入 2 显示为女。此时只要将数字格式自定义为如图 3.90 所示的格式。

[=1] 男 ;[=2] 女 ; 请输入 1 或 2

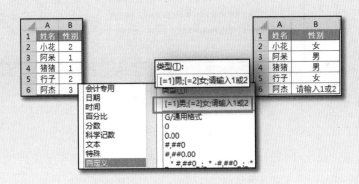

图 3.90　自定义数字"条件"格式

阿呆：用这个来输入性别简直太方便了。如果我们公司有 5 个部门，是不是可以设置成 1 到 5 来输入呢？

小花：很遗憾，不行的。自定义数字格式中的条件最多只能设置两个，即：

满足条件 1 的数值格式 ; 不满足条件 1 但满足条件 2 的数值格式 : 不满足条件 1 和条件 2 的数值格式 : 文本格式

阿呆：哦哦，两个条件就把 4 个区间都填满了，看来是真的不能再多了，美中不足啊！

小花：没办法，人无完人嘛！但是就凭这些本事，足以使自定义数字格式纵横 Excel 输入、整理和展示的全过程。

3.5 其他不得不说的整理技巧

本章中，小花以"表格整理"技巧的名义串讲了排序、筛选、查找与替换和自定义格式，旨在向花瓣们分享一些能让表格井然有序、规范统一的方法。但是 Excel 作为一个复杂全面的办公数据处理工具，又岂会仅有这么几种整理工具。本节，小花将会继续给大家带来其他众多整理技巧中不得不说的三个——分列、定位和分类汇总。让我们一同来学习进步吧！

3.5.1 分列：快刀斩乱麻

阿呆：花花，快来帮我看看，为什么明明看起来一模一样的单元格内容，却无论如何也匹配不到（见图 3.91）？

小花：我看看，公式没写错，看看有没有多余的空格没删除吧！用 <Ctrl+H> 替换空格为空试试看。

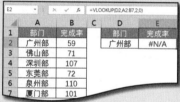

阿呆：不是啊，我早就试过了，查无空格啊（见图 3.92）！而且我手工逐个单元格单击进去看也没有内容啊！怎么回事？第一次遇见这种情况。我的 Excel 是不是罢工了？

图 3.91 诡异的查询错误

图 3.92 查无空格

小花：哦哦，我已经知道原因了，你这是"撞鬼"了！而这个"鬼"就是非打印字符。它看不见删不掉查找不到，无影无形却真实存在（用 LENB 函数可以计算出"多"出来的字符数），它让公式统统失效。一般从系统上导出的表或者从网页上复制下来的表格比较容易像这样"闹鬼"！

阿呆："闹鬼"？那怎么"抓鬼"啊？总不至于束手就擒吧！

小花：搞定"鬼"很容易的，用分列就好了！选中列区域，单击【数据】选项卡—【分列】按钮，弹出【文本分列向导】对话框，不做任何设置，直接单击【完成】按钮即可，如图 3.93 所示。

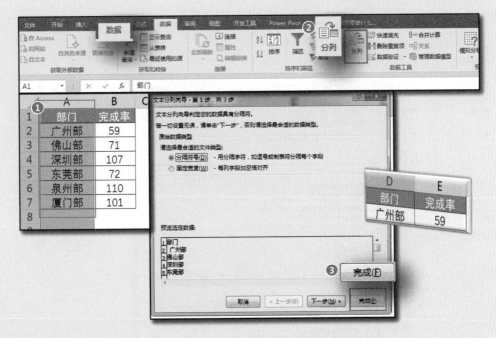

图 3.93　抓 "鬼" 的分列技能

阿呆：哇，果然搞定了！这个【分列】到底是何方神圣，尽然能 "抓鬼"！

小花：【分列】是一个可以将一个或多个单元格的文本分散在多个单元格中的文本拆分工具，拆分文本是它的主业，"抓鬼" 只是顺带的！比如，让很多人头痛的身份证信息提取，在没有 <Ctrl+E> 之前，我们也经常用它来完成！

分列：固定长度拆分

Step 01　选择要分列区域 A2:A7（也可以单击列标选择整列，但不能选择多列），单击【分列】按钮，在弹出的【文本分列向导】中选择【固定宽度】单选按钮，单击【下一步】按钮，如图 3.94 所示。

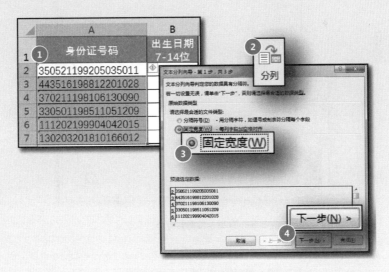

图 3.94　分列：按固定宽度

Step 02 设置分列线（有箭头的垂直线），如图 3.95 所示，从而将文本分散到各列单元格中，单击【下一步】按钮。

其中，设置分列线的方式有：

- 在要设置分列线的字符数对应的位置单击鼠标左键即可添加分列线。
- 双击某一分列线可以清除该分列线。
- 按住分列线并拖动，可以移动分列线。

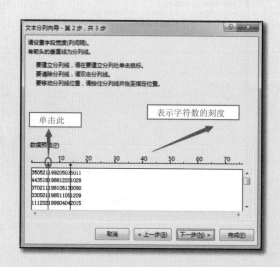

图 3.95　分列：添加分列线

Step 03 依次单击每一个拆分列区域，设置对应的【列数据格式】（可选择常规、文本、日期和不导入此列）。然后选择【目标区域】为 B2（目标区域的第一个单元格），单击【完成】按钮，如图 3.96 所示。

图 3.96　分列：设置目标格式和区域

阿呆：看，日期被拆分出来了，而且还是用日期格式显示的（见图 3.97），好厉害啊！

小花：这样的分列结果得益于第三步将第一列和第三列设置为【不导入此列】，而且把第二列的输出格式设置为【日期】。其中后者还可以用来统一不规范日期。

选中不规范的日期列 A 列，在【文本分列向导】中选择【固定宽度】，单击【下一步】按钮，不添加任何分列线，继续单击【下一步】按钮，设置【列数据样式】为【日期】，单击【完成】按钮即可，如图 3.98 所示。

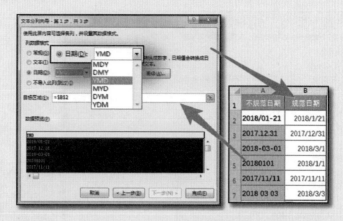

图 3.97 分列提取出生日期　　　　图 3.98 分列：征服各类不规范日期

💬 阿呆：不设置任何分列线的话，A 列的数据就不会被分隔，而设置【列数据格式】为【日期】，就可以将 A 列数据以日期格式分散进 B 列。充分利用了【分列】功能的输出格式，这创意我给满分！太厉害了，以后再也不用怕各种花样的日期格式了，也不用被系统日期格式各种坑了，反正我都可以用分列把它们治得服服帖帖。

💬 小花：【分列】还有另一大本事，就是根据一定的分隔符拆分数据，见缝插针的本事也是杠杠的。

分列：按分隔符号

Step 01 选择分列区域 A2:A7，单击【分列】按钮，在弹出的【文本分列向导】对话框中选择【分隔符号】，单击【下一步】按钮，如图 3.99 所示。

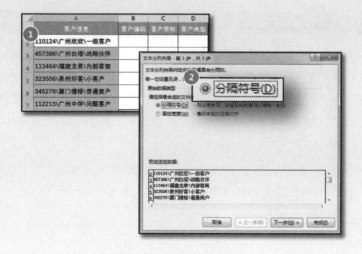

图 3.99 选择"分隔符号"

Step 02 设置【分隔符号】，可选择【Tab 键】、【分号】、【逗号】、【空格】，或勾选【其他】，在输入框中输入指定字符（可以是符号也可以是文字），可在预览框中检查分列是否正确，确认无误后，单击【下一步】按钮，如图 3.100 所示。

Step 03 设置拆分目标区域的【列数据格式】，完成分列，如图 3.101 所示。

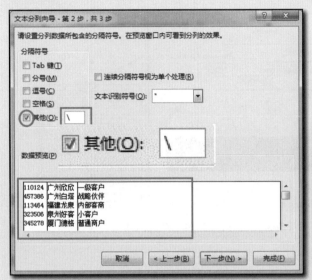

图 3.100　设定分隔符号　　　　　　　　图 3.101　完成按分隔符号分列

　　阿呆：感觉按符号分列功能一点都不输给函数啊！而且既然可以是符号或文字，那我可以用它来把城市按照"省"为分隔符号拆分成省和市，比如把广东省广州市分列成"广东"和"广州市"应该也可以吧！

　　小花：当然可以！许多从系统导出的表都是以空格为不同列标志的，这时我们也可以把空格当成分隔符号来分列。分列功能的衍生用法很多很丰富，要注意的是一定要给分列提供足够多列的目标区域，避免其他有效数据被替换。

3.5.2　定位：Excel 的专属 GPS

　　小花：阿呆，你知道怎么查找某种数据类型的单元格吗？

　　阿呆：数据类型啊，不是用 <Ctrl+F> 就可以找到包含指定字符的所有单元格吗？

　　小花：哎，看来你还是不明白我在说什么。举个例子吧，比如下面这张图是我从系统上导出的一张表，如图 3.102 所示，由于存在不规则间断的空行和空列，导致表格看起来非常凌乱。这种情况你要怎么快速删除这些空行空列呢？

　　阿呆：这种问题，恐怕只能一个个选中，然后右键删除行和列！不过一旦行列多起来，还真是费事呢！我看看，这些数据还是有规律的，第一行的值为空的列都是空列，G 列为空的行都是空行。对了，可以用筛选来删除空行，如图 3.103 所示。

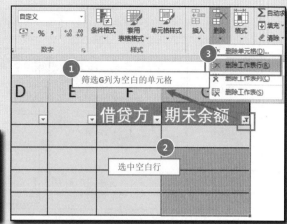

图 3.102　含不规则空行空列的工作表　　　　图 3.103　用筛选法删除空行

🖐 小花：哎哟，不错哦，先观察表格的特点再采取最佳措施是解决 Excel 问题的正确思路。这个问题的关键点是如何准确检索并选中 G 列或第一行的那些空值，只要能锁定，我们就可以利用【删除工作表】行的方法来删除空白行。筛选方法可以用来删除空白行，却对空白列无计可施。<Ctrl+F> 匹配单元格与 <Ctrl+A> 的连用可以同时筛选行列中的空单元格也是一种方法，只是用法太麻烦了。Excel 有一个工具是对付这种查找并选中空值、数字或文本的专家，它就是定位。按 <F5> 或 <Ctrl+G> 可以快速启动【定位】对话框，然后单击【定位条件】按钮，也可以在【开始】选项卡最右侧【查找和选择】下拉列表中找到【定位条件】，快速启动【定位条件】对话框，如图 3.104 所示。

图 3.104　定位条件的打开方式

🖐 阿呆：那我们怎么运用这个【定位】工具来检索并锁定空单元格呢？

🖐 小花：你注意到了吗？在【定位条件】对话框中有一个【空值】单选按钮，我们选中要定位的区域，选中【空值】就可以定位该区域内的全部空值了，然后删除空白行 / 空白列就可以了，如图 3-105 所示。

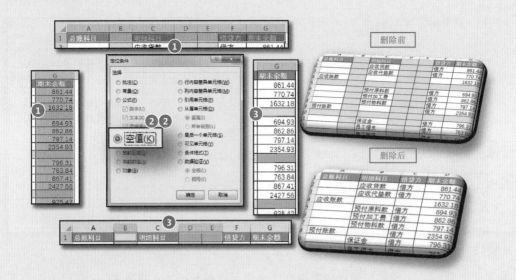

图 3.105　定位空值

阿呆：哇，定位空值法比筛选快太多了吧，一下子就把表格整理好了。我看这里的关键还是如何选择定位区域 / 行列，不同区域 / 行列定位空值再删除行列出来的结果就会不同。如果定位的是 C 列的空单元格，结果就是明细科目的期末余额，如果定位的是 A 列的空单元格，结果就是总账科目的期末余额。所以说，定位前的观察很重要。

小花：嗯，这个道理放诸 Excel 皆准，不止定位！另外，定位空值除了可以和删除行列联合实用，它跟自动求和的配合也是相当默契的。定位空值后单击【开始】选项卡—【编辑】栏位—【∑ 自动求和】按钮（快捷键 <Alt+=>），如图 3.106 所示，就可以完成批量分组求和了，超厉害的一招！

阿呆：我想起了，<Ctrl+G> 还可以跟 <Ctrl+Enter> 连用来完成缺省值的批量修复呢（见批量输入者一节）。

小花：定位空值可以算是定位的用法中最为普及的一种，几乎哪里处理空单元格的问题哪里就有它！除了这一功能，定位常量或公式也是非常受欢迎的用法。定位常量或公式还能再细分为数字、文本、逻辑值或错误。怎么理解呢？如果我们在 B2:E2 输入这 4 种类型的数据常量，再让 B2:E3 依次等于 B2:E2。那么此时，虽然 B2:E2 与 B3:E3 肉眼看来是完全一样的，但是定位的结果是不同的，如图 3.107 所示。

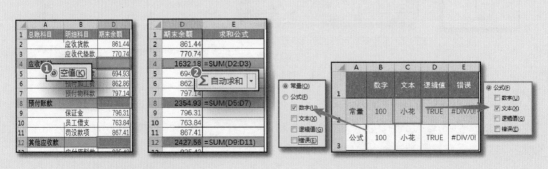

图 3.106　定位空值与自动求和　　　　　图 3.107　定位公式 / 常量

阿呆：定位这些单元格有什么用处呢？

小花：用处可大了。随便说几个给你听听。

（1）定位公式后可以将有公式的单元格批量标色，可以防止公式被误删。

（2）定位常量后可以将常量批量删除并标色，重新填列新的数据，避免少填和漏填引起的错误，实现公式模板的循环使用。

（3）定位公式—错误，可以一键删除全部错误公式并依次重新修改或检查。

（4）定位常量—文本，可以找出混在一堆数字中的文本型数值，从而解决求和错误等公式错误，如图 3.108 所示。

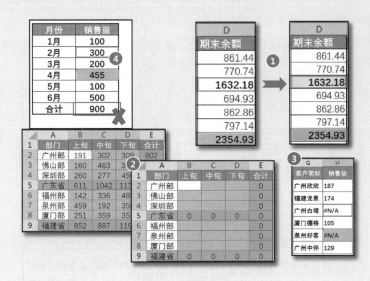

图 3.108　定位的妙用

阿呆：哦哦，这些都是日常工作中让人最头疼的问题啊，原来用定位就可以解决，又长知识了！

小花：定位功能牛着呢！什么定位批注、对象（图片等，定位后可批量删除）啊，就不说了，说说几个重磅的吧。第一个，定位行/列差异内容，你知道核对两列数据间的差异最快的方法是什么吗？那就是 <Ctrl+\>，也就是定位条件中的行差异内容。这个功能的用法主要有三种。

（1）核对数据，将两列数据垂直并排，按 <Ctrl+\>组合键可以核对两列数据间是否一致，如图 3.109所示。

（2）复制某列数据并错开一行粘贴到相邻的列中，按 <Ctrl+\> 组合键再插入行，可以在每组数据间插入空行，如图 3.110 所示。

图 3.109　<Ctrl+\>：核对神技

（3）对比在同一行中的数据与活动单元格的差异，按 <Ctrl+> 隐藏差异列，可以实现横向筛选（冷门用法，了解即可）。

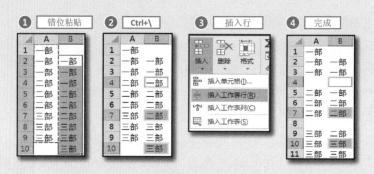

图 3.110 <Ctrl+\>：组间插入空行

阿呆：越深入挖掘越觉得定位功能太强大了！

小花：还有呢，知道为什么筛选后单元格区域数字进行粘贴或者复制到其他区域，都会导致没有被筛选出来的数据也被粘贴或是复制了？这是因为我们没有定位可见单元格。按 <Ctrl+;> 组合键或在【定位条件】对话框中勾选【可见单元格】，就可以将操作的对象限定为非隐藏单元格，如图 3.111 所示。

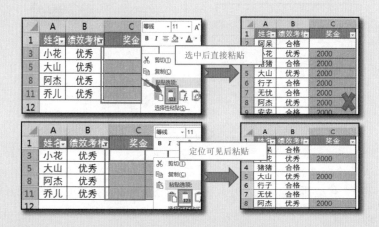

图 3.111 <Ctrl+;>：定位可见单元格

阿呆：这个问题是经常遇见的 Excel 难题啊，没想到不是 BUG，而是我太 PIG 了！有没有定位可见单元格经常是 Excel 数据操作和整理正确与否的分水岭，所以我决定了，只要选中的区域含隐藏单元格，一律都按 <Ctrl+;> 组合键，以免不必要的错误。

小花：嗯，有觉悟！定位这个 GPS 可是非常精准强悍的，你可要多花时间琢磨琢磨啊！

阿呆：放心吧，小花老师，这么好用的工具我怎么舍得冷落了它！

3.5.3　分类汇总：物以类聚

小花：呆呆，你会用分类汇总来整理表格吗？

阿呆：当然会啊，来来来，让我演示一遍给你看。

单级分类汇总

（1）对分类字段进行排序，使该字段的相同内容连续排列，这是分类汇总的基础，如图 3.112 所示。

图 3.112　分类汇总的基础——排序

（2）选择分类汇总区域，单击【数据】选项卡—【分类汇总】按钮，弹出【分类汇总】对话框，选择【分类字段】为【区域】，【汇总方式】为【求和】，【选定汇总项】为【实际销售量】，勾选【替换当前分类汇总】和【汇总结果显示在数据下方】，单击【确定】按钮完成单级分类汇总，如图 3.113 所示。

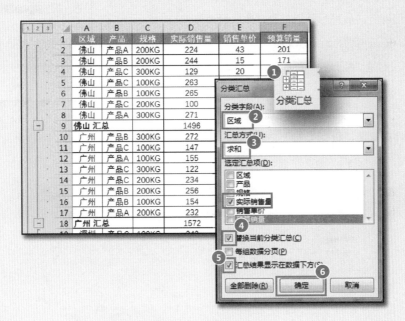

图 3.113　设置分类汇总条件

🌀 小花：不错哦！那我问你，分类汇总后的表格行序左侧出现的分组是什么意思？

🌀 阿呆：哦，1、2、3 表示组的级别，数字越大越是明细。本例中，单击 1 仅显示总计，单击 2 则显示各组汇总行，单击 3 才会显示全部明细数据。这就是分级显示。这种分级显示也可以单击 + 号展开或单击 - 号收起，也可以自行任意创建（<Alt+Shift+ 右方向键 >）或取消（<Alt+Shift+

左方向键>)，不影响分类汇总结果，如图 3.112 所示。

图 3.114　分级显示

👉 小花：呆呆，你最近进步很大啊，可喜可贺！那我要问一些深入的问题了。你看这个表中，你只对实际销售量进行汇总求和，如果我还要同时对实际销售量和预算销量都进行汇总，要怎么做？

👉 阿呆：同时对实际销售量和预算销量进行求和，只要打开【分类汇总】对话框，在【选定汇总项】列表框中再勾选【预算销量】即可，如图 3.115 所示。

👉 小花：看来普通问题难不倒你啊！我得来点厉害的了，除了区域，我还要对产品进行分类汇总，即先对地区汇总，同一地区的相同产品的销量再另行汇总求和。

👉 阿呆：这是二级分组问题啊，需要做两次分类汇总才能完成。

多级分类汇总

（1）对所有使用到的分类字段都进行排序，级别高的【区域】字段作为主要关键字，级别低的【产品】字段作为次要关键字，如图 3.116 所示。

图 3.115　多汇总项汇总

图 3.116　多级排序

（2）先完成高级别字段【区域】的一级分类汇总，操作方法如上所述。

（3）再单击【分类汇总】按钮，弹出【分类汇总】对话框，选择【分类字段】为【产品】,【汇总方式】为【求和】,【选定汇总项】为【实际销售量】，取消勾选【替换当前分类汇总】复选框，单击【确定】按钮完成多级分类汇总，如图 3.117 所示。

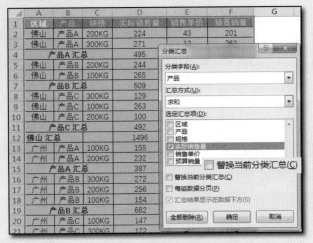

图 3.117 多级分类汇总

小花：连最难的分类汇总方式都会了，看来是难不倒你了。

阿呆：嘻嘻，不积跬步无以至千里嘛，努力总会进步的！

3.6 合并单元格难题答案，你知道吗?

提到合并单元格，估计很多小花瓣要大吐苦水了：

"什么情况，无法粘贴？"

"OMG，这么多项得合并到猴年马月了。"

"取消合并单元格后这么多空格怎么办？"

在数据库思维模式下，一般不建议合并单元格。但是很多时候，出于数据层次感等要求，我们又不得不使用它。但由于合并单元格在操作上的诸多限制，使得这一问题成为很多表哥表姐永远翻不过的"火焰山"。本节小花带来合并单元格问题的专题讲解，不要太感动哦！

3.6.1 批量合并单元格，这才叫 AOE

某天，阿呆拉来了小花：救救我吧，这么多产品都要按品牌分类合并，我拖得手都快断了，你来帮我做一会儿，我休息休息，如图 3.118 所示。

小花：合并单元格啊？你是怎么做的？

阿呆：我已经排好序了（见图 3.119），你只要选中每一个品牌对应的全部单元格，单击合并就可以了，这活，练手速啊！

各品牌销售业绩汇总表		
品牌	门店	销额
贵州茅台	天河店	845,785.00
	黄埔店	835,096.00
	海珠店	809,044.00
剑南春	天河店	749,148.00
剑南春	黄埔店	678,143.00
江小白	天河店	800,915.00
江小白	黄埔店	980,835.00
江小白	海珠店	985,360.00
泸州老窖	天河店	410,643.00

图 3.118 各品牌销量业绩汇总表

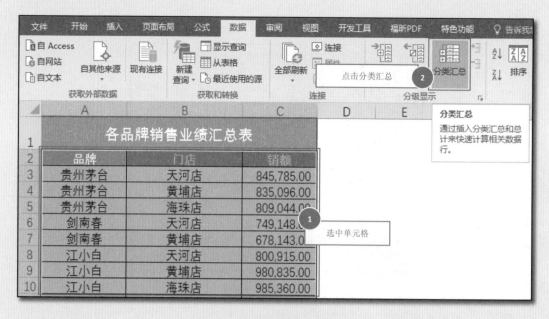

图 3.119　合并单元格的"笨方法"

　　🅿 小花（无语）：就你这"笨方法"，干到猴年马月也做不完！瞧我的。

阿呆将信将疑地看着小花秀操作！

批量合并单元格之分类汇总法

Step 01　选择要合并单元格数据对应的区域（包含数据标题），此处第一行不参与合并也不是标题，因此不选择；单击【数据】选项卡—【分级显示】栏位中的【分类汇总】按钮，如图 3.120 所示。

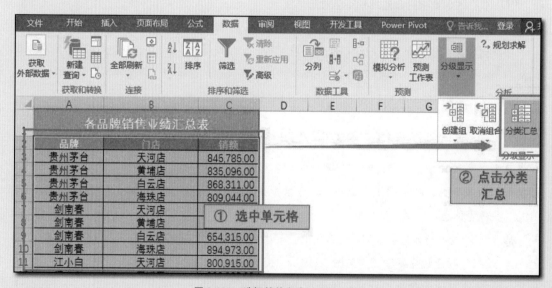

图 3.120　选择并单击【分类汇总】

Step 02　弹出【分类汇总】对话框，选择【分类字段】为【品牌】，【汇总方式】任选或保持默认值不更改，【选定汇总项】也选择分类字段【品牌】。勾选【替换当前分类汇总】和

【汇总结果显示在数据下方】复选框，单击【确定】按钮完成分类汇总。此时，不同品牌间被插入了一条汇总行，如图 3.121 所示。

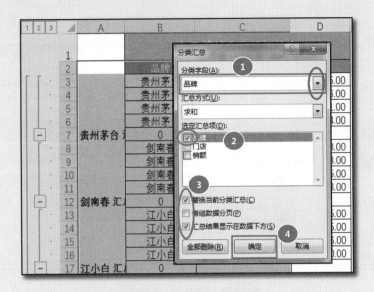

图 3.121　分类汇总参数设置

Step 03 连续单击两次【取消组合】按钮后，数据回归未创建组时的状态，如图 3.122 所示。

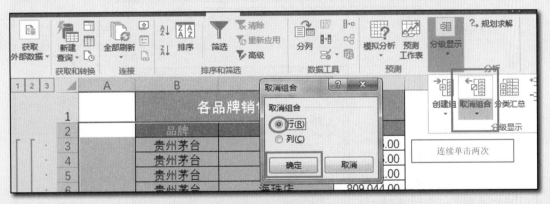

图 3.122　取消组合

Step 04 选择 A 列中对应需合并区域的行（不含标题行），如 A3:A100（假设共有 100 行数据）。按 <Ctrl+G> 组合键，弹出【定位】对话框。单击【定位条件】按钮，选择【空值】单选按钮，单击 < 确定 > 按钮即可选定全部空值，单击【合并后居中】按钮，你会发现，此时每个品牌对应的空白区域都完成合并，这是批量合并最关键的一步，如图 3.122 所示。

Step 05 选择 A 列整列，按 <Ctrl+G> 组合键，弹出【定位】对话框，单击【定位条件】按钮，选择【常量】单选按钮，单击【确定】按钮即可定位所有汇总行；单击【开始】选项卡—【单元格】栏位—【删除单元格】选项组—【删除工作表行】，如图 3.123 所示。

图 3.123　关键步骤 - 批量合并

图 3.124　删除汇总行

Step 06 做完上一步，你会发现各品牌在 A 列对应位置上的单元格都已合并完成，此时距离完成批量合并，只差一把格式刷。选择 A 列中对应需合并区域的行（不含标题行），单击【开始】选项卡—【剪切板】栏位—【格式刷】按钮，将鼠标移至 B3 位置单击，完成批量合并。最后删除 A 列，如图 3.125 所示。

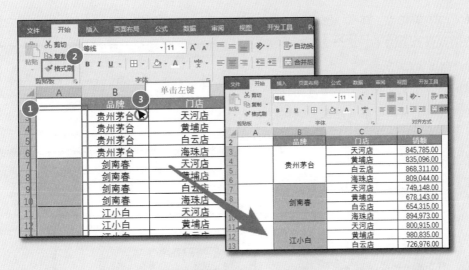

图 3.125 临门一脚 -- 格式刷

🐸 阿呆（一脸崇拜）：OMG，你这套组合拳耍得太好了吧，来，求再详细虐我一次。

🐦 小花：这里主要用到了定位、分类汇总和格式刷三个工具。通过分类汇总功能实现在每个品牌后面添加一个额外的行，新增的汇总列被这些行隔开成若干个与各品牌对应的连续空格区域，通过定位功能一次性选中这些空格区域，执行合并单元格后这些连续空格区域就被分别合并，这就是这个方法的核心。

🐸 阿呆：哦，我明白了，再通过取消组、删除汇总行这些操作让数据回归最初的布局，我们的目的就达成了。这个思路真是太巧妙了，666。

2.6.2 合并单元格的"真"与"假"

阿呆还沉浸在学会批量合并单元格神技的喜悦中，却被小花的一个小问题彻底弄晕了。

🐦 小花：阿呆，用格式刷批量合并后的单元格和你手动合并的单元格有区别吗？

🐸 阿呆：区别？除了效率大大提升，其他方面都没区别吧？

🐦 小花：那你就错了，手动合并是真合并，格式刷合并是假合并。另外，格式刷合并后再填入数据也是一种真合并。我们来做个小实验，分别在 D4 单元格输入"=A4"，如图 3.126 所示，看下结果如何？

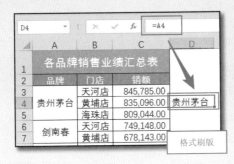

图 3.126 真假合并的差异

阿呆：真的不一样哦，格式刷版被合并的单元格仍保留原值，而手动合并后，被合并的单元格内的数据被清除了，这个在手动合并时有提示的，如图 3.127 所示。

小花：聪明，手动合并单元格仅能保留左上角单元格的值，而格式刷法就能保留合并范围内各个单元格的值。这个差别在合并状态下肉眼是无法识别的，但是一旦取消合并就原形毕露了，不信你看，如图 3.128 所示。

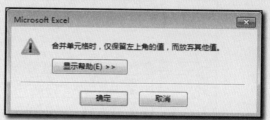

图 3.127　手动合并提示框

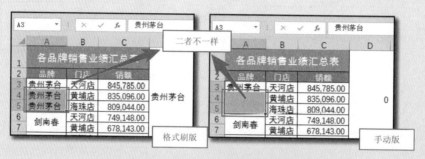

图 3.128　取消合并，让真假合并原形毕露

阿呆：哇，真的，手动版丢三落四的，格式刷版却完好无损。但只要我不取消合并，就不影响吧？

小花：不是这样的，假合并青出于蓝，除了在视觉上以假乱真外，在数据筛选和公式引用等方面更是完胜真合并。这么说吧，真合并是牺牲数据的完整性来满足视觉上的需要，但是假合并使二者可以兼得。有图有真相，我们分别对两种方法合并单元格的销售业绩表按品牌筛选，如图 3.129 所示，答案就能一目了然。

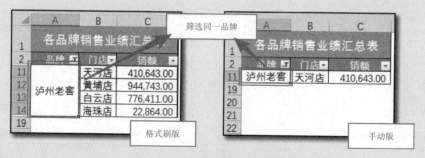

图 3.129　筛选，假合并 > 真合并

阿呆：哦，我知道了，手动版由于被合并单元格的数据被清除了，所以仅有每个合并单元格区域内的第一个行满足筛选条件，而格式刷版由于数据本身是完整的，所以能够筛选出全部满足条件的单元格，且依旧保留合并单元格样式，真是没比较就没伤害啊，真合并这是被假合并完虐啊！

小花：没错，数据的不完整性就是真合并最致命的弱点，不只是筛选，在使用公式进行查询或汇总时，也给花瓣们带来了各种困扰。所以，日常工作中，我们应该尽量使用假合并，避免真合并造成数据缺失。

🖐 阿呆：话是这么说，可是很多时候，我们取得数据时，数据已经是真合并状态了，一旦取消合并就缺失各种数据，转换成假合并谈何容易！

🖐 小花：办法当然是有的，可以用 <Ctrl+G>（定位）和 <Ctrl+Enter>（批量填充）来完成对缺失数据的批量恢复，最后使用批量合并单元格完成真合并到假合并的转换。

合并单元格之真假转换

Step 01 选中合并单元格所在区域，单击【开始】选项卡—【取消合并单元格】按钮，弹出提示框后单击【确定】按钮，取消所有合并单元格，此时，数据缺失出现了，如图 3.130 所示。

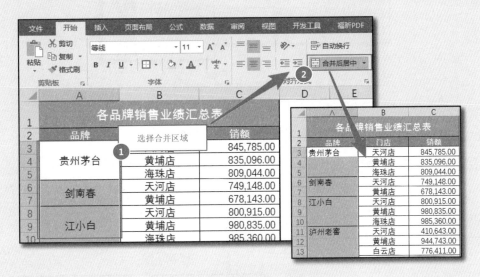

图 3.130 真假合并转换：取消合并

Step 02 继续选中区域不变，按 <Ctrl+G> 组合键，弹出【定位】对话框，单击【定位条件】按钮，选择【空值】后单击【确定】按钮，此时所有缺失数据的单元格被选中，如图 3.131 所示。

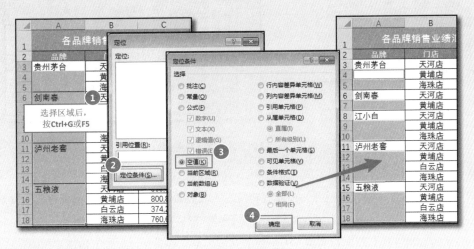

图 3.131 真假合并转换：定位空值

Step 03 输入公式"=A3"（假设活动单元格为 A4，A3 是其上方单元格），按 <Ctrl+Enter> 组合键，完成数据批量填充，如图 3.122 所示。

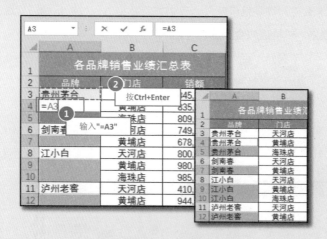

图 3.132 真假合并转换：批量填充

 小贴士：可以使用"="+ 向上方向键输入公式哦

Step 04 选中区域，复制后粘贴成值，避免因其他操作导致公式引用单元格变化而出错，如图 3.133 所示，此时数据批量恢复完成，只需按 2.6.1 节所学批量合并技巧即可将真合并转换为假合并。

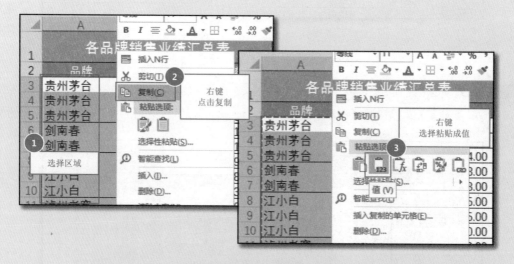

图 3.133 真假合并转换：数值化

阿呆：两个快捷键就搞定了啊，太厉害了，以后再也不用被真合并坑害了。

小花：是啊，学会了批量合并和真假转换，绝大多数的合并单元格问题都可以这样解决，即真合并取消合并后批量填充或假合并直接取消合并，然后按常规操作，最后批量合并单元格。对使用公式的数据进行分类汇总的话，因为假合并后的单元格只是在视觉上被施了障眼法，其对应单元格上依然是有数据的，所以对于公式引用，假合并和普通没有合并的单元格没有区别。以排序为例试着操作一下你就能心领神会了，如图 3.134 所示。

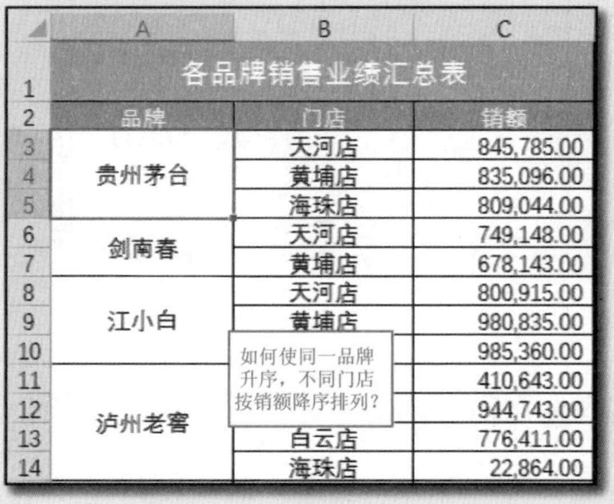

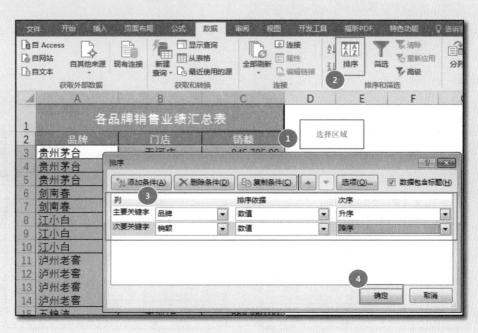

图 3.134　合并单元格排序问题

合并单元格之排序

Step 01　取消合并，如为真合并，则做批量填充并数值化，操作方法如上述内容。

Step 02　进行排序，【主要关键字】为【品牌】，以确保相同匹配仍旧依次排列，【次要关键字】为【销额】，如图 3.135 所示。

图 3.135　合并单元格排序：条件设置

Step 03　批量合并单元格，如图 3.136 所示，方法此处不赘述。

	A	B	C
1	各品牌销售业绩汇总表		
2	品牌	门店	销额
3	贵州茅台	天河店	845,785.00
4		黄埔店	835,096.00
5		海珠店	809,044.00
6	剑南春	天河店	749,148.00
7			678,143.00
8	江小白		800,915.00
9			980,835.00
10		海珠店	985,360.00
11		天河店	410,643.00

品牌升序
销额降序

图 3.136　合并单元格排序结果

3.6.3　轻松搞定合并单元格连续编号

阿呆：学会了上面两个合并单元格技巧，我感觉我已经将合并单元格难题踩在脚下了，哈哈。

小花：别高兴得太早！如果我们要给合并单元格添加连续编号（见图 3.137），你会怎么做？

阿呆：以前我肯定会手工逐个添加序号，现在我不会傻了，因为你肯定有方法，快，别卖关子了。

小花：确实有方法，我们可以用函数来解决这一问题。

合并单元格连续编号——MAX 函数法

前提：编号列已经用格式刷合并，属于先格式刷合并后填入数据的真合并，即编号完成后除了合并单元格的首个单元格外，其余单元格均为空。

操作：选中需要编号的区域 A3:A100，输入"=MAX(A\$2:A2)+1"（第一个 A2 锁定行号 2，第二个 A2 不锁定），按 <Ctrl+Enter> 组合键，完成批量连续编号，如图 3.138 所示。

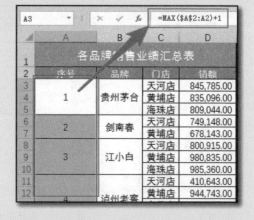

图 3.137　合并单元格连续编号问题　　　　图 138　合并单元格连续编号——MAX 函数法

阿呆：好神奇，MAX 不是取最大值的函数吗？这个用法还是第一次见，能讲解一下原理吗？

小花：对 A3 而言，其公式为"=MAX(A\$2:A2)+1"，因为 A2 为文本，MAX 函数将文本当作 0 值来处理，那么 MAX(A$2:A2) 最大值为 0，0+1=1，第一个编号记为 1；由于 A4:A6 均为被合并单元格，不填充任何内容；下一个被 <Ctrl+Enter> 组合键填充了公式的单元格为 A7，由于 A$2 锁定了行，引用的是绝对行号 2，A2 未锁定行，引用相对行号，即上一行（A3 上一行为 2），所以此时公式为" =MAX(A$2:A6)+1"，由于 A$2:A2 的最大值为 A3，即 1，1+1=2，第二个合并单元格编号记为 2，以此类推。

🔊 阿呆：原来如此，没想到短短的一个函数还有这么大讲究。听你讲解一番真是受益匪浅。但我觉得这里的 <Ctrl+Enter> 组合键也发挥了重要作用，因为只有当合并单元格大小一致时，我们才能使用下拉填充来复制公式，而 <Ctrl+Enter> 组合键却正好可以解决这个问题，无视合并单元格大小的差异将公式批量填充到每一个合并单元格内。

🔊 小花：你说的很对，<Ctrl+Enter> 组合键才是合并单元格批量填充的正确打开方式，它在合并单元格相关问题中会被频繁用到，需要重点掌握。

3.6.4　合并单元格经典统计问题：求和与计数

🔊 阿呆：其实我领导除了让我按品牌合并单元格外，还要求我分别求出各单元格之和，你看，我总不能一个一个手工写 SUM 函数吧，如图 3.139 所示。

🔊 小花：这类问题的解决办法其实很简单，看过来。

合并单元格求和——倒算法

操作： 选中需要求和的区域 E3:E100，输入"=SUM(D3:$D$100)-SUM(E4:$E$100)"，按 <Ctrl+Enter> 组合键，完成倒算法求和，如图 3.140 所示。

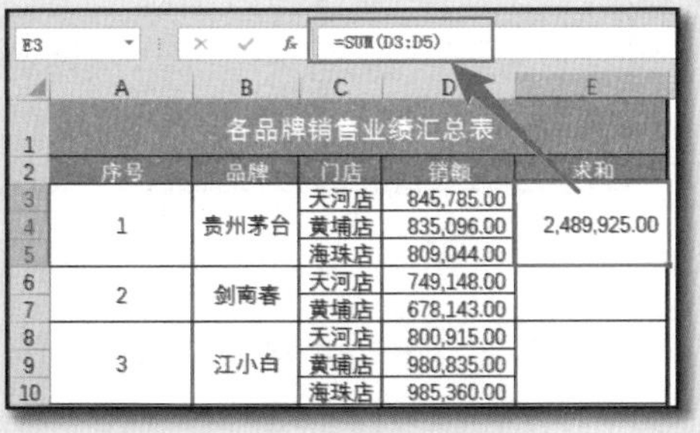

图 3.139　合并单元格求和的传统方法 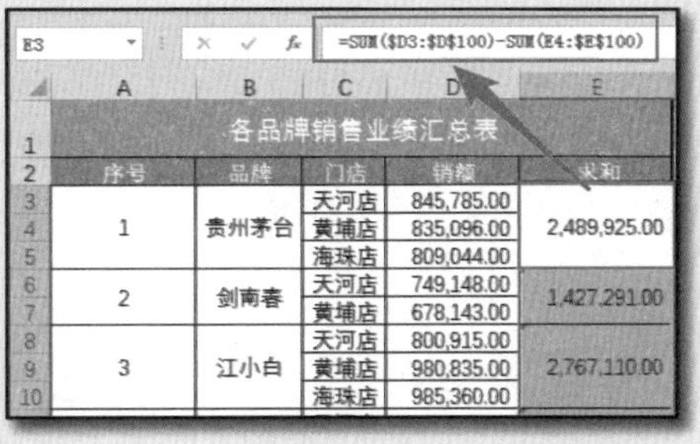　　　　图 3.140　合并单元格求和——倒算法

🔊 阿呆：哇，一下子都算出来了，这是什么神逻辑啊，多一个 SUM 就可以了？

🔊 小花：这不是多一个 SUM 少一个 SUM 的差别，这其实是一个逻辑游戏。

（1）从上述可知，E 列除了每个合并单元格的第一个单元格外，其余都为空，因为它们是合并后再批量填充形成真合并。

（2）公式锁定求和的下端而不锁定上端，公式填充后求和，下端不会变化，例如 E6 的公式为 =SUM(D6:$D$100)-SUM(E7:$E$100)。

明白这一点对理解这个公式很重要。以 E3 单元格为例：

E3=SUM(D3:$D$100)-SUM(E4:$E$100)

=(D3+D4+D5)+(D6+D7)+...+D100-E4-E5-E6-E7-...E100

=(D3+D4+D5)+(D6+D7)+...+D100-E6-E8-...-E100

=(D3+D4+D5)+(D6+D7)+...+D100-(D6+D7)-(D8+D9+D10)-...D100

=D3+D4+D5

公式推导过程中，其实是假设 E3 以下的合并单元格求和都是正确的，进而 E3 的求和也会是正确的；同理，要使 E6 求和结果正确，就要验证 E6 以下的单元格都是正确的；以此类推，只需证明最后一个合并单元格的求和值是正确的，即可证明整个批量求和的公式都是成立的。而

E99=SUM(D99:$D$100)-SUM(E100:$E$100)

=D99+D100-E10

=D99+D100-0

=D99+D100

显然是正确的，由此，整个批量求和公式就是正确的。

我这么说，你能听明白吗？

阿呆：嗯，通过证明最后一个单元格正确来逐步自下往上完成运算求和，原来这就是倒算法的原理，像变魔术一样神奇！有了这种巧妙的思路，处理这类合并单元格汇总问题就易如反掌了。

小花：除了求和，合并单元格计数也是非常常见的问题，这时我们会用 COUNT+SUM 来完成，其逻辑与求和是一个道理，第一部分完成对总数计算，第二部分则是对本单元格下方已计数数量求和，差额即为本单元格的计数值，如图 3.141 所示。

阿呆：看来这倒算法真是合并单元格统计的克星啊。今天真是学到真本事了，从此不用再被合并单元格问题折磨。

图 3.141　合并单元格计数——倒算法

小花：其实 Excel 中有很多问题并没有想象中那么可怕，只要你掌握基本的操作技能，加上一点大胆的构思，便能化腐朽为神奇，做效率达人。

本章内容到此结束，但表格整理的技巧并不止于此，例如合并单元格问题的处理方法和使用的函数也并不是唯一的。为了避免赘述，很多情况小花没有罗列，仅举一种方法细讲，有兴趣的小花瓣可以自行学习深究，相信会有满满的收获。

第四章

美化达人：爱美之心"表"皆有之

正式开启本章之前，请允许我吟诗一首：

> 横看成凌侧成疯，
>
> 结构格式各不同，
>
> 不是表格真面目，
>
> 只缘不会做美工。

你是不是也经常被同事或领导批评表格做得"丑"？你是不是经常被别人做的表格所震撼？你是不是想学会轻松勾勒出漂亮表格的神技能？那就带着你这份热忱，跟上小花的节奏，一起来学习美化 Excel 表格的技巧吧！

4.1 你离美只差一笔一画

美化表格并不难，只要"穿戴整齐"（数据规范），摆几个简单的 POSE（格式技巧），摆好镜头的位置（显示和冻结窗口），在一个有山河色彩和轮廓的地方（边框和填充颜色），怀抱一件绝世宝贝（超级表格），随便都是一副美妙景象！

4.1.1 细节决定成败

阿呆：小花老师，我今天挨领导批评了。他说我的表格做得让他不忍直视。可是表格不是只要数据对了就好了吗？

小花：你这样想就错了。表格可不是处理数据那么简单。它的另一项重要作用就是呈现数据。说白了，做表格就是给别人看的，既然要给人看就要让人不仅能看出数据的内容，还要让人看得舒服、看得直观。就像做一道菜一样，色香味俱全才可以，可不只是填饱肚子那么简单！

阿呆：那你看我这表格（见图 4.1）要怎么做才能美观，让人赏心悦目？

小花：你这张表的问题比较多啊，同一行/列的数据间对齐方式不统一，不同字体太多，导致表格看起来很凌乱；无效的错误值和可以不显示的零值都没有处理掉，干扰项太多不利于报表使用者获取有效信息；表格空白区域太多，导致有效区域龟缩一隅。要改起来真是颇费周章啊！首先要设置统一单元格样式。单击表格左上角的 ◢，选中整张表，通过设置字体和对齐方式来使全部单元格的样式保持一致（还可以对需要使用不同样式的单元格区域另行设置）。这里我们将 C 列和 D 列的数字变更为靠右对齐，数值保留两位小数或自定义为【_ #,##0.00_ ;-#,##0.00_ ;;】，如图 4.2 所示。

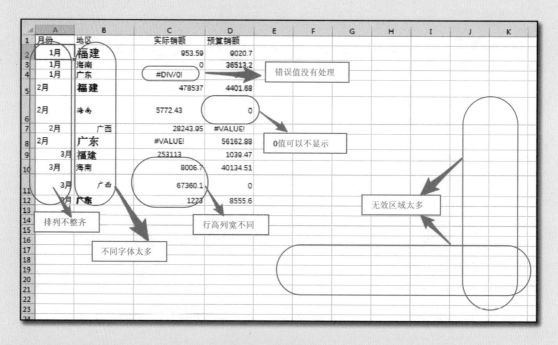

图 4.1　杂乱无章的表格

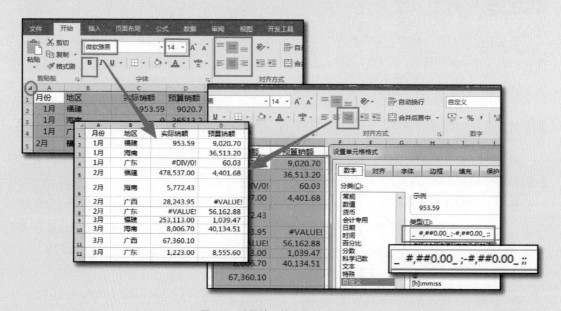

图 4.2　设置统一的字体和对齐方式

阿呆：哇，这整齐划一的感觉看起来舒服多了！可是看你又是点这儿又是点那儿的，感觉设置起来很麻烦啊，有没有便捷一点的方法呢？我想想。对了，格式刷。选中目标样式所在的单元格，单击（单次有效）或双击（可重复使用）格式刷，在单击要应用该样式的单元格，也可以统一单元格样式啊。

小花：除了格式刷，我们还可以通过套用单元格样式来完成。选中目标区域后，单击【开始】选项卡—【单元格样式】按钮，在下拉列表中单击需要的样式即可将选中单元格设置为此样式，非常简单便捷。同时我们可以通过单击该列表下方的【新建单元格样式】来自定义我们常用的单元格样式，以便快捷地套用该自定义样式，如图 4.3 所示。

图 4.3　自定义单元格样式

阿呆：有了这个自定义单元格样式，我就可以把经常使用的单元格样式添加进列表中，以后只要选中它就可以一键搞定了。这比格式刷还好用呢！

小花：统一单元格样式只是拯救你的表格的第一步，接下来，我们得调整表格的行高和列宽，统一规范，整齐排列！

调整行高或列宽的方法（见图 4.4）

① 双击法

将鼠标移至行号 / 列标边线位置，待鼠标变成双箭头╋或╂时，双击鼠标左键即可完成；选择多行 / 多列并在任意一行 / 列双击可以使多行 / 多列同时自动调整。

② 拖动法

选择一行（列）或多行（列），将鼠标移动至某一行号 / 列标边线位置，待鼠标变成双箭头╋或╂时，拖动鼠标使该行（列）达到合适的高度（宽度），则所选中的全部行（列）都同时调整至该高度（宽度）值。

③ 定值法

单击【开始】选项卡—【格式】按钮，可以在下拉列表中选择自动调整或指定行高 / 列宽值。

阿呆：嗯，统一行高和列宽后表格更加井然有序了！

小花：接下来，我们来缩放调整显示比例来解决无效区域过多的问题。

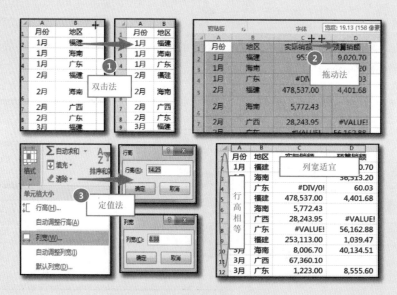

图 4.4　统一行高 / 列宽

调整显示比例的方法（见图 4.5）

1. 滚动法

按住 <Ctrl> 键的同时滚动鼠标滑轮，向上为放大，向下为缩小。

2. 进度条法

单击工作表右下方的缩放按钮或拖动进度条，或单击缩放比例，在弹出的【显示比例】窗口选择或输入缩放比例。

3. 定值法

在【视图】选项卡—【显示比例】栏位也可以设置显示比例。值得注意的是，如果单击【缩放到选定区域】按钮，可以将选定区域快速铺满整个窗口。

阿呆：可是有的时候，数据本身就超出了窗口范围，一味缩小显示比例会导致数据太小看不清楚，而且拖动会导致无法对应行列标题，不便于查看。这种数据量远远超出窗口范围的情况怎么解决呢？

小花：解决这个问题的方法有两种，一种是分级显示，另一种是冻结窗格。

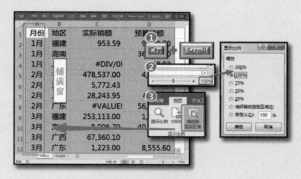

图 4.5　调整缩放比例

创建分级显示

选择需要组合的行 / 列，单击【数据】选项卡—【分级显示】栏位—【创建组】按钮可以创建组，继续选择包含已创建组的行 / 列，可以创建多级嵌套组。创建了分组的行 / 列可以被折叠或展开。只需单击【取消组合】即可取消单个组，单击【清除分级显示】即可取消全部分组，如图 4.6 所示。

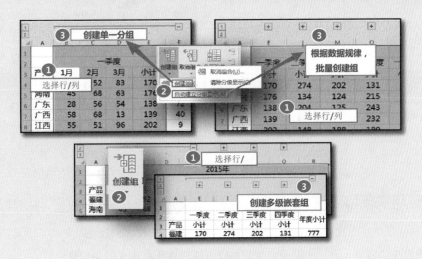

图 4.6 创建分级显示

冻结窗格

通过单击【视图】选项卡—【冻结窗格】按钮，可以将窗口中的部分行列冻结。被冻结的行列始终可见，不随窗口滚动而滚动。通过冻结窗格，可以让行列超出窗口很多的工作表更容易被使用者查阅。

冻结窗格的类型有三种（见图 4.7）：

（1）冻结首行：注意是冻结当前窗口显示的首行，而非整个工作表的第 1 行。

（2）冻结首列：同上，冻结的是当前窗口的首列，不是 A 列。

（3）冻结拆分窗格：又分为两种情况。

● 当选中的单元格在当前显示窗口中，则冻结窗口中该单元格上方的行和左方的列；如选中B4，且 B4 在窗口中出现在第二行第二列，则同时冻结工作表第 3 行（B3 所在的行）和工作表第 A 列。

● 当选中的单元格不在当前显示窗口中，则以当前显示窗口的正中间单元格为中心，将窗口分为 4 个部分，仅左下方拆分窗格可以滚动，其余 3 个窗格均被冻结（了解即可）。

阿呆：通过组来管理明细数据，从而缩小显示的区域，集中体现核心数据，分类汇总时也会用到这个功能，没想到还可以单独使用！还有冻结窗格这类定身术，真是帅气的 Excel ！

小花：其实单元格样式、行高列宽和窗口显示都是 Excel 表格从凌乱到美观过程中的细节问题，本身不会产生很大的视觉冲击。但它又不可或缺，任何高颜值的表格样式都建立在这个基础上。掌握了这些细枝末节的技巧，才能帮助我们往更高的台阶迈进！

阿呆：这鸡汤，我干了，感谢小花老师指导！

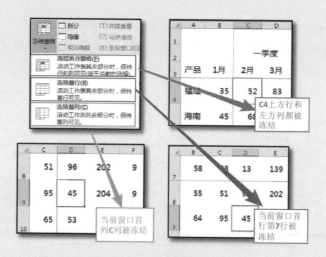

图 4.7　冻结窗格

4.1.2　巧用线条和颜色：一笔一画勾勒出的美

    🖐 阿呆：花花，上次被你调教以后，我回去改了许多表格，可是还是觉得不满意，这一次我一定要惊艳到我的领导，看他还敢嫌弃我！你能不能再教我点美化图表的秘籍？

    👧 小花：没有秘籍，只能靠不断的积累和思考，总结出经验，才能做到美化表格。我觉得最朴素也最实用的表格美化技能就是线条和颜色，对它们的使用我倒是有些心得。

    🖐 阿呆：哦？求分享，洗耳恭听！

    👧 小花：拿框线来说吧，不同的边框具有不同的效果，搭配使用效果更佳。举一个有趣的例子。看图 4.8 所示表中的 3 个单元格。左单元格的上框线和左框线是黑色加粗实线，下框线和右框线是白色加粗实线；右单元格的上框线和左框线是白色加粗实线，下框线和右框线则是黑色双实线。它们和中间使用粗外框线的单元格，仅仅是框线的颜色或线形的不同，效果上却差异显著！

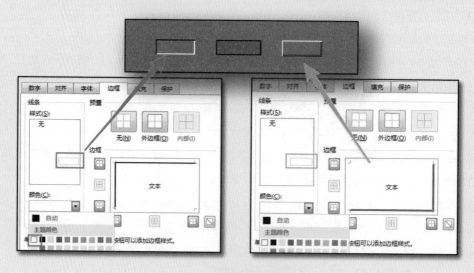

图 4.8　让单元格立体起来

阿呆：是啊，与中间单元格规规矩矩的平淡感不同，左单元格看起来分明是凹进去的，而右单元格却是凸出来的。真是神奇的视觉效果，三者间差异分明非常小，竟然有这么厉害的视觉冲击。

小花：嗯，有没有边框、有什么样的边框、什么颜色，往往决定了一张表格的颜值。边框的使用既要体现层次感又要保持一致性，千篇一律的实线边框让表格看起来很死板，太多不同颜色不同粗细不同类型的边框又会让表格显得特别凌乱花哨。要记住的是，在表格中，边框永远是辅助数据的配角，它的使命是使数据更加简洁直观，切勿喧宾夺主。把握住这一点，我们就可以使用边框设置出精美的图表。给你看一下我近期"胡乱"用框线设计的表格，用统一双实线区分不同的季度，用虚线区分标题行、数据区域和汇总行，其中对标题行和汇总行的内部又分别选择了不设置行边框和不区分列边框，如图 4.9 所示。

省区	一季度				二季度				三季度				四季度			
	1月	2月	3月	小计	4月	5月	6月	小计	7月	8月	9月	小计	10月	11月	12月	小计
福建	35	52	83	170	96	90	88	274	45	90	67	202	46	55	30	131
海南	45	68	63	176	50	40	44	134	8	30	86	124	95	68	52	215
广东	28	56	54	138	72	94	38	204	41	57	27	125	15	55	78	148
广西	58	68	13	139	40	73	29	142	36	10	34	80	95	89	48	232
江西	55	51	36	142	9	85	54	148	50	41	97	188	30	56	94	180
湖南	64	95	45	204	9	37	32	78	29	37	52	118	46	2	40	88
合计	285	390	294	969	276	419	285	980	209	265	363	837	327	325	342	994

图 4.9 边框的层次感与一致性

阿呆：哇，这表格很美啊！边框用的不多，加上外框黑线一共才 3 种，且每种线的用途和使用范围都是统一的，没有多余或者不同，平淡无奇中透着一种清雅，有说不出的好感。

小花：嗯，边框用得好是会有"于无声处听惊雷"的感觉。但是这种美感是艺术的，仁者见仁智者见智，我们只能在不断的赏析中积累美感。但是关于边框的使用，我有几句话要提醒你。

（1）不要把网格线当边框使用。充斥在表格中的网格线会破坏表格的层次感，还会给人一种杂乱感。因此，建议在设置为必要的边框后，在【视图】选项卡—【显示】栏位将【网格线】选项清除，还空白区域一片净土，这会让表格看起来更舒适，如图 4.10 所示。

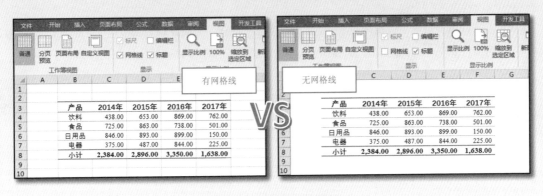

图 4.10 有无网格线的差别

（2）不是所有单元格边框都要设置。适当留白往往更具美感，尤其是对表格区域加粗外侧框线，要视情况而定。粗黑框线可以聚拢视线，而不封闭的框线却有延伸的美感，如图 4.11 所示。

2018年销量统计表

单位：万元

地区	产品	1月	2月	3月	4月	5月	6月
福建	饮料	438.00	653.00	869.00	762.00	121.00	290.00
	食品	725.00	863.00	738.00	501.00	218.00	350.00
	日用品	846.00	893.00	899.00	150.00	147.00	868.00
	电器	375.00	487.00	844.00	225.00	353.00	294.00
	小计	2,384.00	2,896.00	3,350.00	1,638.00	839.00	1,802.00
广东	饮料	971.00	581.00	442.00	671.00	846.00	183.00
	食品	781.00	158.00	327.00	418.00	230.00	376.00
	日用品	320.00	444.00	246.00	655.00	923.00	787.00
	电器	910.00	749.00	676.00	230.00	409.00	876.00
	图书	819.00	976.00	876.00	783.00	821.00	763.00
	小计	3,801.00	2,908.00	2,567.00	2,757.00	3,229.00	2,985.00
广西	电器	838.00	510.00	854.00	752.00	650.00	335.00
	图书	941.00	519.00	778.00	798.00	516.00	529.00
	小计	1,779.00	1,029.00	1,632.00	1,550.00	1,166.00	864.00
合计		7,964.00	6,833.00	7,549.00	5,945.00	5,234.00	5,651.00

图 4.11 不封闭边框的表格造型

（3）不宜超出表格，也不一定要与数据区域等长。框线的种类也不宜太多，线条不一定要直上直下，如图 4.12 所示。巧妙构思的结果往往令人眼前一亮！

🌰 阿呆：哇，大开眼界！没想到仅仅是多了几条框线就让丑小鸭式的表格瞬间变成白富美！

🌸 小花：除了框线、字体的大小粗细、单元格对齐方式，甚至是行高列宽都起到了一定的作用。比如用宋体还是微软雅黑、居中还是靠下都有讲究，但因人而异。再比如行高列宽，通常要相对宽敞些，太密集的数据排列会让数据辨认性差且容易产生隐形的压力。

🌰 阿呆：哇，小花老师，你还会美学和心理学吗？

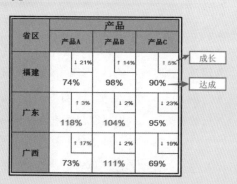

图 4.12 位势图

🌸 小花：倒不是，不过是经验之谈，"熟读唐诗三百首，不会作诗也会吟"，就是这个道理。

🌰 阿呆：除了框线，还有什么方法可以美化图表的？你刚刚说的颜色指的是什么？

🌸 小花：美化表格的另一个法宝是填充色。它不能大面积使用，最好相间相衬，有深有浅。大面积使用同一填充色总让人觉得"脏乱差"，同一色系间的深浅结合是比较受欢迎的做法如图 4.13 所示。

🌰 阿呆：用统一色系的深色来强调首尾行，用浅色与白色相间来使数据井然有序，简约而不单调，非常耐看！

🌸 小花：这种条纹式的填充色我们通常会与白色框线合用（见图 4.14），使不同色块间产生相互分离的明确分隔线，美感也会陡增哦！

公司名称	一季度	二季度	三季度	四季度	全年合计
A公司	4,499	5,251	3,032	3,906	6,028
B公司	4,486	6,965	5,059	5,167	3,498
C公司	5,367	6,368	4,534	5,756	6,654
D公司	4,716	5,468	4,559	6,331	4,291
E公司	3,692	5,174	3,079	3,001	6,266
合计	22,760	29,226	20,263	24,161	26,737

图 4.13　深浅相间的横条纹

公司名称	一季度	二季度	三季度	四季度	全年合计
A公司	4,499	5,251	3,032	3,906	6,028
B公司	4,486	6,965	5,059	5,167	3,498
C公司	5,367	6,368	4,534	5,756	6,654
D公司	4,716	5,468	4,559	6,331	4,291
E公司	3,692	5,174	3,079	3,001	6,266
合计	22,760	29,226	20,263	24,161	26,737

图 4.14　条纹色与白色框线连用

　　小花：当然，填充色和边框的合体可不止就这么点看头！只要你稍微用点心，就可以设置出更有范的表格哦！二级明细表格造型如图 4.15 所示，三级明细表格造型如图 4.16 所示。

2018年销量统计表

	第一季度	第二季度	第三季度	第四季度	全年合计
福建					
饮料	438.00	653.00	869.00	762.00	2,722.00
食品	725.00	863.00	738.00	501.00	2,827.00
日用品	846.00	893.00	899.00	150.00	2,788.00
电器	375.00	487.00	844.00	225.00	1,931.00
小计	2,384.00	2,896.00	3,350.00	1,638.00	10,268.00
广东					
饮料	971.00	581.00	442.00	671.00	2,665.00
电器	910.00	749.00	676.00	230.00	2,565.00
图书	819.00	976.00	876.00	783.00	3,454.00
小计	2,700.00	2,306.00	1,994.00	1,684.00	8,684.00
合计	5,084.00	5,202.00	5,344.00	3,322.00	18,952.00

图 4.15　二级明细表格造型

城市	区域	产品	销量	金额
广州			476	1,070
	白云区		270	625
		饮料	73	58
		食品	120	182
		日用品	77	385
	黄埔区		206	445
		饮料	201	442
		食品	5	3
泉州			680	1,324
	晋江		313	705
		饮料	69	35
		食品	157	236
		日用品	87	435
	惠安		367	619
		饮料	178	392
		食品	60	30
		日用品	128	192
		电器	1	5
总计			1156	3549.2

图 4.16　三级明细表格造型

阿呆：这些图都好棒啊，我要收藏起来好好研究！感觉看了后，思绪有爆发的冲动！有思路设置我的表格了，哈哈！

4.1.3　美貌与智慧的化身：超级表格

小花：呆呆，说到表格美化，我有一件宝贝要介绍给你，它是美貌与智慧的化身哦！它就是超级表格！它藏在【开始】选项卡—【样式】栏位的【套用表格格式】下拉列表中。选择要美化的区域后，只需在【套用表格格式】下拉列表中选中一种，就能让你的表格瞬间美化哦！，如图 4.17 所示。

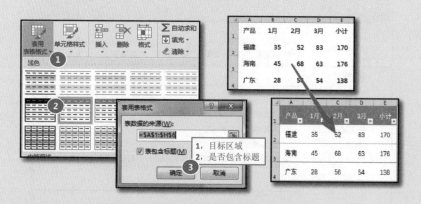

图 4.17　套用表格格式的使用方法

阿呆（两眼发光）：哇，一下子边框填充色字体都有了，酷毙了！还有这么可供选择的表格，这简直是太神奇了。

小花：对咯，不仅如此，如果这么多选择还不能满足你的需要，还可以通过新建表格样式、复制修改现有的格式来自己设置，如图 4.18 所示。

图 4.18 自定义超级表格样式

阿呆：似乎很难设置的样子，求演示啊！

小花：那我们就来新建一个表格样式吧！

新建自定义表格样式

（1）进入【新建表样式】对话框后，为新样式取一个响亮的名称，就叫【小花样】。选择【表元素】中的任意一个元素，如【整个表】，单击【格式】按钮，如图 4.19 所示。

（2）进入【设置单元格格式】对话框，可以从【字体】、【边框】和【填充】选项卡中设置需要的格式。设置完成后，单击【确定】按钮。此处我们将表格设置为常规黑色字体，灰色填充，蓝色实线边框，如图 4.20 所示。

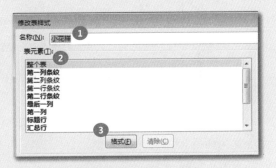

图 4.19 命名并选择表元素

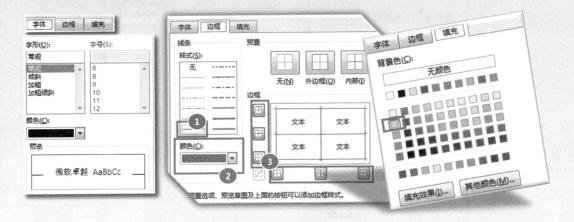

图 4.20 设置表元素样式

（3）返回【新建表样式】，可以看到已经设置的表元素被标志为加粗，右侧【预览】区已经将当前设置下的表格样式呈现出来，我们可以及时检核是否满足要求。如果需要修改表元素样式可以再次单击【格式】按钮进行修改，如需重置可以单击【清除】按钮将对应表元素样式清空，如图 4.21 所示。

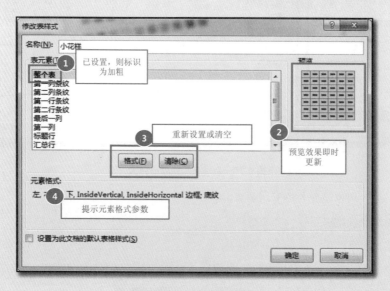

图 4.21　设置表元素样式

（4）继续设置其他需要使用的表元素样式，设置完成后单击【确定】按钮完成自定义表格样式。需要特别说明的是：

① 表样式中可以选择对以下这些表元素进行设置，但不是每一个表元素都要设置格式。各表元素之间如果产生冲突的话，则处于表元素选项框较下方的表元素格式会覆盖较上方的表元素格式，如图 4.22 所示。

表元素	举例	效果	表元素	举例	效果
整张表	浅蓝色	预览	标题行	红色	预览
			汇总行	灰色	
第一列条纹	酒红色	预览	第一个标题单元格	深蓝色	
第二列条纹	黄色		最后一个标题单元格	橘黄色	预览
第一行条纹	白色	预览	第一个汇总单元格	粉红色	
第二行条纹	黑色		最后一个汇总单元格	浅绿色	
最后一列第一列	绿色	预览			

图 4.22　表元素与其优先关系

② 可以调节行列的条纹尺寸（即条纹连续重复条数），如图 4.23 所示。

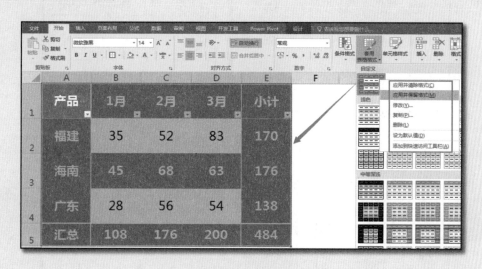

图 4.23 调节条纹尺寸

（5）新建完表格样式后，我们可以在【套用表格格式】的最上方找到它，它可以像正常表格样式一样单击使用，还可以被删除或再次修改。值得注意的是，自定义表格样式只能在当前工作簿中使用，如图 4.24 所示。

图 4.24 自定义表格样式的使用与设置

🔵 阿呆：哦哦，这样就可以搞定一张美美的表格了。用点心慢慢设置，颜值爆表没问题！

🔵 小花：超级表格可不止是颜值，人家这智商也是很在线的！

超级表格的高智能

（1）理解你的各种转变。自动在表格内接续跳转，即在表格每行的最后一个单元格按 <Enter>键，不会继续向右跳转，而是自动跳转至下一行的第一个单元格。这对数据输入者来说有多轻松，用过的人就会知道！此外，当我们滑动鼠标以至于标题行滑出窗口，不用怕看不懂数据，因为标题行会自动显示在列标题位置，继续辅助表格的输入和查阅，如图 4.25 所示。

（2）根治你的审美疲劳。在【表格工具—设计】选项卡—【表格样式选项】组，你可以随意决定标题行的去留、选择是否显示以及汇总的方式、首尾列是否强调显示、是否勾选镶边行列来将纯色数据区变为条纹状，如图 4.26 所示。

（3）满足你的扩展野心。超级表格具有自动扩展数据区域的能力，对于相邻区域输入的新数据，它会将格式、数据连接关系、公式都铺排过去。这涉及透视表 / 图表数据源的更新、公式的自动套用、格式的自动填充等，如图 4.27 所示。

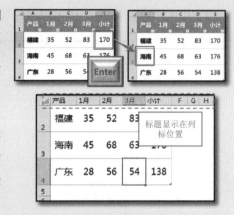

图 4.25　理解你的输入需求

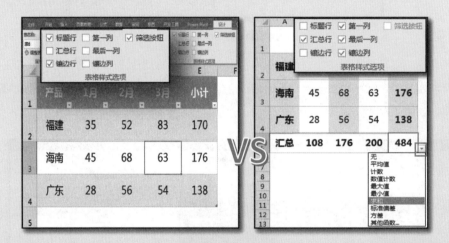

图 4.26　根治你的审美疲劳

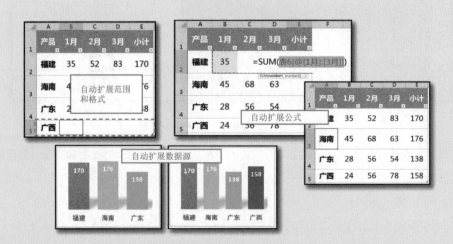

图 4.27　满足你的扩展野心

　　阿呆：服气了，超级表格真是集美貌与智慧于一身的神器，以前我怎么没发现，看来以后要多多应用它才行。

🌸 **小花**：还没完呢，如果你不想要超级表格的智慧，只想要它傻白甜的格式来快速美化你的表格，超级表格也会乖乖听话做幕后英雄哦！只需单击【转换为区域】按钮，如图 4.28 所示，超级表格就会功成身退，只留下你想要的表格样式。美化表格，就这么简单！

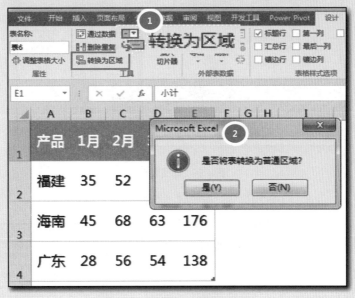

图 4.28　功成身退：转换为区域

🐻 **阿呆**：这可是最常用最简便的快速表格美化技能！今天认识超级表格，我真是赚到了！感谢小花老师赐教！

4.2　条件格式，亮点就要"突"出来

不管数据如何动态变化，始终能自动突出需要重点关注的数据，这样的神乎其技，能办到吗？赋予数据以特定含义的图形，从而使数据更加生动直观，这样的数图结合神器，你会设置吗？通过一些巧妙的规则来完成华丽的格式显示，提高表格颜值，这样的神逻辑，你想通了吗？这些神奇的 Excel 表格美化，就是本节的主角——条件格式。

4.2.1　巧用规则，突出重点数据

🐻 **阿呆**：小花老师，我老板又给我出难题了。一张全部销售员业绩报表，要找出前 10 名并重点标示出来，又不能使用排序破坏表格布局。关键是这些数据每天每月都在发生动态变化！以前学的那些方法都不管用了，让我每天都去找前 10，真是太痛苦了！救救我吧！

🌸 **小花**：就这点小问题，把你难倒了？用条件格式就可以轻松搞定了！选择要突显的目标区域，单击【开始】选项卡—【样式】组—【条件格式】按钮下拉列表中的第二项【项目选取规则】右侧菜单中的【前 10 项】，弹出对话框后，选择具体项数 N（不一定是 10 哦）并设置目标单元格格式（如红底白字），就可以将单元格数值最大的前 N 项设置为指定格式，如图 4.29 所示。

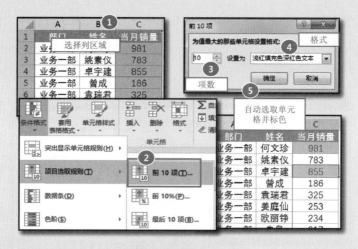

图 4.29　突显前十项

🐹 阿呆：真的，我简直不敢相信自己的眼睛，竟然一下子就办到了！

🐹 小花：就这是条件格式的看家本领，即根据给定的规则和目标格式，将满足规则的单元格设置为目标格式！所以，问题的关键是如何设置规则，以及设置成什么样目标格式。其中基础目标格式设置的方法和单元格样式大同小异，以突显前十项为例，我们可以在【前 10 项】对话框的【设置为】格式下拉表中单击【自定义格式】，即可对单元格的数字格式、字体、边框和填充色进行设置，如图 4.30 所示。

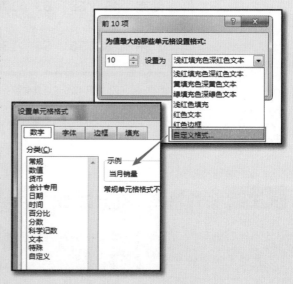

🐹 阿呆：设置格式嘛，这个在学习完单元格格式和超级表格后，对我来说已经是小菜一碟了，跳过跳过，我现在更关心怎么设置条件规则。

图 4.30　基础格式设置

🐹 小花：哎，真拿你没办法，那就说说条件规则吧！Excel 中为我们提供了很多现成的规则。仅【项目选取规则】就有多个规则，与【前 10 项】对应的【最后 10 项】，与之相近可以按大小排名中的特定比例突显数据的【前 10%】和【最后 10%】（取数值最大 / 小的 10% 或其他比例），以及【高于平均值】和【低于平均值】（以条件格式应用的单元格区域为样本）。

🐹 阿呆：看来这项目选取规则很实用嘛！刚好我们公司对营销人员采取业绩淘汰制，对全年业绩最差的 5% 直接辞退，为了让这些名单被突显出来，就拿【最后 10%】这个规则来试试手！（过了一会儿），nice! 搞定，效果如图 4.31 所示。

🐹 阿呆：再来，末尾淘汰制的第二条规定，最后 5% ～ 10% 降职一等！（设置完成后），不对啊，选取最后10%的话，最后5%也符合条件，所以填充颜色也变成了蓝色，这虽然不如人意，却也可以理解。可是字体还是最后5%才有白色加粗（见图4.32），这是怎么回事？还是说条件规则应用范围重复导致规则错乱了？

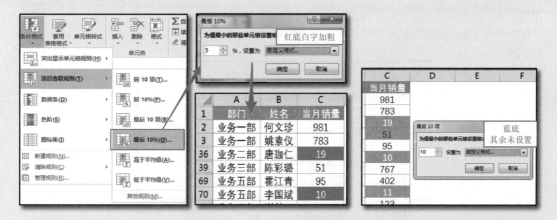

图4.31　突显最后5%　　　　　　　　　　　图4.32　条件格式规则相互冲突

🌸 **小花**：这第二个规则确实应该选择最后10%没有问题，一个单元格也允许被应用多种条件格式。问题在于，这两个规则是彼此覆盖，或者说是冲突了！如果作用于同一单元格的条件格式有两个或两个以上时，当多个条件规则的格式相互冲突时，优先次序较高的条件格式将得以应用，优先次序较低的规则中所包含的格式只有不与高优先级的格式冲突才能被应用。因为此时"最后10%"条件格式优先级高，所以"最后5%"单元格填充色被设置为蓝色；但是由于"最后5%"规则中的字体白色加粗并不与"最后10%"冲突，所以字体白色加粗也被运用在"最后5%"的单元格上。要解决这种条件格式冲突问题，需要我们为这些格式设置优先次序。

管理规则的次序

（1）选择应用范围，单击【条件格式】下拉列表中的【管理规则】按钮，弹出【条件格式规则管理器】对话框。在这里我们可以看到应用在该单元格范围的全部规则，一般后设置的条件规则会在上面。上面的条件规则优先于下面的，如图4.33所示。

图4.33　打开规则管理器

（2）选择某一条规则，单击上下键按钮，就可以移动规则来调整规则的优先次序，单击【应用】按钮可以立即使用这些规则更改（含新建或调整规则），单击【确定】按钮完成规则管理。如果想要防止优先次序较低的条件格式中的部分格式钻空子显示在满足高优先级的单元格中，我们可以同时勾选【如果为真则停止】。这样，满足高优先级条件格式的单元格将不会再执行下一次序的条件格式，从而彻底杜绝满足多级条件格式的单元格持续格式"乱入"的情况，如图 4.34 所示。

图 4.34　调整规则次序

　　阿呆：我明白了！先验证"最后 5%"，不满足条件再验证"最后 10%"，这样就能保证被设置为后者的条件格式的单元格一定是最后 5% ～ 10%。看来这条件的先后很重要！还有图中的【应用于】输入框是用来更改条件格式应用范围的吧？

　　小花：观察得真仔细！不错，通过更改应用范围，我们可以把条件格式应用到其他区域，条件格式的应用区域可以是某一列、某一行、多行多列的单元格区域甚至是整个工作表（为方便讲解，我们仅以某列为例）。如果不想使用条件格式了，可以单击【删除规则】按钮或者通过【条件格式】下拉列表中的【清除规则】在指定区域内删除条件格式。

　　阿呆：我以前还看别人使用条件格式来查找重复值，那是怎么设置的呢？

　　小花：这种条件格式用的是【突出显示单元格规则】中的【重复值】。运用这个规则，我们不仅可以突显"重复值"，还可以反过来突显"唯一值"，如图 4.35 所示。

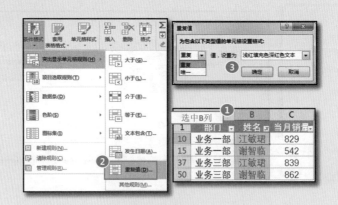

图 4.35　突出重复值

阿呆：哦，原来如此！一键查重，太棒了！另外这【突出显示单元格规则】中还有可以突出数字区间的【大于】、【小于】、【介于】、【等于】，以及【文本包含】和【发生日期】呢，感觉和数据有效性类似啊。触类旁通，我就拿【介于】来试一下手吧，如图 4.36 所示。

小花：我们的阿呆真的已经脱胎换骨了，

图 4.36　突出指定数据区域

这都立马掌握了！Excel 很多技巧都是相通的，原理也一样，你现在有一定的基础后，稍加点拨就能轻松掌握了。

阿呆：这还得谢谢花花老师，有您这样的大神耐心调教，我想不会都难！

4.2.2　数图结合，你的数据会说话吗？

阿呆：小花老师，我领导又给我出难题了，他想要能够更直观地判断业绩好坏的数据。难道数字不够直观吗？何况我还突出了前十后十！

小花：我想，条件格式的数图结合功能应该能满足你的需求！它是一种可以基于各自值设置所有单元格格式的特殊规则。话不多说，先见识一下第一种规则——数据条。它以添加带颜色的数据条来表示单元格数值大小，值越大，数据条越长。默认情况下，以应用范围中单元格的最大值为最长数据条，长度为单元格列宽，0 为最小值，长度为 0，其他数值按最小值和最大值所确定的数据轴依刻度确定长度。理解了这一点，我们再来看效果。选中目标区域后，单击【条件格式】—【数据条】，任选一种渐变填充或实心填充中的任意一种样式，即可快速运用该规则，如图 4.37 所示。

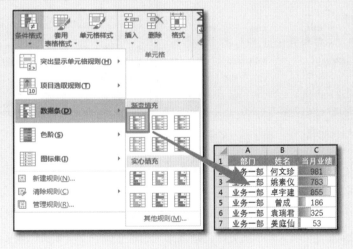

图 4.37　快速应用数据条规则

阿呆：哇，太炫了，一下子就把数据变成了条形图！一眼看去，大小立现，数字再也不是干巴巴的样子，仿佛一下子有了生命力。我以前还以为这种高级的表格制作步骤一定很复杂，没想到一键就能搞定！

小花：嗯，数据条是一种很好的数图结合工具，它是可以植入单元格内部的条形图，条形图的长度会随数值变化而变化。Excel 为我们提供了多款快捷规则，应用起来非常方便哦！

阿呆：但它有个不足之处。当应用范围中出现极端大的数字，最大值变得非常大，就会导致单元格中其他有效数字间的差异被缩放得很小，使数据条失去了直观展示数字大小和差异的效果，如图 4.38 所示。

图 4.38　极端大数的出现

小花：这个时候，我们可以通过调整最大值和最小值来解决。单击【管理规则】—【编辑规则】或者一开始就选择【数据条】—【其他规则】，来打开【编辑格式规则】对话框，选择最小值和最大值的【类型】和【值】。此处，我们选择最大值为【数字】1000，最小值为【数字】0，单击【确定】按钮即可完成设置。此时，凡是大于 1 000 的数字条形图长度均为单元格列宽，其余数字按 0 和 1 000 确定的数字型坐标轴来确定条形长度，如图 4.39 所示。

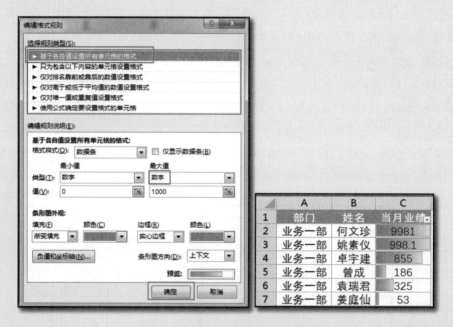

图 4.39　设置数字类型的最大值和最小值

阿呆：哦，原来还可以自行设置最大值和最小值啊！我看到最大值和最小值的【类型】中可以选择【最低值 / 最高值】、【数字】、【百分比】、【公式】、【百分点值】和【自动】6 种。其中【最低值 / 最高值】应该是值应用范围内所有单元格数字的极值，而【自动】是默认选项，【数字】、【公式】等都是获取最小 / 最大数值的方法，虽然到了利用【公式】取数会比较多变化，但是终归可以理解。但是这【百分比】和【百分点值】是什么意思？两者看起来很像啊，为什么又单独作为一种选项呢？

小花：你关注了最该关注的点呢！百分比和百分点值这对兄弟，是根据数值的相对大小来确定规则的。

百分比与百分点值

（1）百分比：根据应用范围内单元格的极小值和极大值所确定的一段数轴，按给定的百分比计算出该段上对应比例的数值。它的计算公式为：返回值 = 极小值 +（极大值 - 极小值）* 百分比。

例如，应用范围内的极大值为 1000，极小值为 400，选择最小值（最大值）类型为【百分比】，值为 50，则意味着最小值（最大值）为 700，即 400+（1000-400）*50%，如图 4.40 所示。在最小值类型为【百分比】的情况下，最大值依然可以是任意类型，假设我们选择最大值为【数字】1000（或者百分比 100）。此时数值为 850 的单元格条形长度为列宽的一半，相当于以数字 700 为最小值，以数字 1000 为最大值的数据条条件规则。

PS：事实上，最大值和最小值是相互独立的，无论最小值选择什么类型，都不影响最大值的选择。

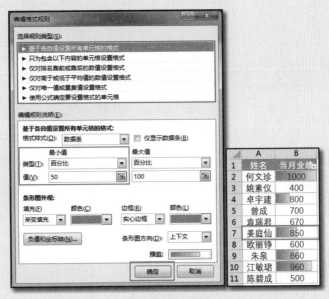

图 4.40 百分比数据条

（2）百分点值：对于应用范围内的所有 N 个单元格数值 X_n，其百分位 M_n=(小于 X_n 的单元格个数)/(N-1)，即从小到大排序的 N 个单元格值 X_n 所对应的百分位 M_n 依次是 0/(N-1)，1/(N-1)···(N-1)/(N-1)。当目标百分点 K 与 M_n 相等时，即 K 是 1/(N-1) 的整数倍，那么百分点 K 的百分值即为该百分位对应的值 X_n。如果百分点 K 不是 1/(N-1) 的整数倍，那么 K 的值就由最接近它的两个百分位点低点 (X_1,M_1) 和高点 (X_2,M_2) 利用插值法来确定。计算公式为：百分点 K 的值 =X_1+(X_2-X_1)/(M_2-M_1)*$(K-M_1)$。这种算法的原理和函数 PERCENTILE.INC 相同。

例如，对单元格值为 1 ~ 10 的 10 个单元格，应用最小值为【数字】0，最大值为【百分点值】60 的数据条规则，则最接近 60% 的两个百分位分别是低点 (6,5/9) 和高点 (7,6/9)，利用插值法计算出百分点值为 6.4。此时值为 3.2 的单元格数据条为列宽的一半，如图 4.41 所示。

阿呆：这两种方法虽然理解起来比较难，但听你这么一讲解，我理解了不少呢！这两个方法都是相对取数的规则，它们能帮助我们在实操中聚焦指定比例区段的数值。

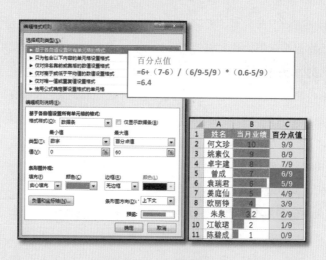

图 4.41　百分点值数据条

👉 小花：百分比和百分点值一直是比较难理解的概念，你以后还需慢慢琢磨，今天我们就不深究这些条件了。说说数据条格式如何设置的问题吧。

😊 阿呆：不就是预设那几种吗？6 种渐变色填充、6 种实心填充？

👉 小花：你难道没有注意到，在【编辑格式规则】对话框中，有一个【条形图外观】栏位吗？在这里我们可以设置想要的填充样式和边框样式，还可以调整条形图的方向呢，如图 4.42 所示！

😊 阿呆：让我来设置一个绿底黑色实心边框并且从右往左显示的数据条试试看。

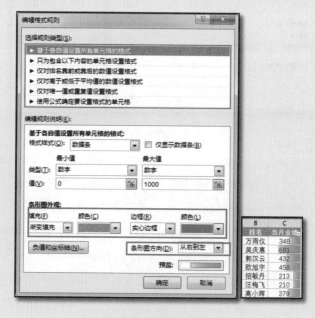

图 4.42　更改条形图外观

👉 小花：红配绿，你这什么审美啊，真是辣眼睛！

😊 阿呆：嘿嘿，不重要，就是这么玩才有趣啊！不过这里还有一个【负值和坐标轴】按钮是干什么用的？

👤 小花：当单元格值有正有负时，条形图会分两个方向来显示。这个按钮就是用来调整负值条形图样式和坐标轴格式的。单击该按钮，弹出【负值和坐标轴设置】对话框，可以选择设置负值条形图的填充色和边框，也可以让负值条形图的格式与正值条形图保持一致。需要说明的是坐标轴的设置。

【自动】：表示坐标轴的 0 值位置根据正最大值和负最小值的比例自动调节，负值条形图与正值条形图反向显示。例如最小值为 -1000，最大值为 1000，则坐标轴在单元格正中；最小值为 -500，最大值为 1500，则坐标轴在单元格 1/4 处。

【单元格中点值】：无论最大最小值为多少，坐标轴 0 值始终处在单元格正中，正负条形图分别从单元格正中间向两侧延伸，如图 4.43 所示；

【无】：负值条形图显示在与正值条形图相同的方向上，这时一般以颜色区分。

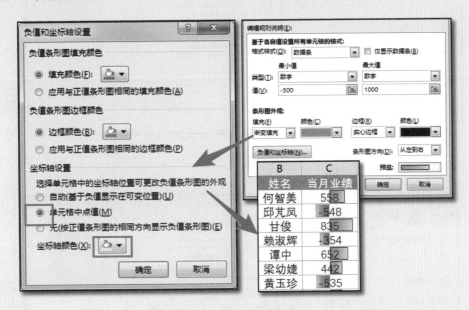

图 4.43　更改负值与坐标轴

👤 阿呆：哦，原来数值还可以是负数啊，正负结合，感觉图形更加美观了！

👤 小花：数据条的美还不止这样呢！如果我们勾选【仅显示数据条】复选框就可以将数据条中的数字隐藏起来。很多大神会使用这个方法将数值与数据条分开在不同的列，把它和条形图方向结合，绘出了单元格中的蝴蝶图效果，如图 4.44 所示，那才叫真的美！

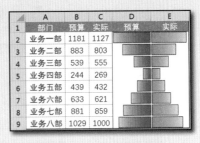

图 4.44　单元格中的蝴蝶图

👤 阿呆：哇，这蝴蝶图真是创意十足啊！太厉害了。利用数据条规则进行数图结合的条件格式真是深不可测啊！

👤 小花：这就深不可测了？如果我告诉你条件格式中还有其他数图结合规则，你岂不是瞠目结舌了？条件格式的数图结合还可以使用色阶和图标集来完成。

阿呆：哦？先给我讲讲色阶吧，是不是和地形图一样，颜色越深海拔越高？

小花：对，可以这样理解！色阶是根据数值大小选取对应的颜色并将它赋予单元格的一种条件格式规则，单元格的颜色表明了单元格数值在应用范围内所有单元格数值中的相对大小。它又可以分为双色刻度和三色刻度。其中，双色刻度允许单元格填充颜色在两种颜色中渐变，而三色刻度允许在三种颜色中渐变。我们可以单击【条件格式】—【色阶】，在快速样式中任选一种应用，或通过单击【其他规则】，进入【新建格式规则】对话框中，通过自定义最小值 / 中间值 / 最大值的类型、值以及颜色，来完成色阶条件格式规则的设置，如图 4.45 和图 4.46 所示。

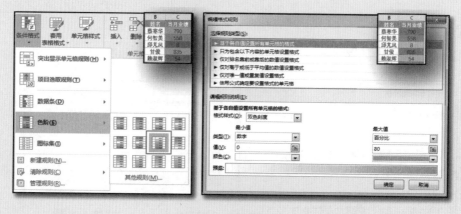

图 4.45　双色刻度

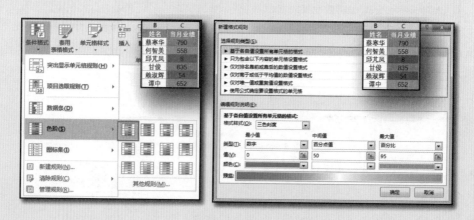

图 4.46　三色刻度

阿呆：色阶快速样式中的前 6 个是三色刻度，后 6 个是双色刻度。而且它们和数据条的规则类型一样，即【基于各自值设置所有单元格的格式】。而且它们在设置最大值 / 最小值 / 中间值的类型、值以及颜方面都和数据条遵循同样的规则和方法。学会了数据条，色阶就没问题了！

小花：【基于各自值设置所有单元格的格式】还有一种规则，就是我们刚刚提到过的图标集。它是通过赋予应用范围内不同数值子区间以某种特定的关联小图标来表示数值大小的一种条件格式规则。根据图标集中小图标的个数，我们需要设置与之对应的区间端点值。单击【条件格式】—【图标集】，可以选择快速应用样式或者通过【其他规则】设置，如图 4.47 所示。

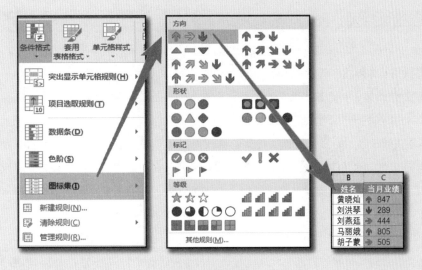

图 4.47　图标集

🔖 阿呆：这些小图标中不仅有表示增减方向的箭头，还有形状、饼图等，真是应有尽有。而且同一系列的图标集应用起来风格统一，非常美观简洁，但是如果能把它们任意组合起来就更好了，有时还真需要这样去混搭呢！

💡 小花：如你所愿，这些图标可以在【编辑格式规则】的【图标】中对每一个小图标任意选择搭配。【图标样式】可以说决定了小图标的个数，而具体使用哪个图标却可以自由选择。

🔖 阿呆：哇，新的图标集诞生了，这一个组合不错哦，我收下了，如图 4.48 所示。

💡 小花：图标、色阶和数据条这三种数图结合工具彼此间是可以共存的，这一点和条件规则间对不同格式的设置可以相互重叠是同样的道理，如图 4.49 所示。

图 4.48　自定义图标集规则

图 4.49　三种数图结合共存

🔖 阿呆：额，这也太花哨了吧！还是容我慢慢琢磨吧，这共存关系得慎用啊！

4.2.3　自定义规则：我的地盘我做主

　　🐷 阿呆：小花老师，我以前看别人的表格，竟然能自动标记出即将到期的合同，真是太神了！您能教教我怎么做这样的表格吗？

　　🐷 小花：败给你了！这其实就是一种条件格式，你不是刚学过吗？

　　🐷 阿呆：条件格式？不会吧？我知道的规则里可没有这一类型的。

　　🐷 小花：Excel 除了为我们提供了便捷的常规用法，同时也不会去限制我们自由发挥。对于条件格式也是如此。除了为预设的那几种条件规则类型，它还允许我们借由公式来自定义需要的条件格式规则。自动到期提醒就是其中的一个，它可以对一定的周期内即将到期的事项做出重点标示！让我们设置一个 30 天内到期的贷款合同自动提醒的条件格式吧！

　　自动到期提醒

　　（1）选择需要到期提醒的日期单元格区域，单击【条件格式】—【新建规则】，如图 4.50 所示，弹出【新建格式规则】对话框。

　　（2）在【选择规则类型】列表框中选择【使用公式确定要设置格式的单元格】，在【为符合此公式的值设置格式】一栏中输入如下公式（见图 4.51）：

$$=AND(A2>=TODAY(),A2<=TODAY()+30)$$

　　公式说明：

　　① AND 函数是并列条件逻辑函数，当且仅当所有条件满足时返回 TRUE。

　　② TODAY() 函数用来返回当前系统日期。

　　③ 因为 A2 是当前选中区域的活动单元格，所以只需对 A2 的条件进行设置，根据公式的相对引用，其他单元格就会自动完成同样的条件验证。

　　④ A2 要满足的条件有两个，A2>=TODAY() 表示 A2 为今天及以后的日期；A2<=TODAY()+30 表示 A2 中日期小于或等于今天之后的第 30 天的日期值，即 30 天以内。只有同时满足这两个条件的单元格才被设置为目标格式。

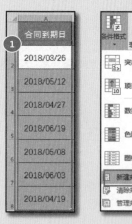

图 4.50　新建规则

图 4.51　输入条件公式

（3）单击【格式】按钮，进入【设置单元格格式】对话框；将格式设置为红底白字加粗，连续单击【确定】按钮，完成格式设置，如图 4.52 所示。

小花：接下来，见证奇迹的时候到了。4 月 2 日时，4 月 27 日和 4 月 19 日到期的合同都被标记出来，而已经过期的 3 月 26 日的合同则不会被标记。当时间推移时，条件格式也自动更新并提醒一个月内到期的合同，如图 4.53 所示。

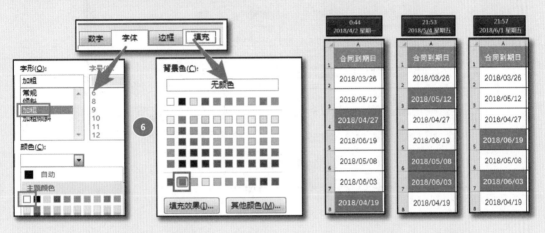

图 4.52 设置格式　　　　　图 4.53 自动到期提醒

阿呆：没错，就是这个效果，太棒了！以后再也不用一个个找到期合同了，一打开这个台账就一目了然。只是如果能将一个月内到期的合同的整条记录都标红，就更方便了。

小花：满足你！只需简单设置即可搞定。单击【条件格式】—【管理规则】，弹出【条件格式规则管理器】对话框，在【显示其格式规则】下拉列表中选择【当前工作表】即可看到工作表中所有的条件格式。选择到期提醒规则，将【应用于】所对应的单元格区域扩张至整个台账区域 A2:F8，单击【编辑规则】按钮，将条件格式改为"=AND($A2>=TODAY(),$A2<=TODAY()+30)"，连续单击【确定】按钮即可完成设置，如图 4.54 所示。

公式说明：通过"$"来锁定 A 列，使得应用范围内的所有单元格条件规则都以其所在行对应的 A 列的值进行判断，从而使得 A 列到期日在一个月内的记录被整体标红。

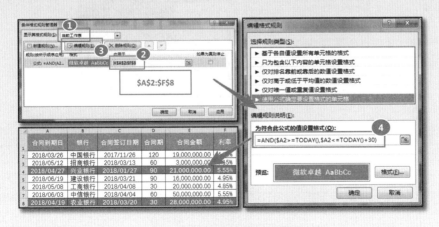

图 4.54 自动到期提醒整条记录

● 阿呆：这两个公式只差了两个 $ 号就有这么大差别，真是神奇！如果我们再为已经到期和两个月内到期的合同设置不同的条件格式，就可以将合同按到期日不同按梯度显示了！我真为我的大胆设想震惊，心动不如行动，看我也来照猫画虎，如图 4.55 所示。

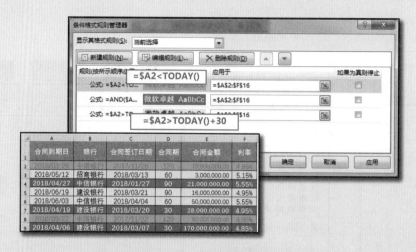

图 4.55　到期日分梯度提醒

● 小花：你这分明是更上一层楼！学 Excel 就要有这样的大胆假设和小心求证！对这种公式加技巧工具的组合，可以实现的可能性是难以穷举的。这里需要注意的是，条件格式中的公式仅能返回逻辑结果 TRUE 或 FALSE，且前者促发条件格式。把握这一点，再辅以一定的函数基础，我们就构建出这种符合工作需要的条件格式，自动凸显各营业部第一名的业绩。这里用 COUNTIFS 函数来对同组业绩大于等于当前销售员的人数进行计数，当且仅当该销售员的业绩为同组最高时，计数结果为 1，其余都大于 1。所以逻辑条件"计数结果 =1"，只有在部门第一名所在行时才会出现"1=1"逻辑结果为 TRUE，条件格式才被应用，因而部门第一名得以凸显，如图 4.56 所示。

图 4.56　部门第一名凸显

● 阿呆：哦，我理解了！关键是构建一个仅目标值可以返回 TRUE，其余值均返回 FALSE 的条件公式。

● 小花：对的，理解并做到这一点，你就能够拿下条件格式了！最后一个很重要的技巧就是，如果正列举公式很难设置，我们可以把目标区域全部设置为目标格式，然后通过对不满足条件的单元格设置条件格式，从而实现条件格式的反向规则！比如，我们要挑选出除了广东省广州市和福建省泉州市以外地区的员工，就可以运用这样的反向条件格式，如图 4.57 所示。

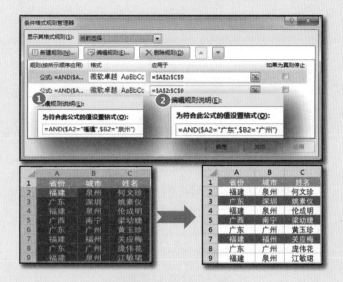

图 4.57 反向条件格式

阿呆：这思路不错。看来条件格式用起来还是破费心思呢！我看我还得自己再琢磨消化一下，谢谢小花！

4.3 迷你图：不止三板斧

你知道吗？原来折线图、柱形图这些 Excel 图表还可以画在单元格里，而且一样有折线的起伏和柱形的高低！如果你对如何做这样的图表感兴趣，不妨跟小花一起开启新的学习篇章，迷你图，可不止三种哦！

4.3.1 迷你图的三板斧

小花：阿呆，你会用 Excel 画折线图吗？

阿呆：那必须会啊，这么简单的问题！需不需要我给你展示一下？

小花：这倒不用！会画折线图没什么奇怪的，能把折线图画进单元格里那才厉害呢！

阿呆：在单元格里"瓶中作画"？这不可能吧，太异想天开了！

小花：睁大眼睛看仔细咯，这单元格的折线图就是这么简单而且神奇！

迷你折线图

单击【插入】选项卡—【迷你图】选项组—【折线图】，弹出【创建迷你图】对话框，选择【数据范围】和【位置范围】，单击【确定】按钮完成迷你折线图的绘制，如图 4.58 所示。

数据范围：折线上各点的高低数据来源。在迷你图中，横轴为同一行/列单元格的次序，纵轴才由数据范围内的各单元格值决定。即数据源中同一行/列的单元格个数决定了折线图中散点的个数，而每一个单元格的数值则决定了每一个点的高低。

位置范围：折线存放的单元格。位置范围必须由同一列或同一行的单元格组成，且单元格个数与数据范围的行数 / 列数一致。这是因为迷你折线图只能表示同一行或同一列的单元格数据趋势，有多少行 / 列就要有多少个存放迷你折线图的单元格。

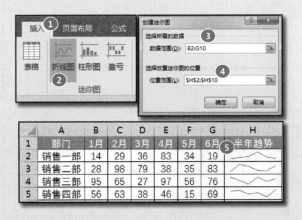

图 4.58　创建迷你折线图

阿呆：哇，真的做到了！折线图竟然真的能画在单元格中。只是这连散点都没有，未免有点太单薄了！

小花：别急啊，不好看咱就美化美化呗。单击任意一个迷你图，就可以选中整个位置范围，此时自动显示【迷你图工具】。首先，如果我们要对所有迷你折线图进行批量调整，就要将这些折线图【组合】起来，反之需【取消组合】，按钮就在【设计】选项卡—【分组】中。我们可以在【显示】选项组中勾选【高点】、【首点】、【负点】或【标记】，来凸显出指定的散点。同时，还可以调整【坐标轴】，如图 4.59 所示。

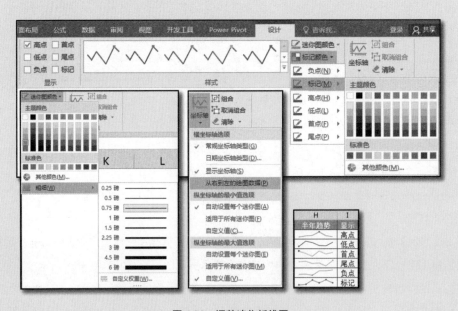

图 4.59　调整迷你折线图

阿呆：嗯嗯，这下就漂亮多了！有了这个迷你折线图，就可以大致看出数据的走向了，表格里有这样的图也显得高大上了很多！这么好的效果只能做折线图，岂不是可惜了点？还有没有其他可以画在表格里的图形呢？

小花：当然有啊，除了折线图，迷你图还为我们提供了柱形图和盈亏图。它们的使用方法与折线图一样。并且三者间可以在【设计】选项卡—【类型】中任意切换，如图 4.60 所示。

阿呆：诶，为什么选择条形图后按 <Delete> 键却删不掉它呢？我怎么去除不想要的迷你图呢？

小花：第一种方法是删除单元格，第二种方法是单击【设计】选项卡中的【清除】按钮，第三种方

图 4.60　迷你柱形图与盈亏图

法是单击【开始】—【编辑】中的【清除】—【全部清除】。方法多多，随你挑选，唯独就是淘气不让用 <Delete> 键，如图 4.61 所示。

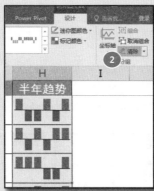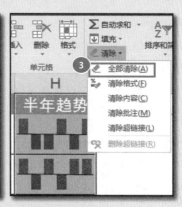

图 4.61　删除迷你图的方法

阿呆：哦哦，看在它这么美观明了，这点小脾气我忍了，哈哈！

4.3.2　REPT：一个可以做迷你图的函数

小花：阿呆，你知道画迷你图的 REPT 吗？

阿呆：什么啊？这 REPT 是何方神圣？

小花：REPT 是一个文本重复函数。它可以根据指定次数，多次重复指定文本哦！这是它的本来面目，当被用得入魔了，它便成了迷你图的缔造者。

REPT 函数

基本语句：=REPT(text,number_times)，即 REPT(文本 , 重复次数)。

常规用途：重复输入指定文本，比如"=REPT(6,6)"，即 666666，再比如"=REPT (" 赞 ",32)"即为 32 个赞。

绘制迷你图：我们利用 REPT 的特性，根据单元格数值大小来重复对应次数的特殊文本，从

而完成漂亮的迷你图!

（1）输入公式：在 D2 输入 "=REPT("A",C2)"，并拖动填充到其他单元格，如图 4.62 所示。

（2）更改字体：D 列单元格字体为 Wingdings，即可将健康指数绘制为以手势 V 表示的"迷你图"，如图 4.63 所示。

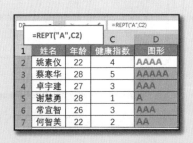

图 4.62　运用 REPT 函数重复字符

图 4.63　更改字体

　　阿呆：哇，好神奇！这 REPT 函数重复字符的功能好理解，可是为什么改了个样式，字体就变成图形了呢？这才是迷你图真正的秘密吧！

　　小花：眼光独到嘛！确实，这里我们运用了特殊字体能将指定字符和数字显示为某种对应的图形这一功能。在 Excel 中，除了 Wingdings，还有 Wingdings2、VRINDA 等字体具有这样的神奇魔法。我摘录了一些比较常用的送给你作参考，如图 4.64 和图 4.65 所示，感兴趣的话，你可以自行设置字体后，不断试验，说不定会发现不错的图形呢！

图 4.64　Wingdings 和 Wingdings2

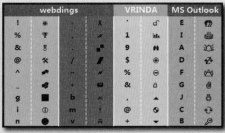

图 4.65　其他字体

　　阿呆：原来 Excel 中还藏着这么多有趣的图形，它们不仅可以用来做迷你图，单独输入也是非常有用的。

　　小花：说到输入，我们还可以在按住 <Alt> 键的同时输入数字编码来完成特殊符号的输入（见图 4.66），或者运用输入法来输入特殊图形，这样输入的图形可不需要变化字体即可完成迷你图创建哦！

　　阿呆：这次换我来做个迷你图，就拿最经典的星形做下手了。假设给员工绩效打分，也分 5 个等级，但是每个等级间还有一个细分等级，例如存在 4 星和 4.5 星。我就用一个★来表示一个等级，用一个☆表示 0.5 星，看我做一张美美的图吧，如图 4.67 所示。

编码	图形	编码	图形	编码	图形
41454	☆	41466	→	41409	×
41455	★	41467	←	41410	÷
41456	○	41468	↑	41420	√
41458	◉	41469	↓	41430	≈
41459	◇	41441	♂	41433	≠
41460	◆	41442	♀	41436	≤
41461	□	41446	℃	41437	≥
41462	■	43080	℉	41451	‰

图 4.66　配合 <Alt> 键输入特殊符号

D2 | =REPT("★",INT(C2))&REPT("☆",MOD(C2*2,2))

	A	B	C	D
1	姓名	部门	绩效等级	图形
2	郭汉云	财务	5	★★★★★
3	曾成	人力	3.5	★★★☆
4	邱芃凤	销售	2.5	★★☆
5	董明明	行政	2	★★
6	欧旭宇	生产	4.5	★★★★☆
7	袁瑞君	研发	2.5	★★☆

图 4.67　星级迷你图

🌸 小花：不错哟，这图画的真棒！数学函数用的很到位嘛！用向下取整函数 INT(C2) 来取星级的整数，运用 REPT 函数画出对应个数的实心五角星★；再用取余函数 MOD 判断是否有 0.5 尾数的情况，巧妙利用了有 0.5 尾数的数字乘以 2 一定等于奇数这一特点，使得这样的数字对 2 取余数为 1，再用 REPT 函数绘制 1 个或 0 个空心五角星☆！妙哉妙哉，堪称数学函数、重复文本函数和特殊图形完美结合的高级符号迷你图，这图我给满分！

🌼 阿呆：谢谢小花老师，我献丑了！嘿嘿！

本章表格美化技能就分享到此，从一笔一画到数图结合，Excel 为我们提供了很多美化表格的途径，这些技能你都学会了吗？希望小花瓣们认真学习并勤加练习，相信定能学有所成，学有所获！

第五章

透视达人，小白的贴身保镖

Excel 处理大量数据最犀利的武器是什么？那就是数据透视表，一个拥有洞察数据真相、犹如拥有绝对透视能力的超级工具。作为 Excel 中的最强大脑，数据透视表具有怎样的实力和奥秘，就让我们见识见识吧！

5.1 认识数据透视表

数据透视表作为一款广受青睐、应用面广、知识点多的高级工具，其学习过程必然比较烦琐且需要反复练习。本节先学习透视表的初步知识，即创建、布局和删除等，这些都是深入讲解透视表的基础，希望小花瓣们通过对本节的学习，能够更顺利地完成进阶知识的理解与掌握。

5.1.1 创建数据透视表

小花：阿呆，Excel 中有一个工具，可以进行数据计算、融合大量数据，并从任意角度去统计和展现，还能任意变化视角和排版，又不会像函数那样需要大量计算而导致卡表，你知道这样的神器是什么吗？

阿呆：我怀疑根本没有这样的工具存在，如果有，那它一定是 Excel 中的最强大脑。

小花：你还真说对了！数据透视表真对得起 Excel 最强大脑之名！它以睿智的独特视角和灵巧多变的排版布局，风靡表哥表姐的世界，堪称 Excel 中的超级明星！

阿呆：这么厉害的角色，会比函数公式还难以驾驭吧！

小花：这你就错了，交互式的数据透视表只需拖拖点点就能解决，比函数公式不知简单多少倍呢！不信我们就来看看如何创建一张数据透视表吧！

推荐的数据透视表

（1）选择数据区域 A1:H200，单击【插入】选项卡—【表格】组中的【推荐的数据透视表】按钮，开始创建透视表，如图 5.1 所示。

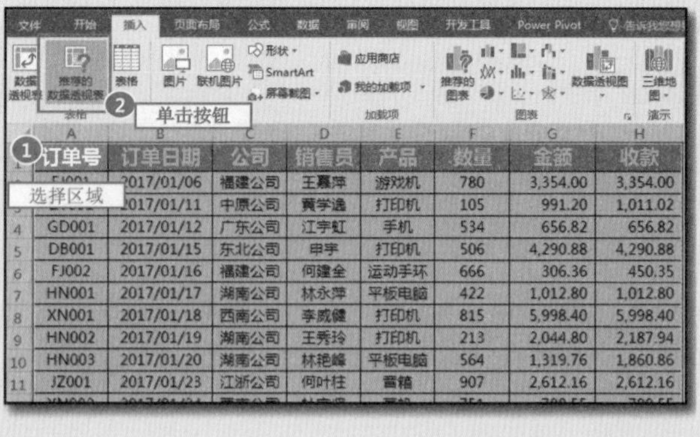

（2）根据智能生成的几种简单的透视表样式，选择其中一种后，单击【确定】按钮。

阿呆：一下子就完成了按公司汇总订单金额（见图 5.2），直接秒杀分类汇总和 SUMIF 函数，厉害！但似乎推荐

图 5.1 单击【推荐的数据透视表】按钮

的透视表样式都太简单了吧，只有一个汇总的维度，实操中就这点本事的话可不够看！

图 5.2　创建简单的推荐透视表

小花：果然这么简单的招数是满足不了 Excel 老用户的胃口。使用【推荐的数据透视表】创建透视表的方法，是最简单的操作方法，一般供小白使用。一旦对数据透视表熟练后，就不会使用这种方法来创建了，转而通过创建空透视表并更改字段列表来完成分类汇总。下面使用多个汇总字段来创建。

多字段的数据透视表

（1）选择数据区域 A1:H200，单击【插入】选项卡—【表格】组中的【数据透视表】按钮，弹出【创建数据透视表】对话框，此处我们可以重新调整透视数据源区域。还可以选择透视表放置的位置，即新建一张工作表或放在现有工作表中，前者无须任何设置，后者则需要选择（单击右侧图按钮并选择目标工作表目标区域的左上角单元格），或输入放置位置（目标工作表名称!起始单元格）。我们以放置在现有工作表为例。

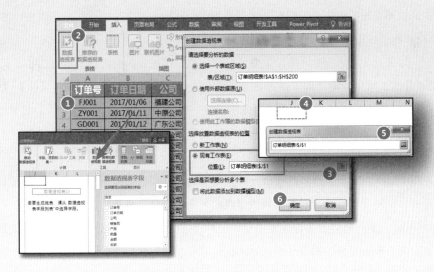

图 5.3　在现有工作表中放置透视表

（2）将需要按行分类的字段拖动到【数据透视表字段】窗格的【行】区域，鼠标左键按住对应字段，将需要列示的字段拖到【列】区域，将需要统计的字段拖到【值】区域。设置过程中，数据透视立即生效，设置完成后单击非透视表区域，字段对话框自动隐藏。

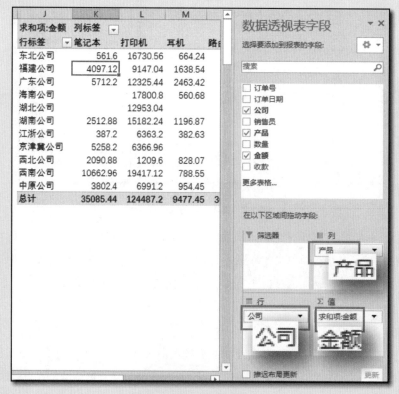

图 5.4　拖动设置透视字段

5.1.2　更改数据透视表布局

　　阿呆：如果我想按销售员名称汇总销售数量、金额和收款 3 个字段，不需要按产品，这时候是不是就得重新创建透视表了？

　　小花：如果没有灵活应变、随意调整的本事，数据透视表的魅力可要大打折扣了。面对用户的多变透视需求，透视表给出的解决方案是拖进与拖出，即把不要的字段拖出【行】、【列】或【值】区域，整个布局即可完全调整，如图 5.5 所示。

　　阿呆：这样就灵活多了，比调整函数简便。我看你对行列都只使用了一个字段，是不是说明透视表仅能对做单级透视？

　　小花：不不不，透视表做多级透视一样是很溜的！只需将要透视的字段依次拖入【行】或【列】区域即可。透视表会根据【行】区域中字段的顺序进行分级透视。比如，我们用分公司（一级）和产品（二级）来对销售金额进行分类求和，可以按图 5.5 所示来设置【行】和【值】区域。

　　阿呆：每一个公司分类都有一个折叠 / 展开标志，这是不是说明透视表也具有分组显示功能？我来试试！（几秒后）果然如此！

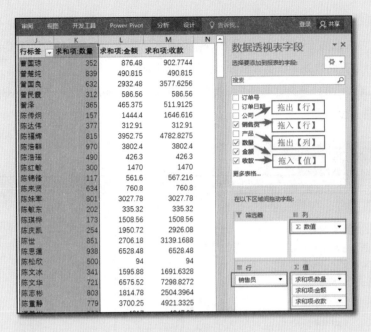

图 5.5　更改字段布局

图 5.6　字段分级透视

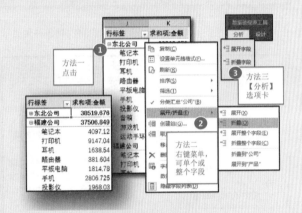

图 5.7　折叠或展开字段

🐾 小花：说到分级显示，透视表还可以通过双击已有的字段标签来选择并显示需要的明细数据，如图 5.5 所示。此时被选中的字段也会自动加入【行】区域。

🐾 阿呆：能显示明细数据固然好，但是更多的报表中我们还是习惯把不同级别的字段分列并排，能否调整过来？

🐾 小花：这是因为默认情况下，报表布局是【以压缩形式显示】。单击【数据透视表工具一设计】—【报表布局】—【以表格形

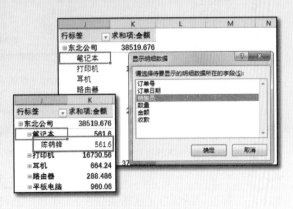

图 5.8　双击显示明细数据

式显示】或【以大纲形式显示】（与表格形式有微小差异）即可调整，如图 5.9 所示。

阿呆：可是这种情况下，公司名称中重复的部分都被省略了，但是这不符合"数据库式"表格的要求，再进行函数运算或是其他操作会徒增难度的。

小花：小事一桩，这只需通过【报表布局】中的【重复所有项目标签】和【不重复项目标签】调整即可，如图 5.10 所示。

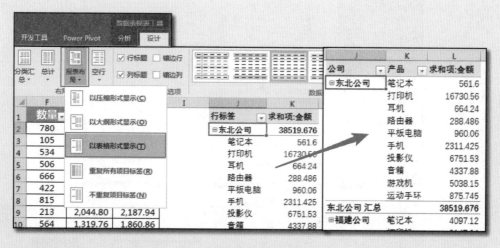

图 5.9　字段并列显示

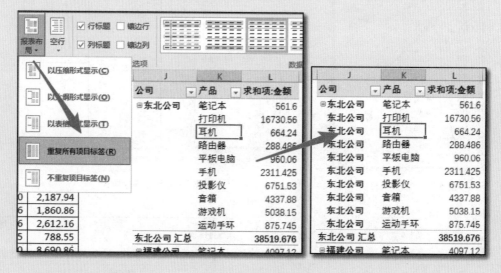

图 5.10　重复项目标签

阿呆：看来透视表的布局调整容忍度非常之高啊！如果不需要对数据进行分类汇总，而改变成在不同类别中插入空行来区分，这样可以做到吗？

小花：这个问题其实可以细分为两个小问题，一是是否显示分类汇总，二是在每个分类后插入空行。这两个问题我们都可以在【数据透视表工具—设计】中搞定。在【分类汇总】中可以调整汇总行显示的位置（底部或顶部），也可以选择不显示；在【空行】中，可以选择是否在分类间插入空行，如图 5.11 所示。

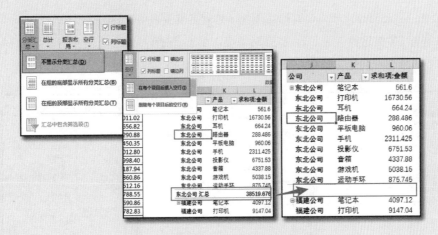

图 5.11　分类汇总与插入空行

🗨 **小花**：与分类汇总类似的，还有一个【总计】功能，它可以去除或显示行列的总计，如图 5.12 所示。

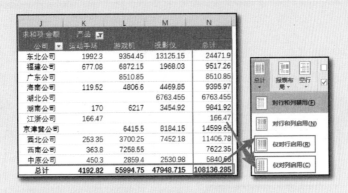

图 5.12　行列总计的显示

🗨 **阿呆**：除此之外，我发现透视表还有超级表格的功能呢！它也可以套用各式各样的格式，不止蓝色这么单调，如图 5.13 所示。

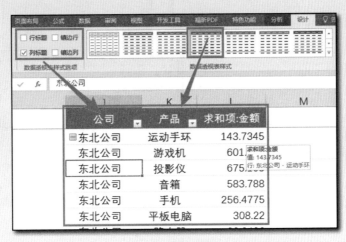

图 5.13　透视表样式

小花：它还有超级表格没有的功能呢，那就是批量自动合并同字段的单元格。只需在右键菜单中单击【数据透视表选项】，打开对话框，在【布局和格式】选项卡中选中【合并且居中排列带标签的单元格】复选框，如图 5.14 所示。

图 5.14　批量合并单元格

阿呆：另外，在数据透视表中能进行筛选和排序吗？

小花：可以的。数据透视表可以像正常表格那样排序和筛选。同时它还可以通过拖动或用右键菜单来排序，虽然花样繁多，但总体和正常的排序和筛选区别不大，如图 5.15 所示。

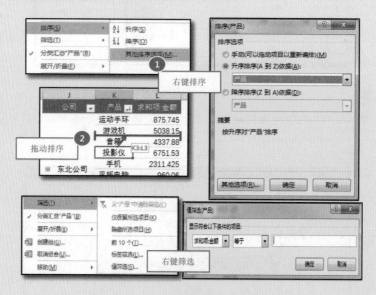

图 5.15　数据透视表的排序与筛选

阿呆：嗯，换汤不换药！

小花：不完全是这样哦！数据透视表可以完成对列字段的筛选，从而克服普通表格无法横向筛选的缺陷。我们只需在列字段的筛选按钮处，按正常的筛选方式进行筛选即可完成横向筛选，如图 5.16 所示。

公司	运动手环	游戏机	投影仪	总计
东北公司	1992.3	9354.45	13125.15	24471.9
福建公司	677.08	6872.15	1968.03	9517.26
广东公司		8510.85		8510.85
海南公司	119.52	4806.6	4469.85	9395.97
湖北公司			6763.455	6763.455
湖南公司	170	6217	3454.92	9841.92
江浙公司	166.47			166.47
京津冀公司		6415.5	8184.15	14599.65
西北公司	253.35	3700.25	7452.18	11405.78
西南公司	363.8	7258.55		7622.35
中原公司	450.3	2859.4	2530.98	5840.68
总计	4192.82	55994.75	47948.715	108136.285

图 5.16　数据透视表的横向筛选

阿呆：哇，太强悍了吧！

小花：强悍之余还有些王者的霸道呢！数据透视表是一个整体，我们无法单独处置某一行 / 列或某个单元格，只能透过筛选或更改字段来改变透视表布局。如果要清除已经设置好的透视表以便重新设置，需单击【数据透视表工具—分析】中的【清除】按钮。如果要删除透视表则需要删除其所在的全部行 / 列。如果要把它转化成普通表格，则需整体数值化粘贴，如图 5.17 所示。

阿呆：如果我们仅仅是想把数据透视表移动到别的区域放置，要怎么做？

小花：在【数据透视表工具—分析】中有一个【移动数据透视表】按钮，单击即可，如图 5.18所示。

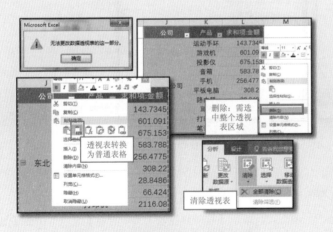

图 5.17　数据透视表的转化、删除与清除

图 5.18　移动数据透视表

5.1.3　数据透视表的数据源

阿呆：你说数据透视表可以秒杀函数，我看不见得吧。我把表格中的金额列由千元为单位改为万元为单位，正常情况下公式是会跟着自动重算，但我看数据透视表还是老样子哦，这样数据透视表就"错"了。

小花：那是因为你没有更新数据。只需在右键菜单中单击【刷新】，或单击【数据透视表工具—分析】选项卡中的【刷新】按钮或按快捷键即可让透视表的数据重新计算，如图 5.19 所示。

刷新：快捷键 <Alt+F5>，仅对当前透视表进行刷新。

全部刷新：快捷键 <Ctrl+ Alt+F5>，对工作簿内的全部透视表批量刷新。

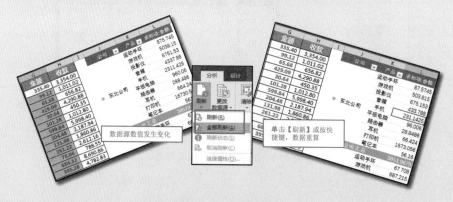

图 5.19　刷新透视表

小花：此外，我们也可以在【数据透视表选项】对话框的【数据】选项卡中勾选【打开文件时刷新数据】复选框，如图 5.20 所示，从而使数据能够保持更新状态。

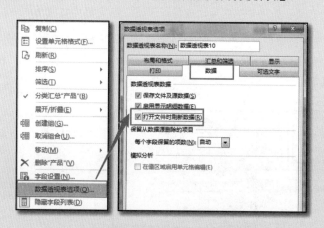

图 5.20　设置打开文件时刷新透视表

阿呆：但是由于我们一开始选中的透视区域是给定的行数范围，那么新增的数据就不会被透视到了，这种情况怎么处理？建立新的透视表的话又要重新调整布局了，真是头疼的问题！

小花：无须头疼啦。只要更改数据源即可。单击【数据透视表工具—分析】选项卡中的【更新数据源】按钮，在【更改数据透视表数据源】对话框中输入或选择新的数据源即可，如图 5.21 所示。

阿呆：像订单表这种情况，数据源会越来越多行，且都是零散登记的，难道我们每次登记完一笔后都要更改数据源吗？

小花：不用，面对数据源不端新增变化的情况，可以选择利用超级表格自动扩展表格区域的特性，将数据源区域套用表格样式使之成为超级表格，这样，当数据新增时，透视表所应用的数据源区域也会跟着自动扩展。

图 5.21　更改数据源

利用超级表格自动扩展数据源

（1）为数据源区域套用表格样式，使之成为超级表格，如图 5.22 所示。

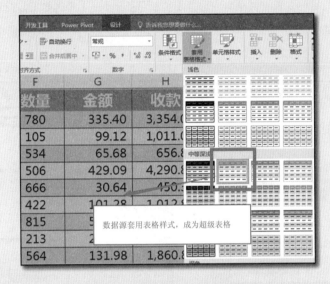

图 5.22　把数据源变成超级表格

（2）任意增加 N 列数据后，右键刷新透视表，新增数据也被纳入透视表中，如图 5.23 所示。

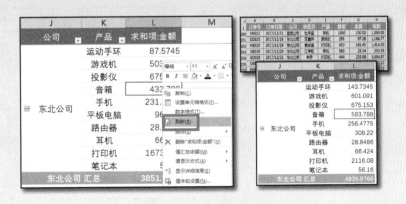

图 5.23　新增数据源也被透视

🖐 阿呆：NICE！全部疑虑统统消除，这下完美了！

5.2 深挖数据透视表

截止目前，我们所认识的数据透视表不过都是它的表象，是一些小把戏，而数据透视表真正强大的力量现在才要开始展现了！下面跟上小花的节奏吧！

5.2.1 强大的计算能力

小花：阿呆，你通常用数据透视表来做些什么工作呢？

阿呆：分类汇总求和，这可比用公式或者汇总求和灵活得多！

小花：天才型计算选手——数据透视表，如果只用来求和就有点屈才了！你知道吗？透视表能做的汇总计算类型还有很多呢，简单的如计数、求平均值、取最值等，复杂的方差和标准差之类的都不在话下！从透视表右键菜单中选择【值汇总依据】—【其他选项】，或在字段列表【值】区域的对应字段单击，选择【值字段设置】，在弹出的【值字段设置】对话框中，我们可以任意改变值的汇总方式，如图 5.24 所示。

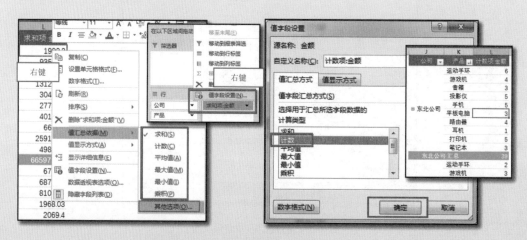

图 5.24 更改值汇总方式

阿呆：这样就可以轻松取得每个公司每种产品的最大单笔销售金额了！

运用数据透视表取分组最大值

在字段列表中将【公司】和【产品】拖入【行】区域，将【金额】拖入【值】区域，汇总方式更改为【最大值项：金额】。此时透视表会将【行】字段一致的所有记录（数据源中处于同一行的所有单元格的集合）进行比对，得出【值】字段的最大值，如图 5.25 所示。

小花：数据透视表不仅不同字段的汇总方式是相互独立的，就算是同一字段也可以多次使用且

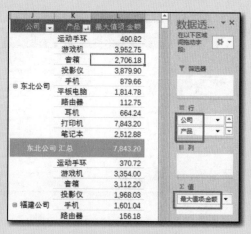

图 5.25 分组最大值

按不同的汇总方式计算，这才是它可怕的地方。我们来尝试透视出每一个公司的订单笔数（按【数量】计数）、总数量、总金额和每笔订单的平均金额。

同一字段同时以不同方式汇总（见图 5.26）

（1）在字段列表中将【公司】拖入【行】区域。

（2）将【数量】拖入【值】区域，汇总方式设置为【计数项：数量】。

（3）再次将【数量】拖入【值】区域，汇总方式设置为【求和项：数量2】。

（4）将【金额】拖入【值】区域，汇总方式设置为【求和项：金额】。

（5）再次将【金额】拖入【值】区域，汇总方式设置为【最小值项：金额2】。

公司	计数项:数量	求和项:数量2	求和项:金额	最小值项:金额2
东北公司	39.00	21,167.00	66,597.57	84.78
福建公司	24.00	12,877.00	34,954.74	85.65
广东公司	24.00	12,291.00	34,905.29	87.98
海南公司	10.00	5,230.00	23,920.73	119.52
湖北公司	18.00	8,905.00	27,407.24	44.43
湖南公司	17.00	9,649.00	33,076.88	170.00
江浙公司	8.00	4,172.00	10,919.40	166.47
京津冀公司	12.00	6,897.00	29,748.40	25.10
西北公司	18.00	8,529.00	20,442.78	77.79
西南公司	19.00	12,811.00	43,111.87	93.11
中原公司	10.00	5,439.00	18,765.03	97.86
(空白)				
总计	199.00	107,967.00	343,849.92	25.10

图 5.26 同一字段同时以不同方式汇总

阿呆：在不改变数据源的前提下，又可以对同一列数据进行不同角度的透视，这技能很炫酷啊！

小花：这就算炫酷的话，那么更改值显示方式的效果可以算是超神了吧！和更改汇总方式一样，通过透视表右键菜单中的【值显示方式】，或字段列表中的【值】区域中对应值字段的下拉菜单，弹出【值字段设置】对话框，我们可以任意改变值的显示方式，如图 5.27 所示。

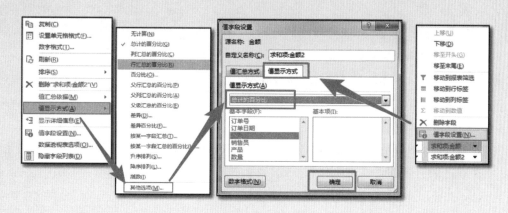

图 5.27 更改值显示方式

阿呆：更改值显示方式？这和透视表的计算功能有什么关系？

小花：值显示方式可以搞定占比和累加等问题！透视后不仅能求各公司的销售总金额，还能知道它们各自占集团销额的比重呢！

占总计的百分比：同一分母

（1）将【公司】字段拖入【行】区域。

（2）将【金额】字段拖入【值】区域，汇总方式设置为【求和项：金额】。

（3）再次将【金额】字段拖入【值】区域，汇总方式也设置为【求和项：金额2】，更改【值显示方式】为【总计的百分比】。

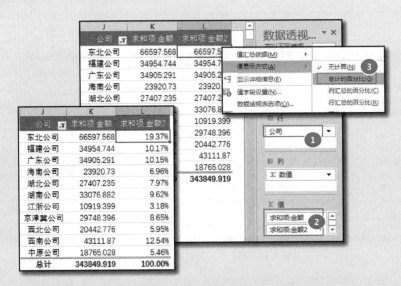

图 5.28　占总计的百分比

阿呆：一下子就算出各公司的销售占比了，太神奇了！如果再给【行】区域添加【产品】字段作为二级汇总明细，这样的也能求各公司的分产品占比吧？

几秒后……

阿呆：咦？怎么都是以集团销售总额为分母计算的百分比呢（见图 5.29）？能不能以分公司求各产品的销售占比？

小花：这是因为【总计的百分比】这个值显

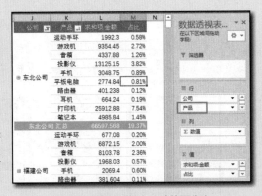

图 5.29　多级明细占总计的百分比

示方式，始终都是以所在字段最后的总计行的值为 100% 来计算占比的，不管分几级汇总都是如此。如果要计算分级占比，需要使用【父行汇总的百分比】。这里的父行指的就是分级汇总中各级的上一级汇总行，如产品的上一级为公司，那么各产品的金额占比即为占公司汇总金额的百分比，而公司为一级明细，其百分比的分母为总计金额，如图 5.30 所示。

阿呆：除了占总体的百分比和占分类的比重外，我还经常需要计算累计百分比，这用透视表能解决吗？

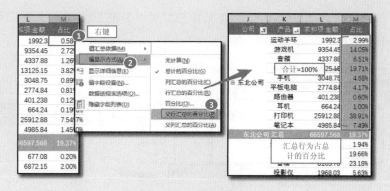

图 5.30　父行汇总的百分比

🖐 小花：当然可以。将【值显示方式】更改为【按某一字段汇总的百分比】，在【值显示方式（占比）】中，选择需要累计占比的字段，单击【确定】按钮即可。此处累加字段为百分比中作为分子的字段，如图 5.31 所示。

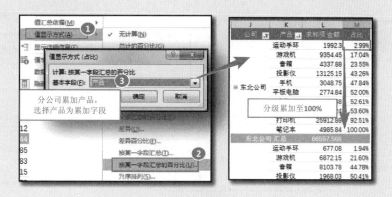

图 5.31　累计占比

🖐 小花：另外，累计占比还有一个兄弟，叫累计求和，它也可以用透视表来完成。用的是【值显示方式】中的【按某一字段汇总】，如图 5.32 所示。

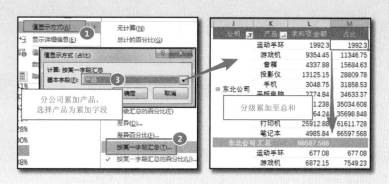

图 5.32　累计求和

🖐 阿呆：说到累计，我不禁想起另外一个高频问题，那就是环比。数据透视表那么牛，应该可以解决环比增长率和环比增长量问题吧？

小花：必须的，强大的计算能力可不是盖的。【差异】和【差异百分比】这对值显示方式就是专门为环比问题准备的，如图 5.33 和图 5.34 所示。

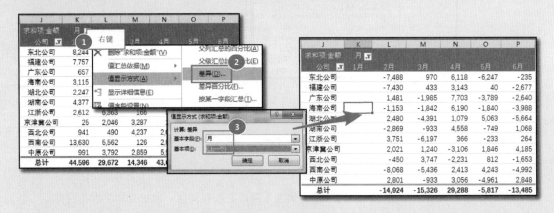

图 5.33　环比增量

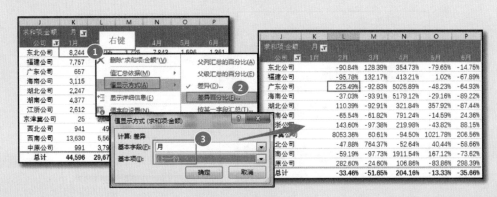

图 5.34　环比增长率

阿呆：嗯，不错，常规问题都有应对之策。但是一些特殊的算法就不能透视了吧？比如我们公司有一项指标，收款率=收款金额/订单金额*100%。这样的特殊计算，透视表应该搞不定了吧？

小花：不就是自定义计算公式吗？透视表也能轻松搞定。

自定义计算公式

（1）单击【数据透视表工具—分析】选项卡—【字段、项目和集】下拉列表中的【计算字段】（见图 5.35），弹出【插入计算字段】对话框。

（2）在【插入计算字段】对话框中，我们可以在【名称】输入框中将计算字段命名为"收款率"。在【公式】输入框中输入计算公式，其中需要用到的字段可以通过【字段】列表添加，选中后单击列

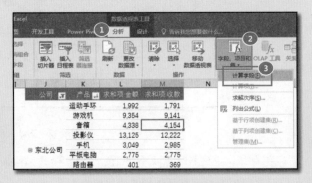

图 5.35　单击【计算字段】

表框下方的【插入字段】按钮即可将对应字段添加到公式中。在一个计算字段定义完成后，我们可以单击【添加】按钮来继续定义字段，也可以通过字段名称选择已经定义的字段，单击【删除】按钮将其删除。本例中，输入公式的详细步骤如下（见图 5.36）：

① 在【字段】列表框中选择【收款】，单击【插入字段】按钮。

② 输入除号"/"后，以①中的办法，再次添加【金额】字段。

③ 单击【确定】按钮，完成自定义字段。然后将该字段的格式修改为百分比。

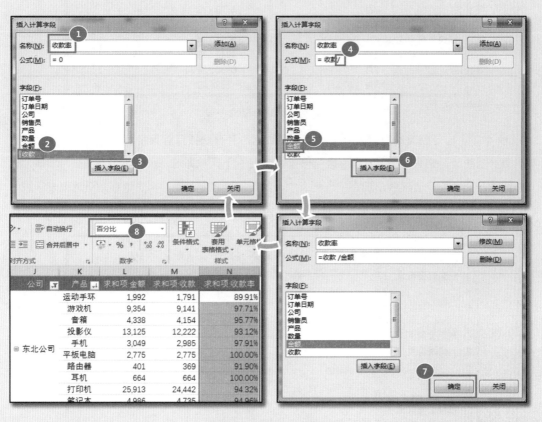

图 5.36 自定义计算字段

阿呆：还能自定义需要的计算公式，太厉害了！

小花：重点是这个自定义字段还可以被再次引用到新的计算字段中，循环迭代。其中门道多多，就留给你自行琢磨吧！

5.2.2 灵活的分段分组统计

阿呆：小花老师，我发现在数据透视表中，当使用到日期字段来分类统计时，拖动到【行】/【列】区域时，日期字段就会自动变成两个，一个是原字段，一个是月字段，如图 5.37 所示，这是怎么回事呢？

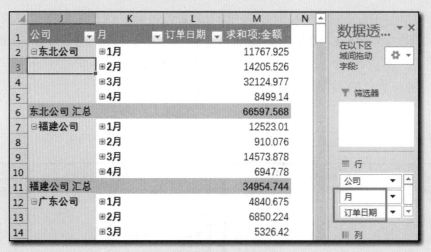

图 5.37　自动生成"月"字段

💬 小花：这是因为透视表识别了日期格式数据，并自动按月对该字段进行分组。如果我们确实要分月统计，则只需将原日期字段拖出【行】/【列】区域即可。如果我们不需要月字段，也可以将它拖出，但它会继续出现在字段列表中，如果需要将其删除，需选中移动至透视表区域中【月】字段任意单元格，在右键菜单中单击【取消组合】，如图 5.38 所示。

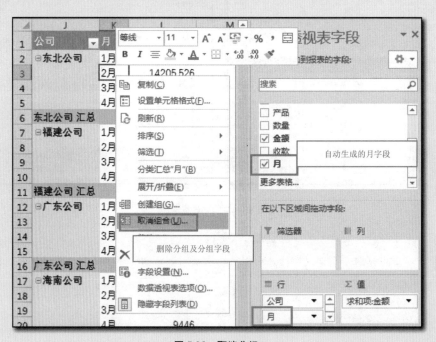

图 5.38　取消分组

💬 阿呆：原来是按一定的日期间隔分组啊！那除了按月，我们还可以按年或按季度分组吗？

💬 小花：我们把这里的时间 / 日期间隔叫作步长，数据透视表中为时间 / 日期提供了秒、分、时、日、月、季度和年这 7 种步长。我们可以右击时间 / 日期字段（或其生成的分组字段）区域，在右键菜单中单击【创建组】，在弹出的【组合】对话框中输入起始日期和终止日期（默认值为数据源区域最小值，且二者均为非必填项），在【步长】列表框选择需要的步长（可多选，按日期长度确定分级），单击【确定】按钮完成自定义分组，如图5.39所示。

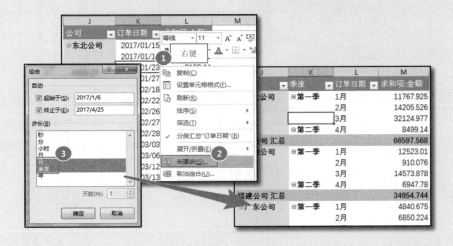

图5.39　按指定时间步长分组

　　阿呆：这些步长不够用啊，特别是日期，按周分组都做不了！

　　小花：怎么不行！如果你选择的步长是【日】，步长列表下方的【天数】就会解除冻结，可以编辑需要的日期间隔来自定义分组，如图5.40所示。

图5.40　按固定天数分组

　　阿呆：哇，日期分组真是帅呆了，如果非日期字段也可以分组就更帅了！

　　小花：你都这么说了，不满足你都对不起透视表！来试个分组效果最明显的数字。例如统计不同年龄段的人数时，我们可以对年龄进行分组。单击右键菜单中的【创建组】按钮，在【组合】对话框中输入起始值、终止值以及步长，单击【确定】按钮完成按指定步长组合数字，如图5.40所示。

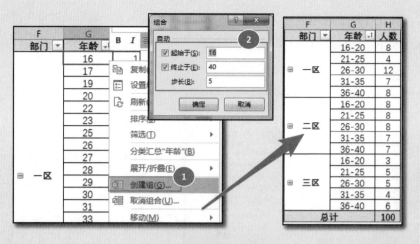

图 5.41 按指定步长组合数字

📝 阿呆：如果要分组的字段既不是日期，也不是数字，是一些无特定规则的文本，还能组合吗？

📝 小花：可以啊，这就是任意组合字段中的不同标签。我们按住 <Ctrl> 键并单击选择不连续标签单元格或按住 <Shift> 键单击首尾单元格选择连续标签单元格，然后单击右键菜单中的【创建组】按钮，即可将这些标签组合起来。创建组后，透视表会在原字段左侧建立一个父级字段并生成"数据组 n"标签。可以更改标签和字段名称，如图 5.42 所示。

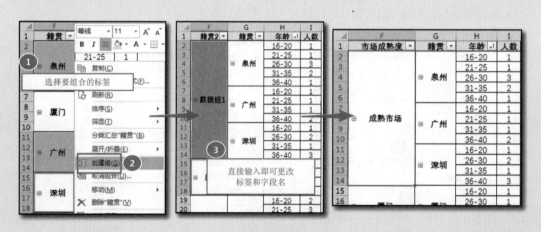

图 5.42 任意组合标签

📝 阿呆：有了这个组合，我感觉可以搞定很多问题啊，哈哈！我现在浑身充满知识，简直要膨胀起来了！感谢小花老师！

5.2.3 其他高能透视能力

📝 阿呆：小花老师，我发现数据透视后，分类字段特别多的话，仍然难以一目了然。如果能根据字段标签，将数据分开显示就太棒了。

📝 小花：那就使用筛选器吧，将需要分开显示的字段拖入【筛选器】区域即可。此时，在透视表的顶部会出现筛选器区域，只需在筛选器区域选中对应的字段标签，即可完成筛选，如图5.43 所示。

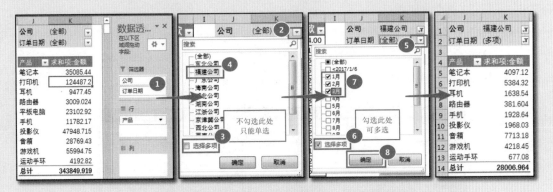

图 5.43　筛选器

阿呆：这筛选器和自动筛选似乎差距不大！

小花：那你要被光速打脸咯！添加完筛选器后，单击【数据透视表工具—分析】选项卡—【数据透视表】选项组—【选项】下拉列表中的【显示报表筛选页】，在弹出的对话框中，选择要分页显示的字段，单击【确定】按钮，如图 5.44 所示，见证奇迹的时刻到了！

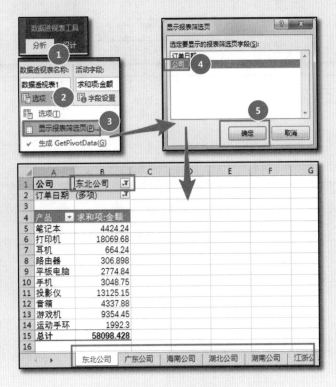

图 5.44　报表分页显示

阿呆：哇，太牛了吧！一下子为每一个公司创建了单独的工作表，除了分页字段变成了表名，其余字段还是保持原先的筛选条件。这对做客户对账表、分公司业绩这类工作简直就是完美的技能啊！！！

 小花：对咯，而且会这招的人可是不多哟。这个报表分页显示功能还有一个偏门用法——批量创建指定名称的工作表。

批量创建指定名称的工作表

（1）将表名罗列在同一列，创建数据透视表，将【表名】字段拖入【筛选器】区域；

（2）按【表名】字段分页显示报表，操作如上述，如图 5.45 所示。

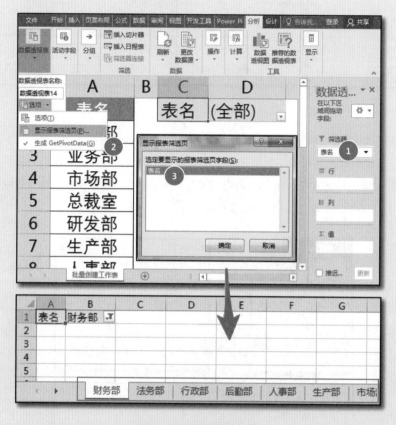

图 5.45　批量创建工作表

 阿呆：数据透视表真是太强大了！只要我把数据源放在一张表上，那这些数据在透视表面前基本就是傀儡啊，任其摆布！

 小花：又错了！就算数据源不放在一张工作表中，透视表一样可以一眼看穿它们！

多表透视

（1）在【Excel 选项】中添加【数据透视表和数据透视图向导】再单击【打开】按钮，或者直接按 <Alt+D+P> 组合键（依次按下即可，无须同时）快速打开，如图 5.46 所示。

（2）在【数据透视表与数据透视图向导—步骤 1（共 3 步）】对话框中选择数据源类型为【多重合并计算数据区域】，选择报表类型为【数据透视表】，单击【下一步】按钮，如图 5.47 所示。

（3）在【数据透视表与数据透视图向导—步骤 2a（共 3 步）】对话框中选择【自定义页字段】，单击【下一步】按钮，如图 5.48 所示。

图 5.46　打开向导

图 5.47　选择数据源类型和报表类型

PS：选择自定义字段，以便在步骤 2b 中重命名数据区域字段，从而区分出对应的数据来源。单页字段无此功能。

（4）进入【数据透视表与数据透视图向导—步骤 2b（共 3 步）】对话框，在【选定区域】中依次选择各表中的数据源区域，单击【添加】按钮，添加到【所有区域】列表框中，并将对应的页字段数目选定为 1，输入对应月份作为字段名。重复直至添加完成全部需要透视的数据源表，单击【下一步】按钮，如图 5.49 所示。

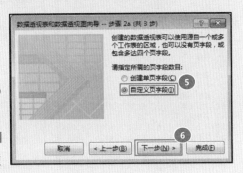

图 5.48　指定页字段数目

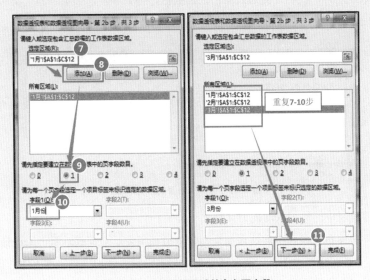

图 5.49　添加透视区域并命名页字段

告别无效学习 Excel效率达人养成记

（5）进入【数据透视表与数据透视图向导—步骤3（共3步）】对话框，选择数据透视表的显示位置，可以在【新工作表】也可以在【现有工作表】的任意位置，这与普通数据透视表的创建方法一致。单击【完成】按钮，如图5.50所示。

图5.50 选择显示位置

小花：这样创建多表透视就完成了。所有表格的数据中行列标签一致的数据都被加总起来，如图5.51所示。这对于有多行多列且行列次序均不一致但相互包含的多张表的汇总非常管用。

阿呆：我看到这时候数据透视表中的筛选器位置有个"页1"字段，应该这就是我们刚刚定义的【字段1】中的月份吧，我来试着筛选下。（几秒后）果然还可以显示按月份的汇总。这是汇总表的汇总表略，如图5.52所示。

图5.51 多表透视

图5.52 按数据源表筛选

小花：除此之外，我们还能通过双击汇总数据，得到该汇总数据所包含的带数据来源的所有明细，如图5.53所示。这对将多张表中含同一字段名的数据提取出来有奇效！

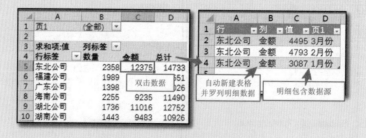

图5.53 带数据来源的所有明细

阿呆：透视表中的数据联动能力真是太厉害了！

小花：将数据透视表和图表结合起来的数据透视图才是数据联动能力的极致呢！数据透视图可以运用于所有数据透视表中，它可以单独创建，也可以在数据透视表中继续添加完成。

单独创建数据透视图

（1）单击【插入】选项卡中的【数据透视图】下拉列表中的【数据透视图】或【数据透视图和数据透视表】按钮，像创建数据透视表那样选择透视数据源和显示位置区域，单击【确定】按钮，如图 5.54 所示。

图 5.54　插入透视图

（2）选择需要的【筛选器】、【图例（系列）】、【轴（类别）】和【值】字段，即可完成透视图的创建，如图 5.55 所示。

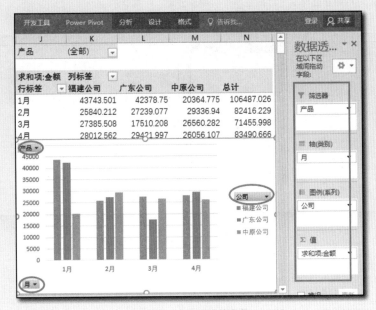

图 5.55　选取需要的字段

（3）默认创建的图表如果不符合需求，可以在【数据透视图工具—设计】选项卡中快速选中需要的图表样式，甚至可以【更改图表类型】，如图 5.56 所示。其余透视图的操作与正常图表一致。

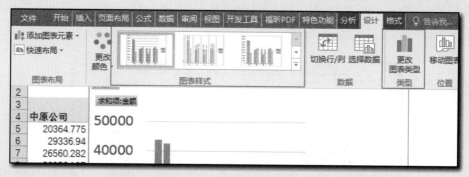

图 5.56　更改或美化透视图

在透视表的基础上创建透视图

（1）单击【数据透视表工具—分析】选项卡中的【数据透视图】按钮。

（2）在【插入图表】对话框中选择需要的图表类型，单击【确定】按钮即可，如图 5.57 所示。

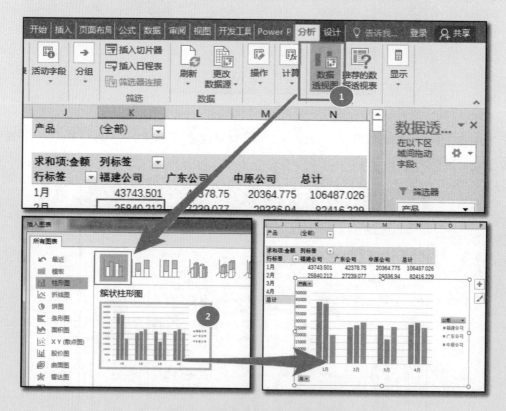

图 5.57　在透视表的基础上创建透视图

　　小花：数据透视图相对于普通图表的优势在于，它可以对【筛选器】、【图例（系列）】和【轴（类别）】中的字段进行筛选，使图表仅呈现筛选后的数据。例如，想要仅查看福建公司的销售情况柱形图，我们可以按图 5.58 所示操作。

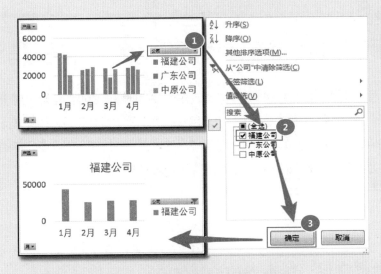

图 5.58 在透视表的基础上创建透视图

🐟 阿呆：哇，连图表都能透视，好像动起来了，好高级啊！再也不用逐个公司逐个产品创建图表了，一个透视图顶所有，想看什么全都有，这感觉真是太棒了！

本章数据透视表的内容就分享到这里，其实数据透视表还有很多更加高能的运用，例如与超级表格的合作还可以再深入，多表透视还可以更进一步，透视图还可以有更多玩法，还有切片器这一万能法宝也可以产生透视的效果等。这些小花就不继续挖掘了，有兴趣的小花瓣不妨去求知探索吧！

第六章

函数基础：九层之台，起于垒土

合抱之木，生于毫末；九层之台，起于垒土。这个放诸四海而皆准的道理，对于学习函数一样适用！每个函数的基本语句、参数和引用用法固然重要，但是如何去理解其计算过程、如何理解不同字符的作用以及如何去处理各类错误这些基础的技能，往往能让你的函数水平迅速提高！作为函数相关章节的开端，我们首先来认识这些毫末和垒土。

6.1 函数常识：基本内功心法

什么是函数？什么是公式？如何输入函数和公式，又如何去理解、学习和监控它们的计算过程？掌握了函数的基本常识，才能更快更好地学习和使用函数，这就是本节学习的目的。

6.1.1 函数是特殊的公式

你知道吗，函数其实是一种特殊的公式，它是依照一定的运算逻辑使用各参数计算并返回特定结果的公式。它相对于普通公式，有下面几个优点。

1 函数使得公式的输入更加便捷

你可以轻松地输入一小部分单元格的求和公式，例如 = B1+ B2+ B3，也可以输入函数 = SUM(B1::B3)，二者似乎没有区别，甚至手工输入的方式更加便捷。但如果求和的区域增加到 100 个甚至 1000 个，再按 1+1 的方式输入公式就会变得非常烦琐。此时，函数的便捷性就得以展现，如图 6.1 所示 = SUM(B2: B101)，只需短短几个字就轻松搞定。

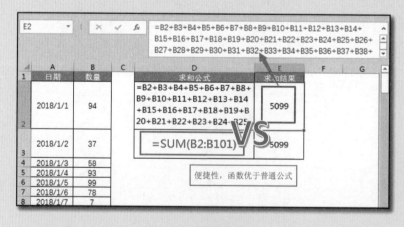

图 6.1　函数的便捷性

2. 函数使得公式的表达更加简明。

= (A2*B2+A3*B3+...+A10*B10)/(B2+B3+⋯+B10) 是计算加权平均数的公式。这样的公式不仅在输入上十分不方便，也不方便小花瓣们对公式的审阅和理解，在零散公式的千军万马中准确地划分各数据之间的勾稽关系和运算逻辑，是一件吃力不讨好的事情。而如果我们把公式写成 =SUMPRODUCT(A2:A10,B2:B10)/SUM(B2:B10)，看起来就非常简洁明了，如图 6.2 所示。

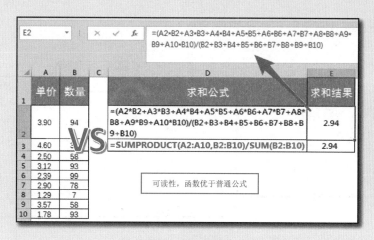

图 6.2　函数的可读性

3. 函数能完成很多普通公式难以完成的复杂运算

比如 VLOOKUP 可以完成条件查询、SUMIF 可以完成条件求和、COUNT 可以完成计数，等等，这些简单的函数都可以完成复杂的公式运算，如图 6.3 所示。

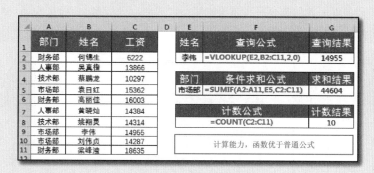

图 6.3　函数的计算能力

函数的这些优点，正是我们花时间学习和掌握它们的原因。

6.1.2　输入是函数水平的试金石

在 Excel 单元格中，我们只需要输入函数名和它对应的参数即可使用相应的函数。在函数面前，伪装成高手是很难的，你输入函数的方式很可能暴露你的函数水平。不同函数熟练程度，对应着三种不同的函数输入方式。

1 小白阶段：向导法

很多函数初学者（即"小白"）输入函数的方式是这样的：选择要插入函数的单元格，单击【公式】选项卡，在【函数库】中选择需要的函数，单击该函数名称，在弹出的【函数参数】对话框中，根据每一个参数的提示单击输入框后的选择按钮选择引用的单元格或输入指定参数值，单击【确定】按钮完成公式输入，如图 6.4 所示。

图 6.4　函数输入——向导法

2 摸索阶段：半自助模式

熟悉了某一个函数的基本用法后，花瓣们已经不满足于在函数库中寻找函数再插入的做法了。于是，输入函数名后再调用它的【函数参数】对话框，这样插入函数的方法得到了青睐。输入"="以及函数完整名称（或函数前几个字母再根据提示选择对应函数名），再按 <Ctrl+A> 组合键，即可调用函数参数向导，如图 6.5 所示。

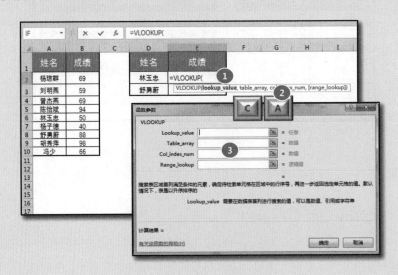

图 6.5　函数输入——半自助模式

3 熟练阶段：自主输入模式

函数高手是很少使用函数向导的，因为他们已经熟练掌握了每个函数所需要的参数，而且他们会去做函数嵌套和数组运算等高阶函数用法，这时函数参数向导反而会成为绊脚石。函数高手们都是手动输入各个参数的，这种自主模式不仅更有效率，还让高手们不断强化对函数的理解，这也是小白们终究要尽快步入的境界。

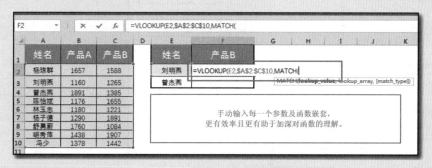

图 6.6　函数输入——自主模式

6.1.3　函数的辅导者

在学习或研究函数乃至是设置复杂函数的过程中，我们难免对函数产生困扰，这时需要一些辅导。Excel 中的这些按钮和快捷键正好扮演了这样的角色，让我们来认识一下！

1 函数使用手册——F1

F1 是调用 Excel 帮助的快捷键，在帮助界面，我们可以获得包括函数在内的多数 Excel 技能的使用说明，它对函数学习至关重要，如图 6.7 所示。

2 函数的追踪器

由于一个函数总是会引用多个其他单元格，而一个单元格又很可能被其他单元格中的函数所引用，为了理解函数的计算逻辑并防止错误删改重要参数，我们往往需要追踪函数所引用或从属的单元格。选择要追踪函数的单元格，单击【公式】选项卡—【公式审核】栏中的【追踪引用单元格】和【追踪从属单元格】可以完成这样的追踪，如图 6.8 所示。用一条小圆点为起点的箭头线段表示单元格间的引用或从属关系，圆点所在的单元格为被引用单元格，箭头表示圆点单元格的从属单元格。

图 6.7　函数使用手册——F1

除此之外，我们还可以使用 <Ctrl+G> 组合键来定位从属和引用单元格，从而选中这些单元格，如图 6.9 所示。选中后我们可以对这些单元格进行批量标色，再慢慢研读！

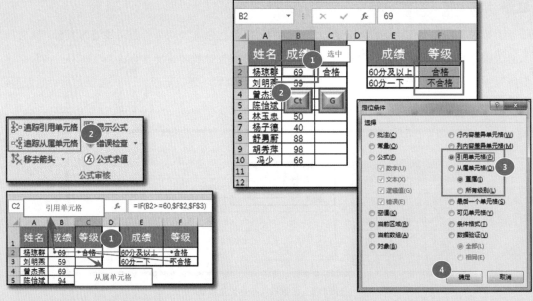

图 6.8　函数的追踪器　　　　　　　　　图 6.9　使用 <Ctrl+G> 组合键追踪

③ 函数计算观测仪

对简单函数追踪引用单元格就能理解，但是复杂的函数嵌套、计算的次序、出错的原因等，就不是简单追踪就能弄得明白，这时候我们可能更需要关注函数计算的过程。选择需要观测计算过程的函数所在的单元格，单击【公式】选项卡—【公式审核】栏中的【公式求值】按钮，弹出【公式求值】对话框，单击【求值】或【步入】按钮即可观测函数的计算过程，如图 6.10 所示。

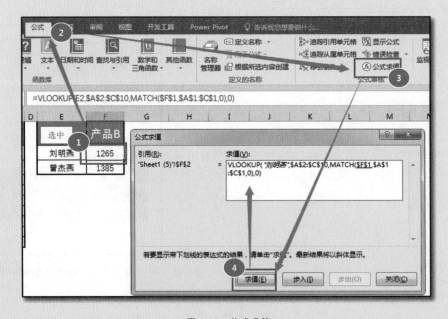

图 6.10　公式求值

说到公式求值，小白们一定遇到过公式突然间不计算的困境，明明引用的单元格已经被修改了，但是函数求值结果还是没有改变。这很可能是因为你的【计算选项】被设置成了【手动】。只需将【公式】选项卡中的【计算选项】设置为【自动】或单击【开始计算】按钮即可，如图 6.11 所示。

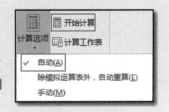

图 6.11　计算选项

既然我们使用函数就是为了让数据联动变化，为什么还要设置手动计算呢？这是因为有些工作表中函数的计算量非常大，如果选择自动计算，那么在编辑过程中，函数就会不断进行计算，从而导致表格出现卡顿甚至无响应的状态，影响办公效率。这种情况下，我们就会选择手动计算，仅在需要的阶段单击【开始计算】（计算工作簿中所有的公式）或【计算工作表】（计算当前工作表中所有的公式）来更新必要的公式计算结果。

4　函数显示器

通常情况下，函数都是以其计算结果显示，我们只能选择函数所在单元格进行查看。如何让函数显示为计算式而非计算结果呢？只需单击【公式】选项卡中的【显示公式】按钮或按快捷键 <Ctrl+~>，就能让函数无所遁形，如图 6.12 所示。在显示公式模式下，选择任一公式，都会自动凸显其所引用的单元格，这对于研究较多公式链接的表格非常有帮助。

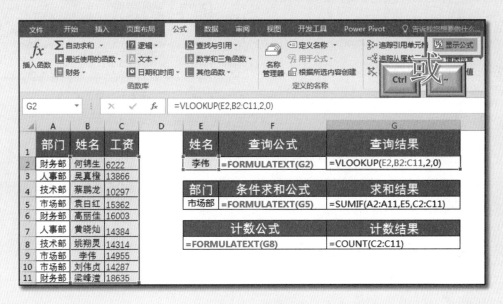

图 6.12　显示公式

5　查错与更正

表格中的公式多了，难免出错，如何批量检查错误公式呢？只需单击【公式】选项卡中的【错误检查】按钮，弹出【错误检查】对话框，即可逐一检查表格中的错误公式。【错误检查】对话框会自动选中错误单元格，并提示单元格位置和错误原因，我们可以根据需要直接在对话框中单击【显示计算步骤】按钮或重新编辑公式，也可以单击【忽略错误】或【关于此错误的帮助】按钮。处理完一个公式错误后，可以单击【下一个】或【上一个】按钮在错误单元格中切换，如图 6.13 所示。

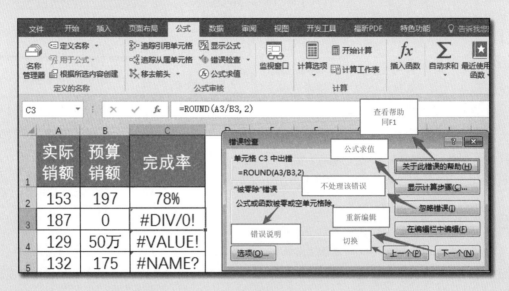

图 6.13　错误检查

Excel 公式常见的错误返回值有如图 6.14 所示的 8 种。

弄清楚不同的错误返回值所代表的含义，我们就能采取相应的措施，比如调整列宽来使"####!"完全显示出来，或是检查函数拼写错误来解决"#NAME?"错误，等等。

返回值	错误原因说明
######	数据过宽或日期为负值
#VALUE!	输入公式的方法错误或引用的单元格错误
#DIV/0!	除数为零
#NAME?	公式中含有不能识别的文本，如函数名称拼写错误
#N/A	函数或公式没有可用数值，如找不到匹配值
#REF!	公式中引用了无效单元格
#NUM!	函数参数无效
#NULL!	区域运算符错误或引用的单元格区域交集为空

图 6.14　常见错误值

6.2　函数进阶知识：打通任督二脉

函数中的那些特殊符号是什么意思？函数为什么出错了？函数嵌套太难理解了吧？这些困恼你很久的函数问题都将在本节得到解答，这就是函数的进阶常识。

6.2.1　函数的相对引用与绝对引用

你是不是经常看到高手的公式中总是有"$"符号？其实这是在批量设置公式时经常需要用到的绝对引用符。它的作用是什么呢？说来话长！

一般我们通过选择引用单元格的方式来输入公式，其样式都是"A1"、"A1:A10"这样的。这种公式中所引用的单元格会随着公式拖动填充或复制到其他单元格而发生变化。例如，单元格 B1 中的公式"=A1+1"，复制或拖动填充到 B2 中就变成了"=A2+1"，这是因为"A1"是相对引用，它表示的是 B1 左边一列同一行（即 A1 相对于 B1 的位置）的单元格，所以对 B2 来说，B2 左边一列同一行的单元格为 A2，公式也就变成了"=A2+1"。同理，当公式填充到 C1 时，由于 C1 的左边一列同一行为 B1，则 C1 中的公式为"=B1+1"，如图 6.15 所示。这样的单元格引用方式我们称之为相对引用，即以函数所在单元格的相对位置来引用单元格。

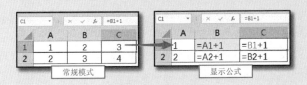

图 6.15　相对引用

绝对引用符"$"的作用就是锁定公式中所引用单元格的行或 / 和列，使公式中引用单元格的行或 / 列在填充或复制到其他单元格时不发生变化。承接上例，从图 6.16 可知，锁定行、锁定列和同时锁定行列在公式所在单元格发生变化时的不同。

Excel 中除了直接在行列前添加绝对引用符"$"来表示绝对引用外，还可以通过 <F4> 键来锁定行列：选中公式中要锁定的单元格 / 区域，连续按 <F4> 键（四次一个循环），依次表示锁定行列、锁定行、锁定列、取消锁定，如图 6.17 所示。

绝对引用在批量设置公式、累加等方面都有非常深入的应用，而且锁定单元格不必仅限于锁定行列，也可以仅对引用区域的起始单元格或终止单元格进行限定，从而完成类似添加序号、累计求和之类的复杂工作。

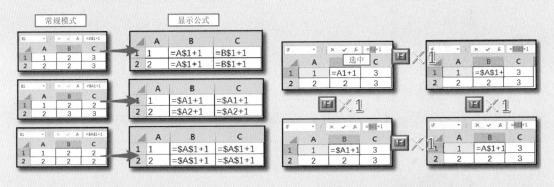

图 6.16　绝对引用　　　　　　图 6.17　<F4> 键的使用方法

6.2.2　函数的其他符号

除了绝对引用符外，函数中还有很多形形色色的符号，它们虽然不起眼，却经常成为小花瓣们理解函数公式的最大障碍。本节就让我们来一一认识它们。

1 双负号"--"

功能：将文本型数字转化为可计算的数值。

说明：Excel 提供了很多不同的数据格式，文本就是其中一种。通过各种文本函数取值或是从系统下载下来的报表等，都有可能产生文本型数字。一般运算会默认将文本（包括文本型数字）当成 0 处理，从而可能对求和结果产生干扰，如图 6.18 所示。实务中为了避免这种错误，我们会在数据前添加双符号"--"来将文本型数字转化为数值型数字参与计算。

讲到这里,估计很多花瓣要晕菜了。数字就是数字,文本就是文本,怎么会有文本型数字呢?我们来举个例子。

应用实例:假设我们要对一张带单位的销量统计表进行求和,先用 LEFT 函数抓取单元格的数字后,如果直接用 SUM 函数嵌套求和,则结果为 0。这是因为 LEFT 函数的返回值为文本型数字。此时,我们需要双负号"--"来使文本型数字变为数值型数字,如图 6.19 所示。

图 6.18　文本型数字

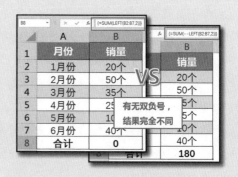

图 6.19　双负号的应用实例

2 大括号 "{}"

功能:数组的标志。

说明:如果大括号"{}"出现在公式的最外面,则表示该公式执行数组运算,例如上例中的{=SUM(--LEFT(B2:B7,2))}就是一个数组公式;如果大括号"{}"出现在公式中间,则表示括号内的数据构成一个内存数组,例如 =MATCH(C3,{"1 月份 ";"2 月份 ";"3 月份 "},0)。

应用实例:我们利用数组公式来完成一个比较难的条件查询后多列求和。

$$\{=SUM(VLOOKUP(A9,A1:E6,\{3,5\},0))\}$$

首先,将 VLOOKUP 函数的第三个参数写成内存数组 {3,5},表示 VLOOKUP 函数对查询到的行同时取其第 3 列和第 5 列对应的单元格,最后用 SUM 函数对齐求和。此时我们需要使用数组运算才能使 VLOOKUP 函数一次查询返回两个值,于是要在输入公示后按<Ctrl+Shift+Enter>组合键进行数组运算,公式两端自动带出表示数组运算的大括号,如图 6.20 所示。

	A	B	C	D	E
1	公司	1月销额	1月销量	2月销额	2月销量
2	喜威	3624	375	2767	300
3	格美	3120	304	3463	118
4	德费	2481	308	4385	293
5	风本	1731	164	3905	199
6	马歌	4012	356	2692	198
7					
8	公司	销量合计	B9的公式		
9	格美	422	{=SUM(VLOOKUP(A9,A1:E6,{3,5},0))}		

图 6.20　大括号的应用实例

3 逗号 ","和分号 ";"

功能:在常量数组中分别表示数据分列和分行。逗号还来区分不同的参数。

说明：以 {1,2;3,4} 为例，1 和 2 在第一行，3 和 4 在第二行，它们构成两行两列的数组，和 A1:B2 这样的区域类似。我们可以选择公式中的数据区域后按 <F9> 键快速转化常量数组。

应用实例：假定性别代码 1 为男性，2 为女性，则可以通过 VLOOKUP 在常量数组 {1," 男 ";2," 女 "} 中查找到对应的性别，如图 6.21 所示。

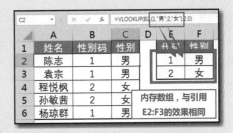

图 6.21 逗号与分号的应用实例

4 星号 "*" 和问号 "?"

功能：通配符，星号 "*" 通配任意个字符（也用作乘法运算符），问号 "?" 通配任意单个字符。

说明：函数公式中的星号 "*" 和问号 "?" 与筛选、查找中的用法是一致的，都作为通配符使用，它们常被用来进行模糊查找，例如查找包含某一指定文本或以某一文本开头或结尾的单元格。

应用实例：销售地区以城市名为抬头，统计各城市的成交数量时，我们不需要使用文本函数来截取城市名，而是以 "城市" & "*" 来表示以指定城市名开头的地区，借由 =SUMIF($A$2:$A$7,D2&"*",$B$2:$B$7) 来完成条件求和，如图 6.22 所示。

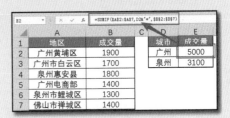

图 6.22 通配符的应用实例

5 括号

功能：圈定同一函数的所有参数。

说明：函数的组成部分包括函数名称、左括号 "("、参数、参数分隔符逗号 ","，以及右括号 ")"。每个函数都可以表示为如下样子：

函数名称 (参数 1, 参数 2, 参数 3…)

这些组件中，参数、逗号都可能 "缺席"，唯独函数名称和括号是必须 "在线" 的，一些特殊的函数甚至可以没有任何参数，只剩函数名称 () 在风中飘零。准确使用括号来圈定并区分各个函数非常重要，在多表嵌套过程中，尤其要注意函数括号的完整性，避免产生误解。

应用实例：这种没有参数的函数我们戏称为 "学渣函数"，它经常让函数小白感到迷惑。让我们来盘点一下 Excel 中那些没有参数的函数，如图 6.23 所示。

分类	函数名称	函数用法	公式	实例
无参函数	RAND	返回大于等于0 且小于1 的平均分布随机数	=RAND()	0.17964973 5
	NOW	返回日期时间格式的当前日期和时间	=NOW()	2018/11/4 21:1 7
	TODAY	返回日期格式的当前日期	=TODAY()	2018/11/ 4
	TRUE	返回逻辑值 TRUE	=TRUE()	TRU E
	FALSE	返回逻辑值 FALSE	=FALSE()	FALS E
	PI	返回圆周率 PI 的值，精确到 15 位小数	=PI()	3.1415926535897 9
	NA	返回错误值 #N/A，无法计算出数值	=NA()	#N/ A
可以不写参数的函数	COLUM N	有参数时返回首个单元格列号，无参数时返回当前单元格列号)	=COLUMN( )5	
	ROW	有参数时返回首个单元格行号，无参数时返回当前单元格行号	=ROW( )1	1

图 6.23 学渣函数

6. 方括号"[]"和感叹号"!"

功能：三维引用运算符，方括号"[]"是工作簿名称的标志，感叹号"!"是工作表名称的标志。

说明：进行跨表引用时，用于区分工作簿或工作表名称的符号，方括号 [] 中的字符串是工作簿名称，感叹号"!"则置于表名之后。一般情况下我们都是通过选择区域的方法来引用单元格，因此大多数人会注意这两个符号。但如果你需要手写参数或者使用地址函数时，理解这些特殊符号就显得尤为重要。

应用实例：引用另一张表中的数据后，我们稍微关注就会发现，多数情况下工作簿的扩展名 .xlsx 等也会被作为名称的一部分，如图 6.24 所示。

图 6.24　方括号"[]"和感叹号"!"

7. 冒号":"、逗号","、空格""

功能：冒号":"为区域引用符，逗号","为联合引用符，空格""为交叉引用符。

说明：

① 区域引用符":"表示引用连续的单元格区域，如 A1:B2 表示引用 A1、A2、B1、B2 四个单元格。

② 联合引用符","表示引用由","前后区域联合形成的新区域，如 A1,B2 表示引用 A1 和 B2 两个单元格。

③ 交叉引用符""表示引用""前后区域的交叉区域，如 A2:C2 B1:B3 表示引用二者交叉区域 B2 单元格。

应用实例：对一个 5×5 的单元格区域，分别使用这三种引用符进行求和，如图 6.25 所示。

						引用符	公式	返回值
60	50	80	60	60				
70	60	90	10	20		冒号	=SUM(A1:E5)	1490
10	60	80	50	80		逗号	=SUM(A1,E5)	110
90	50	30	90	30		空格	=SUM(A3:E3 C1:C5)	80
100	20	90	100	50				

图 6.25　三种引用符求和

8. 连接符"&"

功能：连接字符串。

说明：连接符"&"可以将两个文本连接起来，功能类似 CONCATENATE 函数。例如输入 "关注 "&" 小花学 Excel"，显示结果为"关注小花学 Excel"。

应用实例：使用连接符"&"，可以轻松将不同的字符串联合，形成新的长字符串，如图 6.26 所示。

图 6.26　连接符

9 双引号 ""

功能："特定字符串"表示常量，单独使用表示空值。

说明：第一种用法很常见，如图 6.26 中的 "-"，再如图 6.22 中的 "*"。在一些公式中，为了使引用单元格为空时返回空值而非 0，通常会在公式后面添加 "&" ""。有时，条件判断语句也用它来使公式错误时返回空 " "。

应用实例：为了使引用单元格为错误值返回空值而非错误值，我们会用 IFERROR(原公式," ")来实现，如图 6.27 所示。

	A	B	C	D
1	用法	数据源	返回值	公式
2	&""		0	=B2
3				**=B3&""**
4	IFERROR(原公式, "")	1	#DIV/0!	=B4/B5
5			0	**=IFERROR(B4/B5,"")**

图 6.27　公式错误返回空

10 百分号 "%"

功能：数值缩小 100 倍，等同于 /100 或 *0.01。

说明：小花瓣们看到这个符号单独出现在公式中，千万不要慌，也不要想多了。真相是很多人为了缩短公式长度，将 /100 或 *0.01 简化写成 %。

应用实例：/100、*0.01 和 % 的简单对比如图 6.28 所示，可以发现三种实际上并无区别，仅仅是公式的冗余程度和输入简便性上，后者更有优势而已。

至此，函数基础内容就介绍完了。这些函数知识将会贯穿整个函数学习和实操应用的每一个细节之处。限于篇幅，很多内容我们都是点到为止，还需读者继续深入挖掘，细细品读才是。

	B4		fx	=A4%
	A	B	C	
1	数值	缩小100倍返回值	公式	
2	99	0.99	=A2/100	
3	99	0.99	=A3*0.01	
4	99	0.99	=A4%	

图 6.28　百分比 %

文本函数达人：腹有诗书气自华

从本章开始，小花将带大家一起踏入函数的世界！

可能对于无数花瓣来说，函数就是噩梦，就是天花乱坠烟雾缭绕。枯燥和深奥成为无数人对函数的刻板印象！凭我三言两语，想要为函数平冤昭雪，何其难也，只能说是尽我所能，把函数讲得有趣点，生动懂，能听懂，不瞌睡！接下来的篇章里，小花将运用全新的模式和风格来讲解函数知识，希望花瓣们喜欢！我们首先从比较简单的文本函数开始。

7.1 文本截取三大函数

🌸 小花：简单函数也有大乾坤！各位读者朋友们，大家好！感谢收看函数大舞台，今天的主角是来自文本函数的三大函数。首先有请函数 LEFT！

🌸 LEFT：大家好，我是 LFET，我的独门秘技是从文本字符串的第一个字符开始返回指定个数的字符，说白了就是取指定字符串的前 N 个字符，即字符串的"头"。

🌸 小花：哦，原来是这样啊！我在 Excel 官方说明里，看到对您的基本语句是这样的：=LEFT(text, [num_chars])，能给我解释一下这是什么意思吗？

🌸 LEFT：翻译成中文就是，=LEFT(字符串 , 从左开始截取的字符数)。这里所说的字符串可以是常量也可以是某个单元格，但第二个参数字符数可以是大于 0 的任何数。

🌸 小花：好了，那表演一下你的真功夫吧！

🌸 LEFT：好的，只要你告诉我第一个参数 text 所在的单元格，从左提取多少个单元格，我定能手到擒来。只要是从第一个字符开始抓取，多少个字符都不在话下！

	A	B	C
1	文本	公式	结果
2		=LEFT("小花学Excel",2)	小花
3	福建省泉州市	=LEFT(A3,3)	福建省
4	福建省福州市	=LEFT(A4,3)	福建省
5	13023455436许先生	=LEFT(A5,11)	13023455436
6	17788903435吴女士	=LEFT(A6,11)	17788903435

图 7.1 LEFT 函数的用法

🌸 小花：不赖嘛，身手了得，果然名不虚传，请坐！接下来我们有请今天的第二位主角，RIGHT 函数登场！

🌸 RIGHT：右右右右，剪径有道，雁过拔毛，小花老师好，各位花瓣们好！我就是闻名不如一见专门抄后路的 RIGHT 函数！

🌸 小花：RIGHT 先生，你好！刚刚 LEFT 先生已经给我们介绍了它的用法，要不您也秀一秀技能吧？

🌸 RIGHT：没问题！我也有两个参数，=RIGHT(字符串 , 字符数)，虽然原理和注意点与 LFFT 完全一致，但是我的本事和 LEFT 刚好相反，我从右边开始截取文本，如图 7.2 所示小花：好好好，我是看明白了，你和 LEFT 函数就是双胞胎，它从左边截取，你从右边截取。好了，你退下，让我隆重请出三大函数之首 MID 函数！

MID：谁能拦腰取字，唯我 MID 将军！大家好，我是拦腰函数 MID，别的本事没有，截取字符这事儿我天下无敌。

小花：我看你的资料是这么写的，MID 函数基本语句 =MID(字符串 , 起始字符位置 , 截取字符数)，为什么和你两个兄弟不太一样呢？

MID：我和 LEFT 一样，是从左往右截取字符的。我的第一个参数也和它一样的，功能就是给我一个字符串；第二个参数是我独有也是我厉害的地方，它指明了我将要从字符串中的第几个字符开始截取，而不再是傻傻地从第一个字符或最后一个字符开始了。第三个参数则指示了我一共要从起始字符往右截取多少个字符。遵照惯例，我也得展示一下才艺，如图 7.3 所示。

	A	B	C
1	文本	公式	结果
2		=RIGHT("小花学Excel",5)	Excel
3	福建省泉州市	=RIGHT(A3,3)	泉州市
4	福建省福州市	=RIGHT(A4,3)	福州市
5	13023455436许先生	=RIGHT(A5,3)	许先生
6	17788903435吴女士	=RIGHT(A6,3)	吴女士

图 7.2　RIGHT 函数的用法

	A	B	C
1	文本	公式	结果
2	勇士队 55胜 15负	=MID(A2,5,3)	55胜
3	火箭队 58胜 12负	=MID(A3,5,3)	58胜
4	湖人队 前锋 詹姆斯	=MID(A4,8,3)	詹姆斯
5	猛龙队 后卫 洛瑞	=MID(A5,8,3)	洛瑞

图 7.3　MID 函数的用法

小花：我注意到截取"詹姆斯"和"洛瑞"的公式是一致的，它们都是从原字符串的第 8 个字符开始，所以第二个参数是 8，这很好理解！可是"詹姆斯"是三个字符，所以 C4 公式的第三个参数是 3，而"洛瑞"是两个字符，C5 公式的第三个参数为什么还是 3？这样不会出错吗？

MID：看来你没有理解 LFET 函数所说的"字符数可以是大于 0 的任何数"这句话的真正含义！它的意思就是，如果要截取的字符数 > 可截取的字符数，那么就将可截取字符全部截取下来。所以对 MID(A5,8,3) 来说，从 A5 字符串"猛龙队 后卫 洛瑞"（中间是空格）的第 8 个字符"洛"开始，可截取字符只有两个，要截取字符数为 3 个，此时我就将可截取的全部字符拿下，就成了"洛瑞"。

小花：也就是说，如果目标字符在原字符串右侧但长度不确定时，可以通过一个足够大的数来确保能够完整截取。

MID：你很机智，虽然这样我会辛苦点，但是为了截取字符事业献身，值了！

小花：请问 LEFT 和 RIGHT，你们的第二个参数通常不被赋予这种足够大的数呢？

MID（抢过话筒）：这个问题，我来回答就好了。因为当我的第二个参数为 1 时，我就是另一个 LEFT 函数；当我的第三个参数大于可截取字符数时，我又变成了 RIGHT 函数，如图 7.4 所示。你提的问题很幼稚，你想啊，如果从第一个字符或最后一个字符开始，还截取比原字符串的字符数还多的字符，那和不截取有什么区别？

小花：挺行啊！既抢了 LEFT 函数和 RIGHT 函数的活，还顺便鄙视了它俩一把！既然你这么行，为什么你们三大函数被那个叫 <Ctrl+E> 的超级新星给打得落花流水？

LEFT（一脸尴尬）：败给 <Ctrl+E> 这种 BUG 级的技巧，不丢人！而且也不止我们这家，

TEXT、REPLACE 等函数不也被抢光了生意嘛！（详见本书"横空出世的超新星"一节）。但咱也不是一败涂地，今天我们就是来为了给自己正名的。<Ctrl+E> 能干的，我们也都能完成得很好！比如，拆分数字和文本，如图 7.5 所示。

	A	B	C
1		模仿LEFT的MID	
2	文本	公式	结果
3	11542/广州新兴	=MID(A3,1,5)	11542
4	15487/福建闽南	=LEFT(A4,5)	15487
6		假装RIGHT的MID	
7	文本	公式	结果
8	11542/广州新兴	=MID(A8,7,100)	广州新兴
9	15487/福建闽南	=RIGHT(A9,4)	福建闽南

图 7.4　MID：兼得 LEFT 与 RIGHT 之长

	A	B	C
1	文本	C列公式	结果
2	许阿呆13023455436	=LEFT(A2,LENB(A2)-LEN(A2))	许阿呆
3	小花17788903435	=LEFT(A3,LENB(A3)-LEN(A3))	小花
4	太史慈15689745897	=LEFT(A4,LENB(A4)-LEN(A4))	太史慈
5	刘备15689745897	=LEFT(A5,LENB(A5)-LEN(A5))	刘备

图 7.5　LEFT：拆分文本与数字

🧠 **小花**：为了能和 <Ctrl+E> 一决高下，你也是蛮拼的！还请了两个帮手呢！不给大家介绍一下这两个新伙伴？

🧠 **LEFT**：差点忘记介绍了。LEN 函数与 LENB 函数是一对双胞胎。它们的基本语句是 LEN(字符串) 和 LENB(字符串)，都是只有一个参数的简单函数。其中，LEN 函数的返回结果为字符串中字符的个数，而 LENB 函数的返回结果则是字符串中的字节个数。怎么理解呢？只要抓住一点，一个汉字或全角符号等于两个字节，字母、数字和半角符号都是一个字节。在图 7.5 中的 A2:A5 开头都是汉字，它们是 1 个字符或 2 个字节，汉字后面都是数字，它们都是 1 个字符或 1 个字节。那么整个字符串中字节比字符多出的就是汉字的个数。以 A2 为例，3 个汉字共 6 个字节，11 个数字共 11 个字节，合计 14 个字符 /17 个字节，LENB(A2) 返回 17，LEN(A2) 返回 14，二者差为 3，表示字符串以三个汉字开头，所以我能正确截取姓名。

🧠 **小花**：哦，就是 LEN 和 LENB 函数兄弟出力气，你轻松捡便宜咯！这不算本事！

🧠 **RIGHT**：函数套用本来就是我们函数家族长青不朽的力量源泉，我并不觉得有何不妥！一旦我们启用函数套用，和其他函数联手，那 <Ctrl+E> 就只能站着看了，这难道不是一种胜利吗？我也看得手痒痒了，秀一波我和 VLOOKUP 的合作（见图 7.6），试问 <Ctrl+E> 敢不敢应战！

B2　=VLOOKUP(RIGHT(A2, 2), $A$8:$B$11, 2, 0)

	A	B	C
1	文本	结果	B列公式
2	11176698TH	泰和华艺	=VLOOKUP(RIGHT(A2,2),$A$8:$B$11,2,0)
3	20170307GY	广州怡康	=VLOOKUP(RIGHT(A3,2),$A$8:$B$11,2,0)
4	58745897BN	巴州南纬	=VLOOKUP(RIGHT(A4,2),$A$8:$B$11,2,0)
5	15689745CK	成都凯蒂	=VLOOKUP(RIGHT(A5,2),$A$8:$B$11,2,0)
7	代码	工厂	
8	GY	广州怡康	
9	TH	泰和华艺	
10	CK	成都凯蒂	
11	BN	巴州南纬	

图 7.6　RIGHT 与 VLOOKUP 联手

🧠 **小花**：如果只是提取 A 列最后两个字符，那么可能我会说 <Ctrl+E> 更胜一筹！但是提取后直接由 VLOOKUP 接力查询对应的工厂名称，这招 <Ctrl+E> 真的输了！

　　😊 MID：我还要补刀呢，<Ctrl+E> 再厉害也只是一锤子买卖，静态的，不可持续的。一旦数据源发生变化，就得从头再来！但是我们兄弟三人就不同了，再怎么说我们也是函数，根据数据源变化动态取值那是基本功，如图 7.7 所示。

	A	B	C
1	变化前		
2	身份证号码	身份信息	B列公式
3	440106201101011417	2011-01-01	=TEXT(MID(A3,7,8),"0000-00-00")
4	350503199505070109	女	=TEXT(MOD(MID(A4,17,1),2),"[=1]男;[=0]女;")
6	变化后		
7	440106201201011417	2012-01-01	=TEXT(MID(A7,7,8),"0000-00-00")
8	350503200505070119	男	=TEXT(MOD(MID(A8,17,1),2),"[=1]男;[=0]女;")

图 7.7　MID 与 TEXT 同台

　　😊 小花：又是玩嵌套？不过竟然能从身份证中提取出生日期和性别也是蛮牛的。而且可以根据数据源变化来动态抓取，确实是打到 <Ctrl+E> 的软肋了！算你赢了！不过能不能请你解释一下这两个公式？

　　😊 MID：公式中，我请到文本函数家族的"易容大师"TEXT 函数来帮忙！它能把数据转换成想要的格式，它是函数界的"自定义数字格式"。它的基本语句是 =TEXT(原文本,文本目标格式)，其中作为核心参数的第二个文本目标格式和自定义数字格式如出一辙。这里由我来负责截取身份证号码中的出生日期和代表性别的数字（身份证的第 17 位，奇数为男性，偶数为女性），再由 TEXT 把它们转化为想要的文本格式。

　　😊 小花：看来这次是 TEXT 函数沾了你的光啊！你们兄弟三人真不逊于 <Ctrl+E>。感谢三位做客本期函数大舞台！

7.2　文本合成函数：联合是一门艺术

　　😊 小花：简单函数也有大乾坤！三大函数接受本节目采访不久，踢馆者随之而来！今天，我们请来了文本截取函数的死敌——文本合成函数！首先有请 CONCATENATE 函数。

　　😊 CONCATENATE：各位小花瓣，大家好！我就是专门和三大函数抬杠的文本合成函数 CONCATENATE。我的基本语法是 =CONCATENATE(文本 1,文本 2,文本 3…)。我可以有很多参数，它们是各自分散的文本、数字和符号（引用单元格或常量均可），来者不拒。我的作用就是把它们依次联合起来，形成一个合成文本，如图 7.8 所示。

　　😊 小花：恕我眼拙！对于想要连接文本的单元格，只需用 & 将它们依次连接，也可以完成文本合成，如图 7.9 所示。我实在看不出你的本领和直接将各单元格用文本连接符 & 来连接有什么不同？

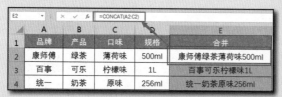

图 7.8　CONCATENATE 的基本用法　　　　图 7.9　CONCATENATE 的替代者：连接符 &

🐝 CONCAT（走上舞台）：小花老师果然言词犀利，见识了！确实，连接符 & 曾经一度让我大哥 CONCATENATE 在文本合成实战中遭到雪藏。直到 Office 365 2016 这个订阅式付费版本的 Excel 中，设计师们创造了我。我的基本语句是 =CONCAT(要合并的单元格区域)。这个区域可以是某一行、某一列甚至是某一个对行多列的单元格区域，如图 7.10 所示。

🐝 小花：哦，感觉作为进化版的你无非就是平民版 Office 中的 PHONETIC 函数嘛！它的基本语句是 =PHONETIC(要合并的单元格区域)，它的功能也是连续区域单元格中的文本合成，而且它也是行列区域通杀的合成好手，如图 7.11 所示。

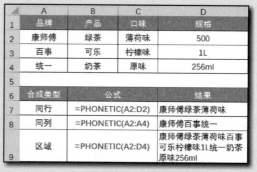

图 7.10　CONCAT 的用法　　　　　　　　图 7.11　PHONETIC 的用法

🐝 CONCAT（骄傲）：这你就错了，促成我的诞生的另一个函数正是 PHONETIC 函数。它虽然也可以对某一区域的文本进行合并，但是它的脾气很怪，只对文本类型数据进行合并，完全无视数值、日期、时间和逻辑值等，更可气的是，它对任何公式生成的值竟然也不支持。然而我就不一样了，我不挑剔，什么内容我都能把它们合并起来，这也是我深受喜爱的原因，如图 7.12 所示。

🐝 小花：哦，原来如此！看来你是文本合成界最厉害的函数了！

图 7.12　PHONETIC 的怪脾气

🐝 CONCAT：不，不是的！老实说，我的同年级生 TEXTJION 才是文本合成函数届的扛把子！在合成文本时，不管是 CONCAT 还是连接符 &，都是把各个文本组件直接合并起来，而需要在合并的同时在各子文本中添加指定符号以示区分这样的复杂工作，我们可能需要很烦琐的公式或是使用数组运算，都不一定能很好地完成，如图 7.13 所示。

	A	B	C	D	E
1	品牌	车型	配置	公式	结果
2	本田	思域	自豪版	=A2&"-"&B2&"-"&C2	本田-思域-自豪版
3	日产	天籁	智尚版	{=CONCAT(A3:C3&"-")}	日产-天籁-智尚版-
4	丰田	凯美瑞	旗舰版	=CONCATENATE(A4,"-",B4,"-",C4)	丰田-凯美瑞-旗舰版

图 7.13　难搞的插入指定字符再合并

小花：这确实是文本合成中经常遇到的难题，难道它已经被 TEXTJOIN 函数攻克了？

CONCAT：没错！TEXTJOIN 就是一个可以将多个文本组合起来并在文本间添加指定间隔符的函数。它和我一样，是 Office 365 才有的函数，只为土豪服务！它的基本语句是 =TEXTJOIN(分隔符 , 是否忽略空格 , 要合并的数据或区域)。第一个参数分隔符作为常量，通常用英文双引号来引导，例如“-”、“,”等。第二个参数为 TRUE 或 1 时表示忽略空格，此时空单元格不会被合并，对应的分隔符也不会被添加，即不会出现“文本 1-- 文本 2”这样两个合成组件中重现多余分隔符的情况。第三个参数则是表示字符串或是字符串组的常量或单元格区域。它还可以由多个区域组成，比如 =TEXTJION（"-",1,A1:A5,B1:C5）。我们来一睹 TEXTJION 函数完成插入间隔符合并文本的煞爽英姿吧，如图 7.14 所示。

	A	B	C	D	E
1	品牌	车型	配置	公式	结果
2	本田	思域	自豪版	=TEXTJOIN("-",1,A2:C2)	本田-思域-自豪版
3	日产		智尚版	=TEXTJOIN("-",1,A3:C3)	日产-智尚版
4	丰田	凯美瑞	旗舰版	=TEXTJOIN("-",1,A4:C4)	丰田-凯美瑞-旗舰版

图 7.14　TEXTJOIN 函数的用法

小花：感谢 CONCAT 函数为我们介绍了这么多文本合成函数，本期节目到此为止，感谢观看！

7.3　文本规范函数：没有规矩，不成方圆

小花：简单函数也有大乾坤！今天的主题是文本规范函数！在 Excel 中，有两个清道夫，一个是 CLEAN 函数，专门清除非打印字符，另一个是 TRIM 函数，专门清除多余空格，现在我们有请这两个函数登台！

CLEAN：各位花瓣们好，我是 CLEAN 函数，基本语句是 =CLEAN(目标文本)，我的参数只有一个，它可以是直接输入的数据或引用的单元格。如果你从系统或网页上下载下来的表格中的单元格文本总是莫名地无法查询，明明看起来一模一样的单元格内容却被 Excel 识别为不同的数据，用 VLOOKUP、SUMIF 等函数进行查询统计统统出错，用分列也无法完成文本的规范和净化，如图 7.15 所示。这是因为单元格中可能含有不可见的非打印字符，而我的本领就是删除 7 位 ASCII 码的前 32 个非打印字符（值为 0 ～ 31 ），例如空格、换行符等。

TRIM：而我 TRIM 函数的作用就是清除第 32 个字符——空格。我的基本语句和 CLEAN

一样，=TRIM(目标文本)。我会将单元格中多余的空格全部清除，同时保留文本之间作为分隔标志的空格。记住了，是多余的才删除，可不是盲目删除哦！这可与 <Ctrl+H> 不一样，替换空格为空的做法会将必要的空格也一并替换，而我专门为解决这种困境而生，如图 7.16 所示。

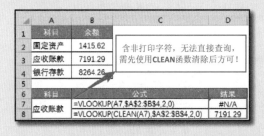

图 7.15　CLEAN 函数的作用

含多余空格的文本	公式	去除多余空格后
Excel　in Excel	=TRIM(A2)	Excel in Excel
财务部　总监	=TRIM(A3)	财务部 总监
银 行 存 款	=TRIM(A4)	银 行 存 款

图 7.16　TRIM 函数的作用

小花：感谢两位为我们暖场，接下来有请文本易容大师——TEXT 函数登场。

TEXT：花瓣们好！我是函界的易容大师，我可以将数据"易容"为任何花瓣们想要的格式，就像自定义数字格式那样。我的基本语句是这样子的：=TEXT(旧文本，目标格式)。一般我的第二个参数就是以英文双引号引导的"自定义数字格式"。因此熟悉自定义数字格式的花瓣们应该很快就能吃透我的使用方法。通过第二个格式的丰富变化，我可以完成很多数据的格式调整，如图 7.17 所示。

用法	易容前	易容公式	易容后
1	13023455436	=TEXT(B2,"000 0000 0000")	130 2345 5436
2	59	=TEXT(B3,"[>=60]!及格;[<60]!不及格;")	不及格
3	2.7589	=TEXT(B4,"0.00")	2.76
4	2018/3/12	=TEXT(TODAY()-B5,"dd")	24
5	-30.5%	=TEXT(B6,"增长0.0%;降低0.0%;持平；")	降低30.5%

图 7.17　TEXT 的用法

小花：这还是我认识的 TEXT 函数吗？第一个用法打平 <Ctrl+E>，第二个用法直追 IF 函数，第三个用法踢馆 ROUND 函数，第四个用法再深入点，把第二个参数改成 "aaaa"、"mm" 或 "yyyy" 等，基本日期函数也就下岗了。再看这第五个用法，简直是独门绝技啊，遍数整个函数届，能单独完成这项工作的函数还有谁！

TEXT：感谢小花老师的赞赏！但我还有保留节目呢！这回我要联手 SUM 函数，给小花瓣们来点实惠的。通常我们计算时间之和时，超过 24 小时的会自动进位为 1 天，但在单元格中显示为不足 24 小时的零头，这很容易导致计算和查阅上的错误。这时，SUM 函数就需要我的帮忙才能避免这样的尴尬，如图 7.18 所示。

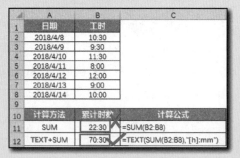

图 7.18　TEXT 在时间和中的应用

小花：哇，这个方法太赞了，做人事的小花瓣应该会非常受用！感谢 TEXT 的分享！本期节目到此结束！

7.4　文本查找函数：咬文嚼字

🌸 小花：简单函数也有大乾坤！今天我们来说说文本函数的查找问题！很多小花瓣跟小花抱怨，Excel 函数怎么分不清大小写呢？这是因为你还没有遇到 EXACT 函数，一个专业找不同的文本函数！

🌸 EXACT：各位花瓣们好，我是 EXACT 函数，我可以比较两个字符串是否完全相同（区分大小写），并返回 TRUE 来表示相同，FALSE 表示不同。我的基本语句 =EXACT(文本 1, 文本 2)。话不多说，看我表演，如图 7.19 所示。

	A	B	C	D
1	文本1	文本2	结果	C列公式
2	Excel2016	excel2016	FALSE	=EXACT(A2,B2)
3	xwh许万鸿	XWH许万鸿	FALSE	=EXACT(A3,B3)
4	GZ广州	GZ广州	TRUE	=EXACT(A4,B4)

图 7.19　对比函数 EXACT

🌸 小花：EXACT 函数的性格还真是和它的功能一样严谨实在。接下来我们有请查找明星函数——FIND。

🌸 FIND：大家好，我是 FIND 函数，我可以返回一个字符串在另一个字符串中第一次出现的位置（区分大小写）。我的基本语句是 =FIND(要查找的文本, 包含参数 1 的字符串, 起始位置（选填））。我的第三个参数是选填项，不填时默认值为 1，即从第二个参数的第一个字符开始查找。如果输入第三个参数为 N（不能大于参数 2 的字符数），则从第二个参数的第 N 个字符开始查找，但返回值仍为第一个参数在第二个参数中首次出现的位置。比如第三个参数为 5，从第二个参数的第 5 个字符的位置开始查找，第一个参数出现在第 3 个字符的位置，即第二个参数第 7 个字符的位置，则我的返回值为 7，不是 3。这样听起来是不是有点绕，我们还是有图有真相吧，如图 7.20 所示。

🌸 小花：由于 FIND 是区分大小写的，所以第一个公式中 B2 的第二个 excel 才是查找的结果，出现在第 10 位；第二个公式虽然第三个参数规定了要从 B3 的第三个字符串开始查找，但返回值仍为第一个参数在整个第二个参数中首次出现的位置，返回值为 7；第三个公式由于 B3 的第 9 个字符开始为"限公司"，不包含第一个参数"有限公司"，所以返回错误值！这些计算结果都很好理解，但是问题是知道指定文本在目标文本中出现的位置，对我们有什么用呢？

🌸 FIND：问得好！首先，找到起始位置后，我们可以配合文本截取函数将需要的字符提取出来。比如，我们知道邮箱地址中 @ 符号前的字符串是账户名，我们只需查找 @ 出现的位置，然后减去 1 就是账户名字符串的长度，这时就可以克服账户名长度不一致的问题，通过 LEFT 函数和 FIND 函数的结合来完成特殊含义字符串的截取，如图 7.21 所示。

	A	B	C	D
1	要找的文本	包含目标文本的长文本	结果	C列公式
2	excel	Excel-in-excel	10	=FIND(A2,B2)
3	有限公司	佛山市金谷源有限公司	7	=FIND(A3,B3,3)
4	有限公司	深圳市点石成金有限公司	#VALUE!	=FIND(A4,B4,9)

图 7.20　FIND 函数的查找原理

	A	B	C
1	邮箱	账户名	B列公式
2	11478964@qq.com	11478964	=LEFT(A2,FIND("@",A2)-1)
3	wjk548976@163.com	wjk548976	=LEFT(A3,FIND("@",A3)-1)
4	sh125@sheet.com.cn	sh125	=LEFT(A4,FIND("@",A4)-1)

图 7.21　FIND+LEFT：不定长度截取

🌸 FIND：另外，我还可以与 MID 结合来截取不确定位置不确定长度的特殊含义文本。例如，图 7.21 中，我们要截取所用的邮箱分类，以 B2 为例，先用 FIND("@",A2)+1 来作为 MID 的第二个参数，确保 MID 从 @ 的下一个字符开始截取，然后用 FIND(".",A2)-FIND("@",A2)-1 来确定邮箱分类字段的长度为 @ 符号和第一个 "." 所夹字符串的长度，如图 7.22 所示。

	A	B	C
1	邮箱	分类	B列公式
2	11478964@qq.com	qq	=MID(A2,FIND("@",A2)+1,FIND(".",A2)-FIND("@",A2)-1)
3	wjk548976@163.com	163	=MID(A3,FIND("@",A3)+1,FIND(".",A3)-FIND("@",A3)-1)
4	sh125@sheet.com.cn	sheet	=MID(A4,FIND("@",A4)+1,FIND(".",A4)-FIND("@",A4)-1)

图 7.22　FIND+MID：不规则截取

🖊 FIND：千万别以为我只会文本截取！对于文本数据的模糊查找，我也有出色表现。比如我们要通过员工的工作地点来抓取对应的城市系数，如图 7.23 所示。

	A	B	C
1	城市	城市系数	
2	广州市	1.5	
3	深圳市	1.8	
4	泉州市	1.2	
5	南宁市	1	
6			
7	工作地点	城市系数	公式
8	广东省广州市白云区	1.5	=LOOKUP(8^8,FIND($A$2:$A$5,A8),$B$2:$B$5)
9	深圳市宝安区	1.8	=LOOKUP(8^8,FIND($A$2:$A$5,A9),$B$2:$B$5)
10	福建省泉州市惠安县	1.2	=LOOKUP(8^8,FIND($A$2:$A$5,A10),$B$2:$B$5)

图 7.23　使用 FIND 函数进行模糊查找

🖊 小花：哇，最后这个用法太妙了！由于查询目标的文本长度是大于查找范围的，所以使用通配符等模糊查找方法是无法实现这一查找功能的！相反，用 FIND 却能手到擒来。以 B8 为例，先用 FIND($A$2:$A$5,A8) 来查找【城市】在【工作地点】出现的位置，当且仅当【城市】值为【工作地点】所在城市——广州市时，FIND 函数返回它首次出现在工作地点字符串中的位置 4，其余城市都不包含在 "广东省广州市白云区" 中，所以 FIND 函数均返回错误值 #VALUE!。然后利用 LOOKUP 查找大于且最接近参数 1 的值所对应的单元格这一特性，赋予 LOOKUP 函数的第一个参数以一个足够大的值——8 的 8 次方，进而实现对城市系数的查询。这逻辑真是太精妙了！（LOOKUP 函数的查询原理我们会在后续章节中详细讲解，此处不再赘述！）

🖊 FIND：真是什么都逃不过小花老师的法眼，一点小伎俩，献丑了！

🖊 小花：在文本查找函数中，还有一个 SEARCH 函数，它的原理和你非常接近，只是它无法区分大小写，它的基本语句是 =SEARCH(要查找的文本,包含参数 1 的字符串,起始位置（选填))。考虑它和 FIND 函数的用法如出一辙，就不让它上台来展示了。有了文本查找，自然不能缺少文本替换函数。接下来让我们有请文本替换函数 REPLACE。

🖊 REPLACE：大家好，我是查找函数的堂兄弟替换函数 REPLACE，我的作用是将一个字符串指定位置的指定数量的字符用另一个字符串替换。我的基本语句是 =REPLACE(旧文本,开始替换的位置,替换的字符数,新文本)。

第一个参数就是要被部分替代的旧文本，可以是常量或单元格引用。

第二个参数是要替换的文本首字符在第一个参数中出现的位置。

第三个参数是从第二个参数开始要被替换的字符数（含第二个参数对应字符）。

第四个参数则是要替换成的新文本，它也可以是常量或单元格引用，并且它可以是任意长度的字符串，不一定要和替换的字符等长。

先来点基础的操作，隐藏手机号码中间四位数（见图 7.24），敬请欣赏！

小花：通过将第四个字符开始的四个字符替换成 4 个星号 * 来加密电话号码，这招确实高！但是你的本事可不止这么点吧？

▲	A	B	C
1	加密前	加密后	公式
2	18854644546	188****4546	=REPLACE(A2,4,4,"****")
3	13669877583	136****7583	=REPLACE(A3,4,4,"****")
4	17712131323	177****1323	=REPLACE(A4,4,4,"****")

图 7.24 REPLACE 的基本运用：电话号码加密

REPLACE：小花大师果然不好糊弄。看来我得来点技术活了！

如果第二个参数为 1，第三个参数为 0 时，我可以完成旧文本前添加新文本的合成工作。

如果第二个参数大于旧文本的字符数，我可以完成旧文本后添加新文本的文本合成工作。

如果第二个参数在 1 和旧文本字符数之间，且第三个参数为 0，那么替换 0 个字符为新文本的结果就是在文本中插入指定文本。

如果我的第二个参数为 1，第三个参数大于旧文本字符数时，相当于把整个旧字符串替换成新文本。

REPLACE 函数的参数变化如图 7.25 所示。

▲	A	B	C	D
1	旧文本	新文本	替换后	C列公式
2	广州市	广东省	广东省广州市	=REPLACE(A2,1,0,B2)
3	克利夫兰	骑士队	克利夫兰骑士队	=REPLACE(A3,LEN(A3)+1,0,B3)
4	财务部郭劲骁	总经理	财务部总经理郭劲骁	=REPLACE(A4,4,0,B4)
5	广州部	华南公司	华南公司	=REPLACE(A5,1,LEN(A5)+1,B5)

图 7.25 REPLACE 函数的参数变化

小花：到处抢活干是一个牛函数才有的气质呢！你很不错哦！

REPLACE：过奖了！要是和其他函数联手，我还可以贡献更多精彩的输出技巧，如图 7.26 所示。

▲	A	B	C	D
1	球员	绰号	替换后	公式
2	勇士队库里	萌神	勇士队萌神库里	=REPLACE(A2,SEARCH("队",A2)+1,0,B2)
3	热队韦德	闪电侠	热队闪电侠韦德	=REPLACE(A3,SEARCH("队",A3)+1,0,B3)
4	76人队恩比德	大帝	76人队大帝恩比德	=REPLACE(A4,SEARCH("队",A4)+1,0,B4)
5	凯尔特人队欧文	德鲁大叔	凯尔特人队德鲁大叔欧文	=REPLACE(A5,SEARCH("队",A5)+1,0,B5)

图 7.26 REPLACE 与 SEARCH 连用

小花：通过 SEARCH 函数来动态确定要替换文本的位置，将第三个参数设置为 0 从而使替换变成插入，就这样完成了文本不规则插入，Nice！其实函数用到深处，第一个参数和最后一个参数也是可以用公式动态引用的。这就是函数的魅力！接下来，我们来认识另一个替换函数

SUBSTITUTE。

⚘ SUBSTITUTE：大家好，作为文本函数的压轴人物，我非常荣幸！我的基本语句是 =SUBSTITUTE(原字符串,要替换的字符串,新字符串,替换第几个旧字符串（选填))。我和 REPLACE 函数虽然都是文本替换函数，但是我们替换的原理是完全不一样的。REPLACE 是将指定位置的指定数量旧字符串替换成新字符串，不考虑旧字符串具体是什么；而我 SUBSTITUTE 则是将指定的旧字符串替换成新字符串，不考虑旧字符串的实际位置。我的第一个参数应该包含第二个参数，如果第二个参数在第一个参数中出现两次以上，则需要考虑是否设置第四个参数值，即指定第几个要替换的字符串被替换。第四个参数不设置的情况下，第一个参数中所包含的所有要替换的字符串都会被替换为新字符串。话说多了绕得慌，看我披挂上阵，如图 7.27 所示。

	A	B	C	D	E
1	原字符串	旧字符串	新字符串	替换结果	公式
2	东莞项目项目部	项目	公司	东莞公司项目部	=SUBSTITUTE(A2,B2,C2,1)
3	东莞项目项目部	项目	公司	东莞公司公司部	=SUBSTITUTE(A3,B3,C3)

图 7.27 SUBSTITUTE 函数的用法

⚘ 小花：D2 单元格设置了第四个参数为 1，所以仅仅是第一个"项目"被替换为"公司"；而 D3 单元格由于省略了第四个参数，所以所有的"项目"都被替换成了"公司"。这个对比设置很直观啊！

⚘ SUBSTITUTE：除了基本用法之外，我还有一招成名绝技表现给大家看！对于含单位的数值，花瓣们可以使用我来将指定的单位替换为空，再进行数据运算！但须注意 SUBSTITUTE 返回的结果为文本，需在返回结果前面增加两个符号"--"或在后面添加"*1"，从而使文本转化为其所表示的数值，而后才能进行运算，如图 7.28 所示。

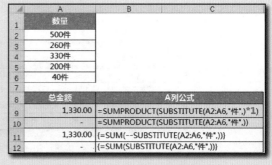

图 7.28 SUBSTITUTE 去除单位

⚘ 小花：分别使用了高级函数 SUMPRODUCT 和 SUM 的数组公式，你的交际圈还真广啊！A9 和 A10、A11 和 A12 的差异在于有没有将 SUBSTITUTE 的返回值转化为数值。这里运用了乘法和减法的特性，它们能将文本格式数字转化为对应的数值，从而得到正确的计算结果！这个特性对问题查找和替换函数都非常重要，希望小花瓣们记牢并勤加练习！

文本函数是函数知识库中比较基础的部分，其变化性和嵌套的复杂性都和查询函数、统计函数等不可同日而语，因此我们选择先讲解文本函数，从而使花瓣们能从中收获一些学习函数的心得和感觉。这些函数的用法，尤其是 TEXT 函数，我们并没有深入讲解，还需要花瓣们用心研读，打好基础。

第八章 统计函数达人：让数据开口说话

花瓣们使用 Excel 最大的需求是什么？那就是汇总统计各类数据，从各种维度去求和、计数、平均或是排名。在本章前，我们都见过统计函数的身影，你一定对它们产生了浓烈的兴趣吧，本章，我们就一起来聊聊它们的奥秘！

8.1 以"和"为贵

小花：简单函数也有大乾坤！感谢收看函数大舞台，今天我们来认识一下求和函数家族，首先有请 SUM 函数。

SUM：天下函数，以"和"为贵，大家好，我就是函数中的"贵族"，求和函数 SUM。我和我的几位兄弟不一样，它们太挑剔了，不爽利，=SUM(求和范围) 就是我的基本语句，干脆利落。

小花：哦，可是我怎么觉得你这唯一的参数内含乾坤啊！在函数基础一节中，SUM 函数和引用符的联合使用可是深入人心啊。

SUM：这里的主角是引用符不是我，我起的作用仅仅是将引用符所表示的求和区域加总求和而已，基本能力，没什么好夸耀的，如图 8.1 所示。但是如果说我们把求和区域延伸多个工作表，这种跨表求和的能力，我便当仁不让了。输入"=SUM("，然后选择其单元格中要求和的区域，按住 <Shift> 键，单击连续跨表求和的最后一个工作表，再输入"）"，最后按 <Enter> 键结束输入，即可完成跨表求和，这就是我的独门绝技了，如图 8.2 所示。

▲	A	B	C	D	E	F	G	H	I	J	K
1	60	50	80	60	60		引用符		公式		返回值
2	70	60	90	10	20		冒号		=SUM(A1:E5)		1490
3	10	60	80	50	80		逗号		=SUM(A1,E5)		110
4	90	50	30	30	30		空格		=SUM(A3:E3 C1:C5)		80
5	100	20	90	100	50						

图 8.1 SUM 函数与引用符的结合

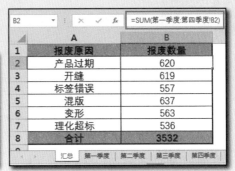

图 8.2 跨表求和

小花：哇，公式变成了 =SUM(第一季度 : 第四季度 !B2)，也就是说用联合引用符用到了表名上，从而使求和的区域变成了由表【第一季度】到表【第四季度】的 B2 单元格组成的联合区域，即：

=SUM(第一季度:第四季度!B2)

= 第一季度 !B2+ 第二季度 !B2+ 第三季度 !B2+ 第四季度 !B2

这个用法很帅气啊！

SUM：还有更帅气的呢，如果要求和的是除当前工作表外，工作簿中所有工作表的同一区域，则可以输入 =SUM('*'!B2) 来代替。除此之外，跨表求和的区域可以是一个单元格，也可以是单元格区域，例如 =SUM('*'!B1:B7)，公式计算后会被自动更正为 =SUM(第一季度:第四季度 !B2:B7)，如图 8.3 所示。这里的变化就多了去了。

小花：之前在合并单元格求和中你大放异彩，能给我们讲讲其中的原理吗？

SUM：合并单元格求和其实是累计求和的经典案例。所谓累计求和，是通过锁定连续单元格区域的一端，使起始或终止单元格变为绝对引用，让相对引用的另一端随着公式拖动而变化，从而使求和范围不断扩大或缩小，达到累加的效果，如图 8.4 所示。

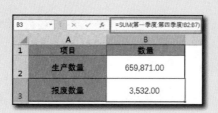

图 8.3 跨表区域求和

图 8.4 累计求和

小花：其实这个公式并不难理解，它和为 D2:D10 中的每个单元格单独设置求和公式的结果是一样的。我们通过锁定 $C$2 单元格来使公式向下拖动复制时，始终保持求和区域的起始单元格不变。这是一个很巧妙的设置。

SUM：过奖了，雕虫小技罢了！

小花：我收到很多关于你的投诉哦，都说你马虎大意，还动不动就甩脸色报错（见图 8.5），眼里不容沙子，你对此怎么看呢？

类型	求和区域			求和结果	错误原因
错误1	10	8	4	14	B2为文本型数字
错误2	2	5	TRUE	7	D3为逻辑值
错误3	7	#DIV/0!	9	#DIV/0!	C4为错误值
错误4	2个	1	4	5	B5为文本

图 8.5 SUM 的各种错

SUM：冤枉啊！我也想把事情都办好，奈何我命里注定只能对数字求和，无法对空白单元格、文本和逻辑值求和，这就算马虎大意？一旦求和区域中含有错误值，我就会立刻报错，这可怪不得我啊，我是错误敏感体质！如果一旦掌握我的小心思，缺点也可以转变为优点。比如，多列区域求和中，我可以自动忽略文本，便无须注意选择数字所在的区域，如图 8.6 所示。

小花：这个可以有，以后再也不需要傻傻地一个个选择输入 =B3+D3+F3 来对数字进行求和了，一个 =SUM(B3:G3) 轻松搞定。因为产品名称是文本，不会参与求和。文本求和问题是有了一个好的结局，但是对于含错误值的求和，你要如何处置？

🐛 SUM：这时候我需要 IFFERROR 函数的帮忙。IFERROR 是逻辑函数，它的基本语句是 =IFFERROR(原公式 , 出错时的返回值)。通过它，我可以将错误值统统转化为零，这样求和就不会出错了。输入 =SUM(IFERROR(E2:E7,0)) 后，要按 <Ctrl+Shifft+Enter> 组合键进行数组运算才行哦，如图 8.7 所示。

图 8.6　只对数字进行求和　　　　　图 8.7　SUM+IFERROR

🐛 小花：哇，按 <Ctrl+Shift+Enter> 组合键进行运算，公式两边就有了大括号 {}，这就是数组公式的标志。

$$\{=SUM(IFERROR(E2:E7,0))\}$$

首先对求和区域 E2:E7 中的每一个单元格都进行一次逻辑判断，如果为错误值则返回 0，否则返回其本身，最终返回一组由单元格值和 0 值组成的内存数组，再用 SUM 函数来求和。这个数组公式挺简单的。

🐛 SUM：其实我的很多高级用法都跟数组公式有关。比如和 IF 函数合作对数据进行条件选取。IF 函数也是一个逻辑函数，它的基本语句是 =IF(条件判断 , 条件成立的返回值 , 条件不成立的返回值)。其中条件判断是一个逻辑语句，如 A1>A2,A1=A2 等，其返回结果为 TRUE 或者 FALSE，IF 通过这个返回值从第二和第三个参数中取值。我和 IF 的合作，能完成很厉害的工作哦，比如图 8.8 中这招实际完成情况与预算的对比统计。

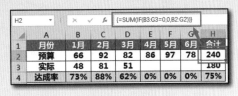

图 8.8　SUM+IF

🐛 小花：由于还未过完的月份有预算数而无实际数，因而实际数为 0，此时如果计算合计的预算数时，就不应该将 4 ～ 6 月的预算数加上，实际 H2 的求和公式应该是 =SUM(B2:D2)，但这个公式的缺点是，我们必须每个月都重新设置公式，这就很容易因为忘记更改而出错。所以我们需要一个更智能的公式来根据实际数是否为 0 来判断预算合计的求和范围。它就是：

$$\{=SUM(IF(B3:G3=0,0,B2:G2))\}$$

因为无论是空值还是 0，其数值都是 0，IF 函数通过判断实际数 B3:G3 是否为零，从而选择取 0 值或是对应的 B2:G2 的值。于是，例子中的 IF 函数数组运算的返回结果【66,92,82,0,0,0】（即 B2,C2,D2,0,0,0）。等 IF 函数把这注意判断的苦差事搞定了，SUM 函数再跳出来收割求和结果。这似乎不是很光彩啊！

🍃 SUM：挤兑我是吧？如果没有我把一串数组转换为单一的值，数组公式就会报错，从这个角度，我们至少也是五五开，不存在谁收割的问题。不过既然你不满意我和别人合作的成果，这会儿我就来单干一波，抢计数函数 COUNTIF 的活，如图 8.9 所示。

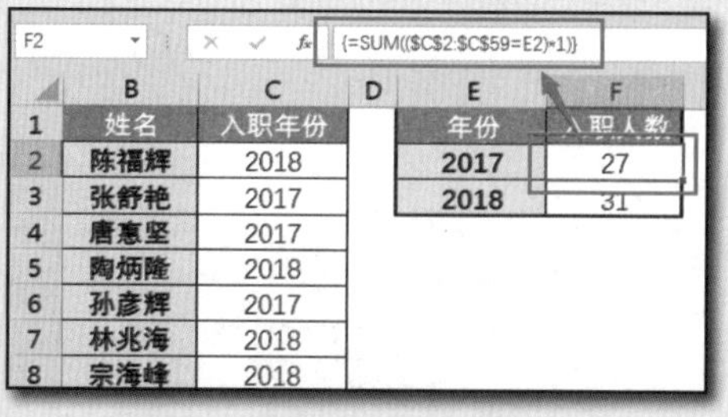

🍃 小花：这个公式看起来虽然比较简洁，其实门道多着呢！

图 8.9　SUM 函数的计数用法

$$\{=SUM((\$C\$2:\$C\$59=E2)*1)\}$$

首先是通过数组运算的原理，将 C2:C59 中的数字都与 E2 进行逻辑判断，相等返回 TRUE，不相等返回 FALSE。最终条件判断结果构成了由 TRUE 和 FALSE 组成的数组 A{FALSE,TRUE,TRUE,…}。由于 SUM 函数将逻辑值 TRUE 和 FALSE 都当成 0 来计算，因此如果直接对这组数进行求和，结果为 0。于是我们通过"*1"来将逻辑值转化为数字，此时 TRUE=1，FALSE=0，得出一组由 1 和 0 构成的数组 B{0,1,1,…}，数组 B 的 1 的个数和数组 A 中 TRUE 的个数相同，也就是与 C2:C59 中数字与 E2 相同的单元格个数相同。因此，对数组 B 进行求和的结果即为条件计数的值。

这个功能其实交给计数函数 COUNTIF 去做会更专业。不过深入去探索一个函数的无限可能性，有助于提升对函数原理的理解和运用能力。感谢 SUM 函数的自我分享。下面让我们有请求和家族的另一个重要成员——SUMIF 函数。

🍃 SUMIF：大家好，我是条件求和函数 SUMIF，我兼具 SUM 和 IF 的才能。我能将满足某一个条件的单元格求和。我的基本语句是 =SUMIF(条件范围,条件,求和范围)，其中如果条件范围和求和范围一样，求和范围也可以省略不写。SUM 函数需要联手 IF 函数进行数组运算的工作，在我这里仅仅是日常而已。

图 8.10　SUMIF 的基本用法

🍃 小花：把条件区域 B2:B40 中的每一个单元格都与条件值 E2 对比，把满足条件的单元格对应的 C 列值加总，这就是你的看家本领吧，果然是比 SUM 方便多了。这里的条件区域的函数和求和区域应该要有同样的行列数才可以吧，这样才能一一对应取求和值不是吗？

🍃 SUMIF：这你就错了，求和区域并不需要与条件区域一一对应，只需确定条件区域的初始单元格所对应的求和区域即可。比如图 8.10 中的公式也可以写成 =SUMIF(B2:B40,E2,C2)，这样求和出来的结果跟原公式并无区别。这是因为求和区域和条件区域的第一个单元格所确定的相对位置关系，会被应用到条件区域的每一个单元格的运算中，即如果 B2 满足条件，则加总其右侧单元格 C2，那么 B3 满足条件的话，就应该加上 B3 右侧的单元格 C3，以此类推。我这样说可能小花瓣们会比较难以理解，那我就下面这招错位求和来加深一下印象，如图 8.11 所示。

🌸 小花：由于条件区域的首个单元格为 A2，求和区域的首个单元格为 A3，即其相对位置关系是正下方，也就是说如果条件区域 A2:E10 中的某一个单元格值为 A14"王老吉"，那就加总其下方单元格。这样所有"王老吉"对应的金额都被求和了。这样的条件求和公式设置真是让我大开眼界啊。

🌸 SUMIF：我的本事还多着呢，比如我可以将 SUM 函数的累计求和升级为累计条件求和，仅对满足条件的数值求和哦。说白了，就是分组求和，如图 8.12 所示。

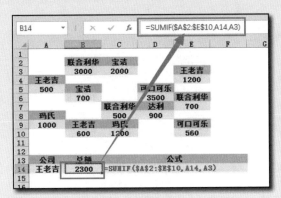

图 8.11　错位求和

图 8.12　累计条件求和

🌸 小花：这个公式的原理和 SUM 函数累加是一样的，通过锁定起始单元格 $B$2 和 $C$2: 来使得公式下拉填充时，条件区域和求和区域总是从第二行到当前行，这个伎俩我已经摸清了，嘿嘿。

🌸 SUMIF：作为使用频率最高的函数之一，我的这些套路对很多人来说都是没有障碍的。但是很多人都以为我的第二个参数只能是某个值，只能判断是否等于该值，对不等于、模糊匹配和排除求和都束手无策。我今天得趁此机会来一个实力打脸，如图 8.13 所示。

产品	数量	状态		求和条件	数量	条件求和公式
BF247	4459	取消		正常	76738	=SUMIF(D:D,"正常",C:C)
BG968	2754	正常		非正常	104344	=SUMIF(D:D,"<>"&F2,C:C)
C1F689	1793			非空	174388	=SUMIF(D:D,"*",C:C)
C1H549	11889	缺货		>10000的大单	81894	=SUMIF($C$2:$C$40,">10000")
B1H138	1887	正常		产品编码为五位数	49878	=SUMIF(B:B,"?????",C:C)
AG759	2462	正常		A类产品	31300	=SUMIF(B:B,"A*",C:C)
BG633	1874			除A类产品外	149782	=SUMIF(B:B,"<>A*",C:C)

图 8.13　SUMIF 条件值的诸多变化

🌸 小花：哇，原来条件值还可以跟逻辑符号（<、>）、通配符（*、？）以及常量配合使用，玩出这么多高能运用，真是看花眼了。

1 =SUMIF(D:D," 正常 ",C:C)

条件值为常量"正常"，即对状态为"正常"的数量求和。

2 =SUMIF(D:D,"<>"&F2,C:C)

条件值为大于小于 F2，即不等于 F2。这里的 F2 也可以写成常量。在条件值的设置过程中，这两种方式都可以使用，最终构成一个以逻辑运算符“<、>=”等与函数式、单元格引用或常量构成的逻辑判断语句。SUMIF 据此判断。

3 =SUMIF(D:D,"*",C:C)

条件值为 "*"，星号 * 匹配任意个字符，即状态可以为任意值，但不能为空。

4 =SUMIF($C$2:$C$40,">10000”)

条件值为 >10000，求和范围与条件范围一致，省略。这类用法的数字区间可以任意设置，但是如果对条件区域有多重要求，比如大于 1000 且小于 10000，则需要使用 SUMIFS 函数才能完成。

5 =SUMIF(B:B,"?????",C:C)

条件值为 "?????"，问号（?）匹配单个任意字符，5 个问号即 5 个字符。

6 =SUMIF(B:B,"A*",C:C)

条件值为 "A*"，A 后面星号（*）表示允许有任意个字符，即以 A 开头。还可以用 "*A*" 表示包含 A，以 "*A" 表示以 A 结尾。甚至与问号（？）连用，用 "?A*" 表示第二个字符为 A，用 "?A?" 表示包含 A 的三个字符，等等。

7 =SUMIF(B:B,"<>A*",C:C)

条件值为 "<>A*"，表示不以常量 A 开头。

SUMIF：感谢小花老师的精彩解读。作为我个人在这个舞台上的压轴好戏，我将联手我的好兄弟带来多条件值求和，如图 8.14 所示。这是一个数组公式，高能！

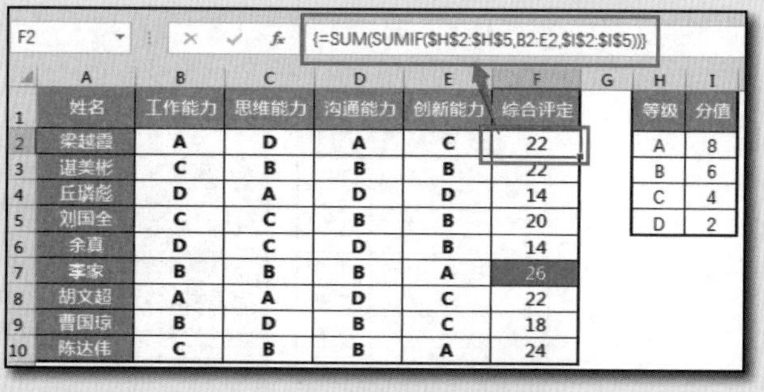
F2 {=SUM(SUMIF($H$2:$H$5,B2:E2,$I$2:$I$5))}

	A	B	C	D	E	F	G	H	I
1	姓名	工作能力	思维能力	沟通能力	创新能力	综合评定		等级	分值
2	梁越霞	A	D	A	C	22		A	8
3	谌美彬	C	B	B	B	22		B	6
4	丘璘彪	D	A	D	D	14		C	4
5	刘国全	C	C	B	B	20		D	2
6	余真	D	C	D	B	14			
7	李家	B	B	B	A	26			
8	胡文超	A	A	D	C	22			
9	曹国琼	B	D	B	C	18			
10	陈达伟	C	B	B	A	24			

图 8.14　SUMIF 函数多条件值求和

小花：求和函数之间的配合，那就是双重求和咯，真是新鲜！

{=SUM(SUMIF($H$2:$H$5,B2:E2,$I$2:$I$5))}

嵌套函数的计算次序是从最里层的函数开始的，所以先从 SUMIF 函数开始分析。SUMIF 函数先判断条件区域 H2:H5 是否等于条件值，符合条件值就把对应的分值加上。而这里的条件值是 B2:E2，这在普通公式中是无法运算的，所以通过数组来完成对每一个条件值都执行一次 SUMIF，换句话说，SUMIF($H$2:$H$5,B2:E2,$I$2:$I$5) 是 SUMIF($H$2:$H$5,B2,$I$2:$I$5)、SUMIF ($H$2:$H$5,

C2,$I$2:$I$5)、SUMIF($H$2:$H$5,D2,$I$2:$I$5)、SUMIF($H$2:$H$5,E2,$I$2:$I$5) 这 4 个函数的结合体。而 SUM 的作用就是把这 4 个条件求和结果加总起来，得出最后的值。

SUMIF：真是什么也瞒不过小花大师的眼睛，佩服佩服！感谢您给我这次登台展示的机会。

小花：谢谢 SUMIF 函数的分享！下面让我们有请求和函数的最后一个成员——SUMIFS。

SUMIFS：如果你分不清 SUMIF 和 SUMIFS 的区别，那你的英语成绩肯定不及格，+S 表示复数形式，就是这么直白。SUMIF 是单一条件求和，而作为它的复数形式，我的功能就是多条件求和。我的基本语句是 =SUMIFS(求和区域 , 条件区域 1, 条件 1, 条件区域 2, 条件 2,…条件区域 N, 条件 N)。我几乎具备了 SUMIF 的一切属性，除了不能简写求和区域。需要注意的是，我的第一个参数是求和区域、求和区域、求和区域，重要的事情说三遍！好，接下来就由我来展示了，如图 8.15 所示。

	A	B	C	D	E	F	G	H
1	项目	业态	金额		项目	业态	金额求和	求和公式
2	银河系	公寓	81		银河系	公寓	167	=SUMIFS(C2:C40,A2:A40,E2,B2:B40,F2)
3	造梦家园	住宅	15		不含康乐居	商业	492	=SUMIFS(C2:C40,A2:A40,"<>康乐居",B2:B40,"*商业*")
4	造梦家园	地下商业	80		4个字符	2个字符	411	=SUMIFS(C2:C40,A2:A40,"????",B2:B40,"??")
5	康乐居	底层商业	31		金额>50，业态为住宅		368	=SUMIFS(C2:C40,C2:C40,">50",B2:B40,"住宅")

图 8.15　SUMIFS 函数的基本用法

小花：学会了 SUMIF 函数，再来看 SUMIFS 函数就显得非常轻松了。无非是把求和区域挪到最前面，再将条件区域 + 条件值的组合依次排开。当只有一个条件时，SUMIFS 函数就等同于 SUMIF。当条件增加到两个或者更多，SUMIFS 才开始真正展现威力。这些条件组合的设置和 SUMIF 函数如出一辙，一样可以和各种符号联合使用。

SUMIFS：不错，我就是加强版 SUMIF。除了可以不断对各个字段提出“要求”，我还能对同一字段设置多重条件。比如，判断 A2 是否大于等于 500 且小于 1000，在函数中不能直接写成“500=<"&A2&"<1000”，这是因为 Excel 一次运算只能进行一次逻辑判断。这个条件只能拆分成两个部分，条件 1 为大于等于 500，条件 2 为小于 1000。这种对一个字段有多重条件要求的求和，对我来说易如反掌，如图 8.16 所示。

	A	B	C
1	区域	预算	实际
2	广州	1098	998
3	佛山	658	748
4	深圳	1054	1914
5	东莞	163	131
6	汕头	774	949
7	泉州	1280	1310
8	厦门	845	982
9	龙岩	379	478
10	福州	220	343
11	漳州	477	396

E	F	G
重点发展区域实际完成情况		
条件	求和	求和公式
500=<预算<1000	2679	=SUMIFS(C2:C11,B2:B11,">=500",B2:B11,"<1000")

图 8.16　多重条件求和

小花：这就是对同一条件区域的多重条件求和吧。

=SUMIFS(C2:C11,B2:B11,">=500",B2:B11,"<1000”)

第一个参数 C2:C11 毫无疑问就是求和区域，重点是后面两个条件的设置。这里采取重复选取同一个区域作为不同条件的条件区域，再分别设置不同的条件值来达到多重条件判断的目的。这充分利用了 SUMIFS 函数各条件之间为并列关系这一特点。

　　SUMIFS：小花老师厉害，在下佩服！

　　小花：客气，认真跟着小花老师一起学习，花瓣们也一定可以！

8.2　沙场秋点兵

　　小花：简单函数也有大乾坤！感谢收看函数大舞台，今天我们来认识一下计数函数家族，首先有请 COUNT 函数。

　　COUNT：在函数届有一个传说，当年韩信点兵之所以敢称多多益善，就是因为他会使用计数函数。大家好，我就是计数函数 COUNT，一个统计单元格中数字个数的函数，注意哦，仅仅是数字而已，这一点和 SUM 函数如出一辙。我的基本语句是 =COUNT(计数范围)。我就是计数函数家族的 SUM 函数，所有 SUM 函数有的本事我都能完美模仿，差别仅在于我返回的是计数值，如图 8.17 所示。

用法	SUM函数	COUNT函数
冒号	=SUM(A1:E5)	=COUNT(A1:E5)
逗号	=SUM(A1,E5)	=COUNT(A1,E5)
空格	=SUM(A3:E3 C1:C5)	=COUNT(A3:E3 C1:C5)
跨表计数	=SUM(表1:表5!B2:B7)	=COUNT(表1:表5!B2:B7)
累计计数	=SUM($C$2:C2)	=COUNT($C$2:C2)
与IFERROR联用	{=SUM(IFERROR(E2:E7,0))}	{=COUNT(IFERROR(E2:E7,""))}
与IF联用	{=SUM(IF(B3:G3=0,0,B2:G2))}	{=COUNT(IF(B3:G3=0,"",B2:G2))}

图 8.17　COUNT 函数的模仿秀

　　小花：果然，几乎所有 SUM 的功能你都能完美 COPY，除了 0 这个特殊的数字。在 SUM 求和过程中，0、文本和逻辑对它来说都是一样的，不影响求和结果。而对于 COUNT 函数，0 也是数字，其计数结果是 1。所以当 COUNT 函数与 IF、IFERROR 连用时，其不符合条件的返回值不能为 0，只能为空值等非数字字符。而且很多时候，由于一些未显示的 0 值的干扰，会出现函数计数结果和肉眼计数结果不一致的情况，这是小花瓣们需要注意的问题哦。

　　COUNT：没错，这个细节都能注意到，厉害了。但我们计数函数可不是只能对数字求和哦，我还有另外两个同胞兄弟——COUNTA 和 COUNTBLANK。其中，COUNTA 函数用来计算区域中非空单元格的个数，而 COUNTBLANK 函数则与 COUNTA 相反，它用来计算区域中空单元格的个数。它们的使用方法和我一样，只是计数的标准不同罢了，所以它们也可以完成对 SUM 函数的模仿秀。我们三人各有千秋，COUNTA 函数可以将错误值、文本、数字等非空单元格都进行计数，是一个比较全能的计数函数。相对而言，知名度更高的我和默默无闻的 COUNTBLANK 功能比较单一，我专攻计数，它专注于数空格，如图 8.18 所示。

	A	B	C	D
1	函数	计数结果	公式	说明
2	COUNT	7	=COUNT(B7:B16)	只统计数字的个数
3	COUNTA	9	=COUNTA(B7:B16)	统计非空单元格个数
4	COUNTBLANK	1	=COUNTBLANK(B7:B16)	统计空单元格个数
6	供应商	进货数量		
7	广州易得	5770		
8	新溪慈山	8170		
9	武汉莱斯	1160		
10	江苏健持	#N/A		
11	泉州全兴	3870		
12	佛山集益	2170		
13	广州德格			
14	厦门莎湘	1万		
15	东莞京翰	7700		
16	海南谷绍	5400		

图 8.18　三个基础计数函数

小花：莫要妄自菲薄，其实你们三人各有千秋，彼此都是无可替代的。真正算是对计数能力有质的提升的，还要属 COUNTIF 函数，掌声有请！

COUNTIF：大家好，我是条件计数函数 COUNTIF，COUNT 与 IF 的结合体。我可以统计某个区域中满足指定一个条件的单元格数目。我的基本语句是 =COUNTIF(计数区域, 条件)。注意到了吗？我和 SUMIF 函数虽然也是原理相近，但是我只有两个参数，因为我的条件区域即为计数区域，而 SUMIF 函数则存在求和区域与条件区域不同的情况。我几乎可以模仿 SUMIF 函数的全部用法，如图 8.19 所示。

	姓名	地区	年龄		条件	人数	公式
2	陈福辉	广东省广州市	46		广东省广州市	4	=COUNTIF(B2:B101,E2)
3	张舒艳	福建省泉州市	43		广东省	27	=COUNTIF(B2:B101,E3&"*")
4	唐惠坚	福建省厦门市	47		直辖市	26	=COUNTIF(B2:B101,"???")
5	陶炳隆	上海市	49		不姓许	97	=COUNTIF(A2:A101,"<>许*")
6	孙彦辉	浙江省金华市	20		25岁以下	7	=COUNTIF(C2:C101,"<=25")
7	林兆海	福建省莆田市	54				
8	宗海峰	福建省莆田市	42				

图 8.19 COUNTIF 的模仿秀

小花：与其说你们是在模仿 SUMIF 函数，不如说你们"师出同门"。小花瓣们，看出来了吗，Excel 学得多了，就会发现很多内在的共同点，发现的共同点和交叉点越多，就证明你越有收获。说回 COUNTIF 函数，听说你和 COUNT、COUNTA 以及 COUNTBLANK 函数之间的关系不一般，能不能和我们说说？

COUNTIF：COUNT 函数相当于求和条件为"小于某一极大值"的 COUNTIF 函数，例如 =COUNTIF (F2:F11,"<9E+100")，我就巧妙地使用了 9E+100 这个天文数字，使得所有数字都能满足计数条件，同时由于非数字单元格不能满足该条件，所以返回结果为数字的个数。而当我的条件为 "<>" 时，我就能统计非空单元格的格式，"<>" 即大于等于空，也就是不等于空，这就和 COUNTA 函数异曲同工了。最后，当我的条件仅仅是 ""（即条件为空），我就成了 COUNTBLANK 函数，如图 8.20 所示。

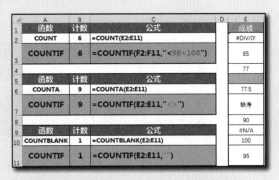

	函数	计数	公式		成绩
1	函数	计数	公式		成绩
	COUNT	6	=COUNT(E2:E11)		#DIV/0!
	COUNTIF	6	=COUNTIF(F2:F11,"<9E+100")		85
					77
	函数	计数	公式		
	COUNTA	9	=COUNTA(E2:E11)		77.5
	COUNTIF	9	=COUNTIF(E2:E11,"<>")		缺考
					90
	函数	计数	公式		#N/A
	COUNTBLANK	1	=COUNTBLANK(E2:E11)		100
	COUNTIF	1	=COUNTIF(E2:E11,"")		95

图 8.20 COUNTIF 与 COUNT 三兄弟的关系

小花：掌握了 COUNTIF 函数和 COUNT 函数三兄弟的关系，我们就可以更加深入地了解 COUNTIF 函数，融会贯通。

COUNTIF：想要掌握还得在实战中磨炼才行。在实际应用中，高手们用我可不止是来计数而已哦。我的另一项功能就是查重，怎么确保输入的数据不重复呢？说白了，就是确保当前记录是唯一的，即条件计数结果为 1，如图 8.21 所示。

小花：通过判断条件计数结果是否等于 1 来查验是否重复，这就是为什么 COUNTIF 函数公式后面紧跟着"=1"的原因，其功能就是进行逻辑判断。而这几个公式的主要功能还在于

COUNTIF 函数本身，仅仅是锁定条件区域起终点的变化，就能演变出诸多满足场景需求的应用来，学会了这个，相信对提升函数能力大有裨益。那我来尝试解读一下这三个 COUNTIF 函数公式。

	A	B	C	D	E	F	G	H
1	学号	姓名	重复出现	非首次出现	非最后一次		单元格	公式
2	111102	张惠船	TRUE	TRUE	TRUE		C2	=COUNTIF($A$2:$A$11,A2)=1
3	121002	王繁梅	FALSE	TRUE	FALSE		D2	=COUNTIF($A$2:A2,A2)=1
4	121104	刘文程	TRUE	TRUE	TRUE		E2	=COUNTIF(A2:$A$11,A2)=1
5	121001	伍睿强	TRUE	TRUE	TRUE			
6	121002	黄英麟	FALSE	FALSE	TRUE			
7	111002	何理	FALSE	TRUE	FALSE			
8	121105	刘巧英	TRUE	TRUE	TRUE			
9	121102	刘小冬	TRUE	TRUE	TRUE			
10	111002	陈楷勤	FALSE	FALSE	TRUE			
11	101104	宋宇瑶	TRUE	TRUE	TRUE			

图 8.21　COUNTIF 的查重功能

1 整体查重：=COUNTIF($A$2:$A$11,A2)=1

本公式同时锁定了起始单元格和终止单元格，使得无论当前单元格是什么，COUNTIF 函数的计数范围始终相同，所以对于重复出现的学号，其计数结果都是一样的，都大于 1，所以所有重复值返回结果都为 FALSE。由于计数条件 A2 包含在计数区域 A2:A11 中，所以计数结果最小为 1，且只当学号不重复时，COUNTIF 函数返回值为 1，公式返回值为 TRUE。这样就能区分是否重复了，它和条件格式凸显重复值的原理类似。

2 限制重复输入：=COUNTIF($A$2:A2,A2)=1

本公式只锁定计数区域的起始单元格，而终止单元格设置为对当前行所在单元格的相对引用。也就是说，随着公式向下拖动填充，计数区域的下端不断变化为从 A2 到当前单元格。也就是说，只有当前单元格的上方存在与其相同的单元格值时，COUNTIF 的返回值才会大于 1，否则总是为 1。这就使得非首次出现的单元格值返回 FALSE，这个用法在数据有效性中得到运用，可以有效地防止输入重复错误，详见相关章节介绍。

3 选取最新记录：=COUNTIF(A2:$A$11,A2)=1

本公式只锁定计数区域的终止单元格，其原理正好与"2. 限制重复输入"相反。它使得计数区域始终为当前行到最后一行，这可以用来判断当前行下方是否有重复值存在，即同一学号的学生成绩是否有更新，这可以用来选取同一字段的最新记录。

COUNTIF：没错，我的这三招就是最常见的查重了！另外一个与查重接近的用法就是求不重复值的个数，即唯一的个数，这也是我的拿手好戏，不过需要 SUM 函数的配合，共同使出数组计算的大招，如图 8.22 所示。

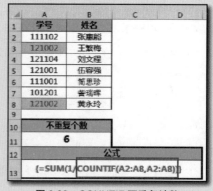

	A	B	C	D
1	学号	姓名		
2	111102	张惠彤		
3	121002	王繁梅		
4	121104	刘文程		
5	121001	伍容强		
6	111001	简思珍		
7	101201	訾瑞晖		
8	121002	黄永玲		
10	不重复个数			
11	6			
12	公式			
13	{=SUM(1/COUNTIF(A2:A8,A2:A8))}			

图 8.22　COUNTIF 不重复计数

小花：数组公式要按 <Ctrl+Shift+Enter> 组合键才能正常计算哦，小花瓣们千万不要忘了。

{=SUM(1/COUNTIF(A2:A8,A2:A8))}

这个公式实际上用到了多条件值计数，怎么理解它呢？其实它的核心在于 COUNTIF 函数的条件值是个区域，且与计数区域一致。条件值不是单一值，而是一个区域，我们认为它是多条件值计数函数，在数组运算中会对每一个条件值和整个计数区域构成的参数组合进行一次 COUNTIF 函数运算，即返回分别以 A2 ～ A8 为条件值、以 A2:A8 为计数条件的 7 个计数结果。对这些计数结果的倒数进行求和，会出现两种可能的情况：

（1）如果单元格值唯一，计数结果为 1，1/1=1，计数 1。

（2）如果单元格值不唯一，则存在 N 个重复值，就会有 N 个重复的 COUNTIF 返回值，即有 N 个 N，N 个 1/N 之和等于 1。例如，图 8.22 中的 A3 和 A8 重复，则 COUNTIF(A2:A8,A3)=2，COUNTIF (A2:A8,A8)=2，那么两者的倒数 1/2+1/2=1。

因此求和结果即为不重复值的个数。

COUNTIF：除了查重，排名也是我的强项，但是排名一样有很多讲究。我来表演，还是烦请小花老师担任解说，如图 8.23 所示。

	A	B	C	D	E	F
1	姓名	成绩		可并列排名	不并列排名	中国式排名
2	张重能	98		1	1	1
3	王絮梅	89		3	3	3
4	刘文程	72		9	9	8
5	伍容强	70		10	10	9
6	简思珍	89		3	4	3
7	管瑞晖	82		6	6	5
8	岑春磊	84		5	5	4
9	彭岚悦	81		7	7	6
10	何家君	95		2	2	2
11	黄永玲	74		8	8	7
12						
13	可并列排名公式					
14	=COUNTIF($B$2:$B$11,">"&B2)+1					
15	不并列排名公式					
16	=COUNTIF($B$2:$B$11,">"&B2)+COUNTIF($B$2:B2,B2)					
17	中国式排名公式					
18	{=SUM(($B$2:$B$11>B2)*(1/COUNTIF($B$2:$B$11,$B$2:$B$11)))+1}					

图 8.23　COUNTIF 的排名用法

小花：前两个公式其实相对来说是比较好理解的。

1 可并列排名：相同值排名相同，但占用位次

公式：=COUNTIF($B$2:$B$11,">"&B2)+1

说明：用 COUNTIF 计算 B2:B11 中大于 B2 的数量，如果大于当前值的数量为 0，则当前值是最大的，排名为 1；如果大于当前值的数量为 1，则当前值是第二大的，排名为 2。我们发现计数结果总是比排名小 1，因此我们公式最后输入“+1”来将计数结果转化为排名。这种排名公式遇到数值相同时，COUNTIF 的返回值是相同的，所以最终的排名也是一致的。这个公式相当于 RANK 函数。

2. 不并列排名：相同值连续排名，同时占用位次

公式：=COUNTIF($B$2:$B$11,">"&B2)+COUNTIF($B$2:B2,B2)

说明：第一个 COUNTIF 函数返回值总是等于排名 -1，而后一个 COUNTIF 函数则返回在当前单元格上方与其排名并列的单元格个数 +1（因为计数区域含当前单元格）。那么整个公式的计算结果为排名 -1+ 上方同排名数 +1，即排名 + 上方并列排名数，所以当出现并列排名时，较下方的单元格自动顺延一位，形成不可并列的排名序列。同理，如果我们把第二个 COUNTIF 函数更改为锁定终止单元格 COUNTIF(B2:$B$11,B2)，则变为较上方的单元格排名顺延一位。

3. 中国式排名：相同值排名相同，且不占用位次

公式：{=SUM(($B$2:$B$11>B2)*(1/COUNTIF($B$2:$B$11,$B$2:$B$11)))+1}

说明：这个公式是解决中国式排名问题的一种方法，其中 SUM 函数引导的数组公式也可换成 SUMPRODUCT 函数。此公式仅作了解，但其组件都是我们在本章学过的内容并观测公式求值过程，来尝试理解这个函数。

小花：感谢 COUNTIF 函数倾囊相授，由浅入深地展示了自我。下面我们来介绍另一个计数函数 COUNTIFS。

COUNTIFS：大家好，我就是 COUNTIF 的威力加强版 COUNTIFS 函数。为什么这么说呢？这是因为我基本就是 COUNTIF 函数无限 COPY 版本。我是根据多个条件返回符合条件的单元格个数。我的基本语句是 =COUNTIFS(计数区域 1, 条件 1, 计数区域 2, 条件 2,…, 计数区域 N, 条件 N)。学会了 COUNTIF 函数的花瓣们，会很快学会我的用法。鉴于 COUNTIF 函数已经抢走了大量的表演时间，我就简单给大家露两手好了，如图 8.24 所示。

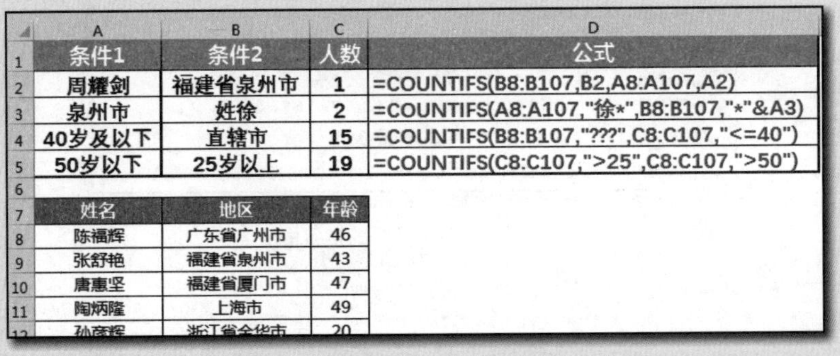

图 8.24　COUNTIFS 的排名用法

小花：这些公式很好理解啊，每个条件都是 COUNTIF 函数的翻版。只是能够支持的判断条件更多罢了。

COUNTIFS：千万别小看这多出来的条件，它可以是两个、三个甚至更多。最多可以达到 127 个区域和条件组合。有了我，排名等功能也可以做到极致——分组排名，如图 8.25 所示。

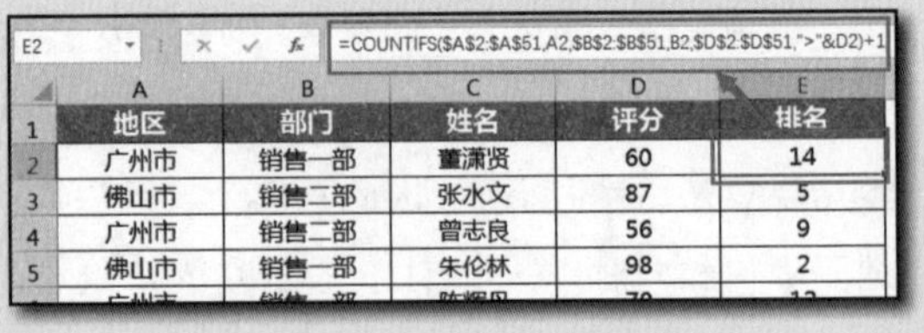

图 8.25　COUNTIFS 的分组排名

小花：这个分组排名功能很常用哦，小花瓣们一定要好好学！感谢 COUNT 函数家族做客函数大舞台，今天的节目到此为止，更多计数函数的神奇用法，还有待小花瓣们的挖掘！

8.3　统计函数家族的星星之火

小花：在统计函数家族中，如果 SUM 和 COUNT 这两个函数家族是太阳和月亮，那么接下来站上这个舞台的这些函数，就是统计天空中的群星闪耀。首先，让我们有请 AVERAGE 函数。

AVERAGE：大家好，我是 AVERAGE 函数，我的功能是求平均值，我的基本语句是 =AVERAGE(均值区域)，大家要记住哦，我只能对数值进行平均值计算，逻辑、文本和空值被忽略，而一旦均值区域中有错误值，我就会报错。是不是很熟悉这个规则，没错，和 SUM 函数一脉相承，如图 8.26 所示。

	A	B	C	D	E	F
1	供应商	第一次	第二次	第三次	平均值	公式
2	骆少恺	96	97	98	97	=AVERAGE(B2:D2)
3	黄长珍	94		96	95	=AVERAGE(B3:D3)
4	宁嘉玲	70	无效	80	75	=AVERAGE(B4:D4)
5	梁静英	80	#NAME?	90	#NAME?	=AVERAGE(B5:D5)
6		80	#NAME?	90	#VALUE!	=AVERAGE(IFERROR(B6:D6,""))
7	廖溢敏	66	0	64	43.33	=AVERAGE(B7:D7)

图 8.26　AVERAGE 函数的用法

小花：AVERAGE 函数可以看作是 SUM/COUNT，所以它的使用注意点要同时参照这两个函数。同样的，AVERAGEIF=SUMIF/COUNTIF、AVERAGEIFS=SUMIFS/COUNTIFS。下面有请这两个函数。

AVERAGEIF：每个函数只要干好一件事就行了，虽然笼罩在 SUMIF 和 COUNTIF 函数的阴影下，但计算均值，我是认真的。花瓣们好，我是返回满足条件的单元格算术平均值的 AVERAGEIF 函数，我的基本语句是 =AVERAGEIF(条件区域,条件值,均值区域)。和 SUMIF 函数一样，如果条件区域与均值区域一致，那均值区域可以省略不写。下面请大家欣赏我的用法，如图 8.27 所示。

	A	B	C	D	E	F	G	H
1	班级	姓名	性别	成绩		条件	平均分	公式
2	二班	龙倩	女	70		一班	72.39	=AVERAGEIF(A2:A51,F2,D2:D51)
3	二班	麦锋捍	男	47		姓张	94.40	=AVERAGEIF(B2:B51,"张*",D2:D51)
4	二班	张文胜	女	96		60分及以上	79.26	=AVERAGEIF(D2:D51,">=60")
5	一班	黄长珍	男	99				
6	二班	张嘉玲	男	98				

图 8.27　AVERAGEIF 函数的用法

AVERAGEIFS：如果在条件均值函数中有人比 AVERAGEIF 做得更好，那就非我莫属了。我是根据多个条件来返回满足条件的单元格均值的函数。我的基本语句是 =AVERAGEIFS(均值区域,条件区域1,条件1,条件区域2,条件2,…,条件区域N,条件N)。这和 SUMIFS 函数非常接近，相信大家已经瞬间领悟到我的脾气了，那就直接看我的应用吧，如图 8.28 所示。

	A	B	C	D E
1	条件1	条件2	平均分	公式
2	一班	女	70.20	=AVERAGEIFS(D7:D56,A7:A56,A2,C7:C56,B2)
3	二班	60分以上	79.67	=AVERAGEIFS(D7:D56,A7:A56,A3,D7:D56,">60")
4	60分及以上	85分以下	71.19	=AVERAGEIFS(D7:D56,D7:D56,">=60",D7:D56,"<85")
5				
6	班级	姓名	性别	成绩
7	二班	龙倩	女	70
8	二班	袁锋择	男	47
9	二班	张文胜	女	96
10	一班	黄长珍	男	99
11	二班	张嘉玲	男	98

图 8.28　AVERAGEIFS 函数的用法

小花：感谢均值函数家族的精彩表演。下面登台的是最值函数家族。

MAX：天下函数，唯我独尊。大家好，我就是最大值函数，我的基本语句是 =MAX(最值区域)。我能够返回区域中数值最大的一个，在计算过程中，我把文本、逻辑值和空值都视为 0。

MIN：与 MAX 函数相反，我是返回最小值的函数 MIN。我的基本语句是 =MIN(最值区域)。其他用法我都和 MAX 一致。

LARGE：作为 MAX 的进化版，我是能返回指定区域数值第 K 大的函数 LARGE。我的基本语句是 =LARGE(统计区域,K)。丑话说在前头，如果 $K \leq 0$ 或 K 大于数据点的个数，我就会翻脸返回错误值 #NUM!。我不像 MAX 那样出名，但是高手都会知道，MAX 不过是 K=1 时的我而已。

SMALL：同样的，MIN 函数也有进化版，那就是我 SMALL 函数。我的基本语句和我的兄弟 LARGE 类似，=SMALL(统计区域,K)。我和 LARGE 一样，也不接受 $K \leq 0$ 或 K 大于数据点的个数的情况。当 K=1 时，我即 MIN。

最值函数应用如图 8.29 所示。

	A	B	C	D	E	F
1	姓名	成绩		条件	结果	公式
2	龙倩	70		最大值	99	=MAX(B2:B12)
3	袁锋择	47		最小值	47	=MIN(B2:B12)
4	张文胜	96		第二大值	99	=LARGE(B2:B12,2)
5	黄长珍	99		第二小值	64	=SMALL(B2:B12,2)
6	张嘉玲	98				
7	梁静英	79				
8	骆少恺	64				
9	黎跃峰	78				
10	张记汉	95				
11	贺千佩	73				
12	罗颖据	99				

图 8.29　最值函数的用法

小花：感谢最值函数的分享，小花瓣们需注意，最值函数的区域不止可以用连续引用符冒号 ":" 来构建，还可以用联合引用符和交叉引用符哦。比如 MAX(A1,0) 可以返回 A1 和 0 之间的最大值，这可以用来剔除负数求和。经常用这些函数的小花瓣一定会逐渐发现它们的闪光点。下面我们有请统计函数家族的全能王——SUBTOTAL 函数闪亮登场。

SUBTOTAL：花瓣们好，我就是统计函数家族最低调的全能王者 SUBTOTAL，如果你是有心人，就会发现，当你筛选后单击【自动求和】按钮时，你实际上用的求和函数就是我，只是你没发现而已。我的基本语句是 =SUBTOTAL(功能码,统计区域)。我的功能码一共有 22 个，分别为数字 1 ～ 11 和数字 101 ～ 111，我全能的奥秘就在这是功能码上。如果功能码为 1 ～ 11 中的数字，则统计的范围包含统计区域内所有单元格（含隐藏行），如果功能码为 101 ～ 111 中的数字，则统计区域内隐藏行的单元格将不会纳入统计，如图 8.3 所示。

功能码		功能说明	
包含隐藏值	忽略隐藏值	函数名	作用
1	101	AVERAGE	平均值
2	102	COUNT	计数
3	103	COUNTA	
4	104	MAX	最大值
5	105	MIN	最小值
6	106	PRODUCT	乘积
7	107	STDEV	标准偏差
8	108	STDEVP	
9	109	SUM	求和
10	110	VAR	方差
11	111	VARP	

图 8.30　SUBTOTAL 函数的功能码

🌸 小花：使用 SUBTOTAL 函数的关键就在于如何选择正确的功能码，图中的红色部分就是我们日常使用到的功能码吧，可以给我们实操展示一下吗？

🌸 SUBTOTAL：没问题，拿求和来说吧，其他功能码组合参照此理。对于功能码 9 和功能码 109 这对求和功能码，如果我们要计算所有单元格的数值之和，就选择 9；如果我们仅想求得可见单元格之和时，就必须选择 109。这两个功能码在没有遭遇隐藏行的时候看不出区别，一旦统计区域中有隐藏行，差别就会显现出来，如图 8.31 所示。

姓名	销量	销量
钱煜扬	10	10
李少雷	20	20
冷洁书	30	30
杜志仪	40	40
刘秀婵	50	50
合计	150	150
公式	=SUBTOTAL(9,B2:B6)	=SUBTOTAL(109,C2:C6)
功能码	9	109

在没有隐藏行的情况下，所有单元格均可见，所以无论功能码是9还是109，计算结果都是150。

姓名	销量	销量
钱煜扬	10	10
少雷	20	20
志仪	40	40
刘秀婵	50	50
合计	150	120
公式	=SUBTOTAL(9,B2:B6)	=SUBTOTAL(109,C2:C6)
功能码	9	109

隐藏第4行后，由于B7公式的功能码为9，所以隐藏行的值仍然会被加上；而C7的功能码为109，仅计算可见行的值，因此第4行单元格的值不再被纳入求和范围，求和结果变为120。

图 8.31　SUBTOTAL 函数的求和功能码

🌸 小花：在日常工作中，我们经常需要对数据进行筛选和隐藏，这个时候 109 功能码就能根据筛选结果或隐藏后的表格来自动算出当前可见单元格的总和、均值和数量等，真是太实用了。感谢 SUBTOTAL 函数为我们亲身示范！

🌸 小花：各位小花瓣们，本期统计函数就到此落下帷幕了，感谢收看，再会！

统计函数是日常工作中使用非常频繁的函数，其中又以 SUM 和 COUNT 函数家族为最。但是，很多小花瓣并不能非常熟练地掌握和使用它们，因此我特意花了大量的篇幅来深入讲解它们的原理和实操案例，希望能对花瓣们有所帮助。当然了，这些用法并不是统计函数的全貌，更多精彩实战案例，还需花瓣们在实操中加以提炼和升华。

第九章

查询函数达人：众里寻他千百度

你是如何在 Excel 数据表中找到你的 Mr.Data，用人肉扫描眼"寻寻觅觅，冷冷清清，凄凄惨惨戚戚"？还是用 <Ctrl+H> 和筛选，众里寻他千百度，那数据依旧在表格深处？抑或是以 Excel 函数小半仙自居的你，还在操着蹩脚的函数公式，对复杂条件查询望洋兴叹？本章，小花真正放大招了，学会这些在 Office 中更受欢迎、效果显著、提升格调的查询函数，你就是下一个办公室 Excel 函数小达人。

9.1　大众情人：VLOOKUP

👩 小花：简单函数也有大乾坤！今天我们节目迎来了目前人气最高的函数——VLOOKUP 函数，掌声有请！

舞台下一片嚎叫，史无前例的人气爆棚。

🔰 VLOOKUP：关 V，官方微博？别激动，别激动，是我！唤作 VLOOKUP。

👩 小花（笑到岔气）：关 V？怎么解？感觉是山寨版生拉硬拽扯上的联系！

🔰 VLOOKUP：别笑！三国中的关羽，脚踏追风赤兔马，手提青龙偃月刀，轻抒二尺长髯，直入万军之中；函数中的我，也有赤兔（L 和 K 组合），也有关刀（字母 P），也有那绿色的头巾（倒 U）和长长的美髯（字母 V），看这形象，谁还敢说我不是那身（字母 O）长九尺、面（字母 O）若重枣的关 VLOOKUP！

👩 小花（强行憋笑）：好啦，不皮了！都知道你是函数届的知名人物啦！但是也有人吐槽你架子太大，招式多套路深，一不合心意就甩脸报错，对此你怎么看？

🔰 VLOOKUP：那是因为很多人还不了解我！为了小花瓣们能更加熟练地运用我，请允许我做个详细的自我介绍！

我的基本语句是这样的：

$$=VLOOKUP(\underset{参数①}{目标值},\underset{参数②}{查询范围},\underset{参数③}{返回的列数},\underset{参数④}{精确/模糊匹配})$$

① 要查询的目标值

VLOOKUP 的根本用法是对单一目标值进行查询，所以通常情况下这个参数为单一值，否则很容易出错。我们在多条件查询时会经常用"&"来连接两个条件值，形成一个新的单一查询目标值；在数组运算时，我们会用一组数作为 VLOOKUP 的第一个参数，此时 VLOOKUP 对这组数中的每一个值都返回一个对应的查询结果；这些情况都不违背 VLOOKUP 的第一个参数为单一值的本质。万变不离其宗，小花瓣们一定要充分理解这一点，才不至于被 VLOOKUP 的各种运用花样迷了眼睛。

② 首列包含参数①的数组或单元格区域

VLOOKUP 的第二个参数是一个首列包含参数①的 N 行 M 列的单元格区域。这里需要强调的是，参数②的第一列必须包含参数①，比如参数②为 A1:B10，那么 A1:A10 必须包含参数①。这是为什么呢？这就要讲到 VLOOKUP 查询的原理：VLOOKUP 通过将参数①与参数②的第一列依次逐一匹配，直到满足条件停止匹配，根据满足条件的单元格在参数②第一列的序数（即出现在第几个），返回目标列相同序数上的单元格的值。

③ 查询返回结果在参数②的第 N 列

参数③最小为 1，最大不能超过参数②的列数。在 VLOOKUP 的进一步运用中，我们通常会用 ROW 或 MATCH 等函数来动态返回查询结果列数，实现稍微复杂的函数嵌套，甚至通过数组运算同时返回多列值。

④ 数据的匹配方式

这个参数有两个值，TRUE（也可以用 1 表示）和 FALSE（也可以用 0 表示），TRUE 表示模糊查找，FALSE 表示精确查找。前者通常在区间模糊查询时使用，后者则是默认值，也是我们最常使用到的参数值。

🌸 小花：哇，我们节目开播以来，最全面的自我介绍，太厉害了！然而在函数大舞台，我们要的是秀出真本事！能不能给我们展示一下你的手段？

🌸 VLOOKUP：没问题，我的本事太多了，从何说起呢？就从最基本的说起吧，来个简单的精确匹配技能。

🌸 小花：查询目标值为 A11 "差旅费"，查询区域是 A1:B8。查询区域的首列 A1:A8 包含查询目标 "差旅费"，满足要求。由于参数④是 0，VLOOKUP 执行精确匹配，在查询区域首列 A1:A8 中匹配到目标值第一次出现在第 6 行的位置上。再结合参数③所提供的列数信息 2，函数返回值取查询区域 A1:B8 的第 6 行第 2 列，即 B6 单元格的值 66.34，如图 9.1 所示。这就是查询的原理吧！

🌸 小花：补充一点，如果我们需要拖动填充公式完成批量条件查询，通常会通过锁定查询区域以及目标单元格的行或列，来使公式拖动时目标值所引用的行列以及查询区域保持不变，即绝对引用。这一点在批量设置公式时非常有用。

🌸 VLOOKUP：没错，解释得很到位。这个技能是最平易近人的一个，近乎人人会用，屡试不爽！但

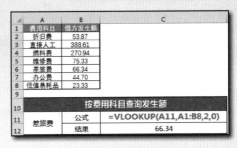

图 9.1　VLOOKUP 的简单精确匹配查询

如果你所谓的会使用 VLOOKUP 函数仅仅是如此而已，那我只能说你略知皮毛，因为这个技能只是我的扫盲级应用。今天，就让我来，带大家“打怪升级”，献上模糊目标值查询。

查询模糊目标

只知道查询目标的一部分怎么查找呢？比如只知道名字不知道姓氏，怎么在茫茫数据中找到呢？这就是模糊目标查找。我们一般使用通配符。

常见符号（半角号，即英文输入状态）：

- &（连接符）。
- *（通配符），表示任意个字符。
- ?（通配符），表示单个任意字符。

小花：又是熟悉的通配符，那就不难理解了。这里主要的知识点在查询目标的设定上。

=VLOOKUP("*"&B11,A2:B8,2,0)

B11 为“秉新”，星号“*”通配任意个字符，则 "*"&B11 表示“秉新”前可以有任意个字符，即以“秉新”结尾。

=VLOOKUP("* 双全 *",A2:B8,2,0)

“双全”的前后各有一个星号“*”，表示在“双全”的前后都可以有任意个字符，即包含“双全”。

=VLOOKUP(B13&"?",A2:B8,2,0)

B13 为“海利”，问号“?”通配单个字符，则 B11&"?" 表示在“海利”后有一个字符。

=VLOOKUP("??",A2:B8,2,0)

两个问号“??”通配两个任意字符，即查询目标为两个字符，满足条件的仅有“嘉德”。

VLOOKUP 的模糊目标值查询如图 9.2 所示。

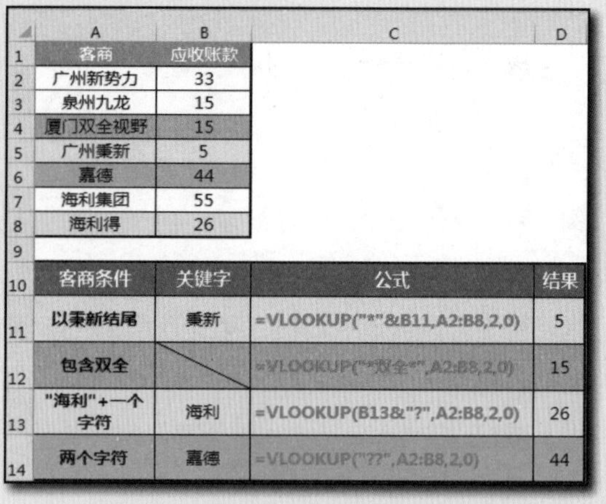

	A	B	C	D
1	客商	应收账款		
2	广州新势力	33		
3	泉州九龙	15		
4	厦门双全视野	15		
5	广州秉新	5		
6	嘉德	44		
7	海利集团	55		
8	海利得	26		
9				
10	客商条件	关键字	公式	结果
11	以秉新结尾	秉新	=VLOOKUP("*"&B11,A2:B8,2,0)	5
12	包含双全		=VLOOKUP("*双全*",A2:B8,2,0)	15
13	"海利"+一个字符	海利	=VLOOKUP(B13&"?",A2:B8,2,0)	26
14	两个字符	嘉德	=VLOOKUP("??",A2:B8,2,0)	44

图 9.2　VLOOKUP 的模糊目标值查询

小花：这一波模糊查找技能非常实用，它让我们能够在无须准确知道查询目标时，仍可以查询。

VLOOKUP：这种类型的模糊查找对我来说，只是小把戏！真正厉害的模糊查找应该是当我最后一个参数为 1 的时候。

公司现行佣金政策如下：销量 500 件以下，提成 5%；销量 500 ～ 800 件，提成 8%；销量 800 ～ 1000 件，提成 10%；销量 1000 件以上，提成 12%。

如何根据销售员的销量自动查询其对应的提成？这时候需要用到 VLOOKUP 函数的模糊匹配功能。

小花：这里的重点是如何设置查询区域 E2:F5。可以看出，我们是把提成比例赋予了分段区域的下端，例如第一个分段是 0 ～ 500，提成比例是 5%，那我们就把 0 和 5% 放置在同一排，以此类推，500 和 8%、800 与 10%、1000 与 12% 分别对应。同时我们将这些数字从小到大排列（升序），如图 9.3 所示。为什么这样设置呢？这和 VLOOKUP 模糊查询的两个重要规则有关。

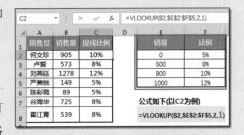

图 9.3 VLOOKUP 的模糊查询

1 数值模糊查找的原理

给定一个数作为查询目标值，则将目标区域的首列各单元格值从上到下依次与目标值比较，当单元格值大于目标值时，返回上一个单元格对应列的单元格值，如果没有单元格值大于目标值，则返回最后一个单元格的对应值。以 C2 单元格公式为例：

$$=VLOOKUP(B2,\$E\$2:\$F\$5,2,1)$$

目标值为 B2 单元格的值 905，查询区域 \$E\$2:\$F\$5 首列依次为 0、500、800、1000。自上而下依次比较 E5 时，发现 1000>905，则返回 E5 的上一个单元格 E4 对应单元格 F4 的值 10%。如果我们把 E3 修改为 950，则返回值为 5%，有兴趣的花瓣可以试验一下！

2 查询区域的排列次序

VLOOKUP 数字模糊查找所引用的数字区域一定要从小到大排序，杂乱的数字是无法准确匹配到模糊值的。如果我们把 E3 修改为 950，则返回值 C2 为 5%。

结合上述两个原则，如果查询区域首列是升序排列，那么 VLOOKUP 数字模糊查找总是返回不大于且最接近目标值的单元格所对应的结果列。这就是模糊匹配方式（即参数④为 1）的奥秘。

🌸 VLOOKUP：小花老师果然慧眼识珠，我这技能可是花瓣们炫技的必备技能哦！

🌼 小花：可是我发现你有一个明显的缺陷，那就是目标值必须在查询区域的第一列，也就是说查询结果列只能在目标值所在列的右侧，如上例中的结果列 F 列就在 E 列右侧。可是很多时候，结果列也可能在目标值列的左侧，这种查询你能做吗？

🌸 VLOOKUP：你这个逆向查询问题很犀利，但难不倒我！用 IF({1,0}...) 结构，可以自行构造需要的查找范围，实现逆向查询，如图 9.4 所示。

🌼 小花：原来是利用 IF({1,0}...) 结构来构建一个虚拟的逆向排列区域。

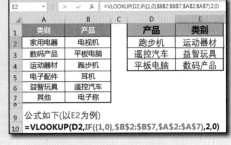

图 9.4 VLOOKUP 的逆向查询

IF({1,0}...) 结构原理

IF 函数的基本语句是：

$$=IF(逻辑判断式 , 逻辑正确的返回值 , 逻辑错误的返回值)$$

其中判断式的计算结果为 TRUE 或 FLASE，即数值 1 和 0。所以 {1,0} 又可以表示为 {TRUE,FALSE}，为了书写简便，我们一般选择前者。而将 1 和 0 用 { } 圈起来作为 IF 函数的第一个参数，表示同时取 IF 函数的两个返回值，并将它们按 1、0 的顺序排列，即 TRUE 的返回值放前面，FALSE 的返回值放后面。当然，如果我们将 {1,0} 写成 {0,1}，则返回结果正好相反，即

FALSE 的返回值放前面，TRUE 的返回值放后面。需要特别指出的是，这里 TRUE 和 FALSE 的返回值可以在一行、一列、任意区域或单元格，甚至是自行输入的常量数组。

于是上例公式中的 IF({1,0},$B$2:$B$7,$A$2:$A$7) 返回结果为由 $B$2:$B$7 和 $A$2:$A$7 前后排列的虚拟区域。从而使 VLOOKUP 函数可以通过匹配本身在右侧的 B 列来返回对应的 A 列单元格值，这就是逆向查询的原理。

🐸 VLOOKUP：正是如此！这里我沾了 IF 函数老弟的光。有了我们这组黄金搭档，小花瓣再也不用返回调整各列的次序了。

🐞 小花：确实很方便！看到这里，我们见识了查询目标值的模糊查找、模糊匹配查找，现在又学会了虚构查询区域，这几个参数变化的结果都很有成效！唯独只有参数③——返回的列没有变形过，这是不是你的软肋啊？

🐸 VLOOKUP：软肋是不会有的。列数的变形可是我的拿手好戏。通过和 MATCH 函数合作，实现对列数的动态引用，这可是一个明星函数嵌套公式呢！首先让我们认识一下 MATCH 函数。

MATCH 函数简介

MATCH 函数是返回目标值出现在数组或单元格中出现的相对位置，而非值本身，用序数表示。它的基本语句是：

=MATCH（目标值,查询范围,匹配类型）

目标值可以为常量或引用单元格，查询范围可以是单元格区域也可以是常量数组，而匹配类型为可选参数，可选择数字 -1、0 和 1，省略时默认值为 1，这 3 个匹配类型分别代表不同的含义，且它们对查询范围的排列也有各自的要求。

● 1 或省略：查找小于或等于目标值的最大值，此时查询范围必须升序排列。

● 0：查找完全等于目标值的第一个值，此时查询范围可以为任何顺序排列。

● -1：查找大于或等于目标值的最小值，此时查询范围必须降序排列。

有图有真相，让我们来看看实例，如图 9.5 所示。

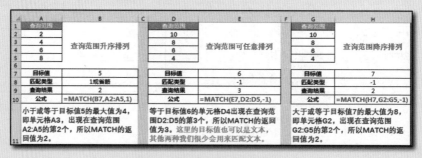

图 9.5　MATCH 函数的基本用法

🐞 小花：这个 MATCH 函数虽然用法相对简单，但似乎跟不少查询函数都保持着不错的合作关系呢，小花瓣们一定要掌握这个函数哦！

🐸 VLOOKUP：有了对 MATCH 函数的基本认识，再来看我们的组合拳，就不显得那么生涩难懂了，如图 9.6 所示。

C2　=VLOOKUP($B2,$A$7:$G$15,MATCH(C$1,$A$6:$G$6,0),0)

	A	B	C	D	E	F	G
1		房源代码	业主姓名	建筑面积	销售价格		
2		1-302	苏宇捷	160.91	1,489,878		
3		4-503	孙华平	127.67	1,372,835		
4		6-606	招茂宇	84.51	1,056,390		
5							
6	房源代码	业主姓名	状态	付款方式	销售价格	建筑面积	签约日期
7	4-306	谢丽纯	网签	一次性	1,345,966	118.45	2018/02/07
8	5-204	潘少锋	认购	分期	1,284,360	113.02	2018/03/29
9	1-302	苏宇捷	定制	按揭	1,489,878	160.91	2017/11/19
10	4-503	孙华平	网签	按揭	1,372,835	127.67	2018/02/01
11	2-602	张桂菲	认购	分期	1,222,004	98.98	2018/01/11
12	3-303	谭志隽	定制	按揭	1,229,193	110.63	2017/12/23
13	6-606	招茂宇	网签	一次性	1,056,390	84.51	2018/05/14
14	1-101	李艳	认购	按揭	1,219,872	121.99	2018/02/19
15	2-303	关梓香	定制	按揭	1,418,896	127.70	2018/05/07

图 9.6　VLOOKUP+MATCH

小花：这就是传说中的匹配行列条件查询？它是由 MATCH 函数的返回值决定 VLOOKUP 函数所取值的列。这里 MATCH 函数发挥了重要的作用。以 C2 为例：

=VLOOKUP($B2,$A$7:$G$15,MATCH(C$1,$A$6:$G$6,0),0)

我们利用 MATCH 函数匹配出“业主姓名”在查询范围中出现的列，即第 2 列。然后用 VLOOKUP 函数就可以据此查询抓取该列的值。MATCH 函数的查询范围和 VLOOKUP 函数的查询范围都是从 A 列到 G 列，所以 VLOOKUP 函数可以直接使用 MATCH 函数的值作为参数，如果二者范围不一致，还可以通过加减常量的方法来调整。例如，假设这里的 MATCH 函数部分改为 MATCH(C$1,$B$6:$G$6,0)，那么 MATCH 函数的返回值和 VLOOKUP 函数实际应该抓取的列数间差异为 1，这时我们可以把参数③写成 MATCH(C$1,$B$6:$G$6,0)+1，此时 VLOOKUP 函数也可以完成匹配列查询。

VLOOKUP：这个公式中对引用单元格的锁定也很有讲究。对 $B2 锁定列、对 C$1 锁定行，可以确保 C2 单元格中的公式无论向右或向下填充，都能保持 VLOOKUP 函数的目标值始终在 B 列“房源代码”，而 MATCH 函数的目标始终为行列标题，即公式始终能根据“房源代码”和列标题查询对应值。这样即使需要使用公式自动查询引用的单元格再多，我们都可以直接拖动或复制填充。一个公式可以适用所有同类运算需要，这是函数能力的重要体现。

小花：没错，公式不仅能准确计算，还应该考虑普适性。为每一个单元格逐一设置公式的做法劳心费力，可以批量填充的“一劳永逸”式公式才是函数的真正意义。感谢观看本期函数大舞台，再会！

9.2 中分偏执狂：LOOKUP

小花：小函数也有大乾坤。大家好，感谢收看函数大舞台，今天我们的主咖是 LOOKUP 函数，一个中分偏执狂。

LOOKUP：大家好，我是 VLOOKUP 函数的大哥——LOOKUP 函数。我可以根据目标值在一行或一列中查询返回另一行或一列对应位置的值。我的基本语句是：

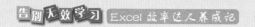

=LOOKUP（目标值 , 查询区域 , 结果区域）

我的每个参数都有各自的脾气，下面来了解一下。

1 目标值

目标值是 LOOKUP 在查询区域中搜索的值，它可以是数字、文本、逻辑值、名称或对单元格的引用。

LOOKUP 函数的目标值不支持通配符，LOOKUP 对无论哪种类型的数据，总是赋予它一定的大小，数字以数值分大小，文本以其在本机字符集的编码数字分大小，逻辑值 TRUE>FALSE，不同类型数据间互相忽略。比如目标值为文本，则该目标值不会和查询区域中的数字对比，而是直接跳过，仅与文本比较。

2 查询区域

查询区域只包含一行或一列的区域，可以是文本、数字和逻辑值，文本不区分大小写。

LOOKUP 的查询区域必须是升序排列，这和 LOOKUP 的查询原理有关：如果 LOOKUP 函数在查询区域中找不到目标值，则返回查询区域中小于等于且最接近目标值的单元格所对应的结果区域值。由于 LOOKUP 采取两分法进行匹配求值，如果查询区域不是升序排列的，则返回结果很可能出错，这是因为 LOOKUP 函数总是将查询区域当成升序排列的一组数值处理，即使事实并非如此。

3 结果区域

结果区域是可选参数，通常与查询区域同行 / 同列。

事实上，结果区域不一定要与查询区域大小相同。和 SUMIF 函数一致，LOOKUP 函数的第三个参数也可以简写，只是简写的规则不大相同。如果省略该参数，则查询区域即结果区域。如果 LOOKUP 函数的第三个参数仅为单一单元格，则结果区域默认为与查询区域大小相同的横向单元格区域，例如，输入 LOOKUP(C1,A1:A10,B1) 等价于 LOOKUP(C1,A1:A10,B1:K2)。如果 LOOKUP 函数的第三个参数包含两个以上同向（同行 / 同列）的单元格，则这两个单元格就确定了目标区域自动补充延伸的方向，最终目标区域可以是与查询区域大小相同的一行 / 一列单元格。例如，输入 LOOKUP(C1,A1:A10,B1：B2) 等价于 LOOKUP(C1,A1:A10,B1:B10)，输入 LOOKUP(C1,A1:G1,A2:B2) 等价于 LOOKUP(C1,A1:G1,A2:G2)。

☯ 小花：脾气挺大啊，又是不支持通配符、又要求升序排列，还默认横向扩展！果然如传言般难搞！

☯ LOOKUP：这些限制条件都和我复杂的计算原理有关。和 VLOOKUP 的遍历法（依次逐一匹配，返回满足条件的第一个结果）不同，我采取的是两分法。

LOOKUP 的两分法原理

（1）确定查询范围的二分位，根据该值将查询区域忽略空值和错误值后的有效区域分为上下 1/2 部分，由于查询区域是升序排列的，则上 1/2 区域的值小于或等于二分位值，下 1/2 区域的值大于或等于二分位值。这里确认二分位的方法是项数为奇数取中间项，项数为偶数取中间两项中的较小项（默认升序排列）。

（2）将目标值与二分位值比较，如果目标值大于或等于二分位值，则继续将目标值与下 1/2 部分的二分位值比较；如果目标值小于二分位值，则继续将目标值与上 1/2 部分的二分位值比较，依此类推。

（3）重复上述两步，直至细分查询区域不能再被细分，返回小于或等于目标值的最后一个二分位值，该值可能是与目标值相等的查询区域单元格所对应的结果区域值，其次是小于等于且最接近目标值的单元格对应结果。特别的，如果查询区域是升序排列且有多个与目标值相等的值，则返回最后一个相等值所对应的结果。

🌸 小花：纯文字的讲解很难让花瓣们领悟到其中的含义，能结合图文讲解吗？

🌸 LOOKUP：没问题，例如，我们将 1 ～ 9 这 9 个数字依次填入 A2:A10 单元格中，使用 LOOKUP 查询 2.5，公式为 =LOOKUP(D2,A2:A10)，则返回结果为 2，这是为什么呢（见图 9.7）？

（1）按二分法原理，A2:A10 有效单元格共 9 个，则二分位为第 5 个单元格 A6，将目标值 2.5 与二分位值 5 比较，2.5<5，则在该二分位所划分的上 1/2 部分 A2:A5 继续进行二分法比较。

（2）A2:A5 的二分位为 A3 和 A4 中较小的一项 A3，将目标值 2.5 与二分位值 2 比较，2.5>2，则在该细分区域的二分位所划分的下 1/2 部分 A3:A4 继续进行二分法比较。

（3）A3:A4 单元格二分位即 A3，将目标值 2.5 与二分位值 3 比较，3>2.5。至此，细分查询区域不能再被细分，则返回最后一个小于或等于目标值的二分位值 2，查询过程结束。

🌸 小花：如果查询区域不是升序排列的话，那会出现什么结果呢？我们对查询结果稍作调整就可看出端倪（见图 9.8）。

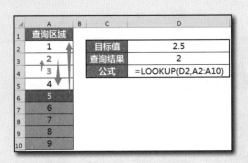

图 9.7　LOOKUP 的二分法原理

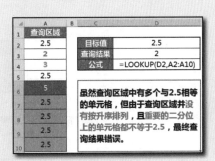

图 9.8　论查询区域升序排列的重要性

🌸 LOOKUP：没错，如果查询区域没有升序排列，当且仅当目标值出现在查询区域的有效二分位（A8 是无效二分位）上，才可能返回正确的查询结果。返回最后一个小于或等于目标值的二分位值这一特性和 VLOOKUP 模糊查找非常接近，也可以用来做等级判断、累计比例提取等工作，如图 9.9 所示。

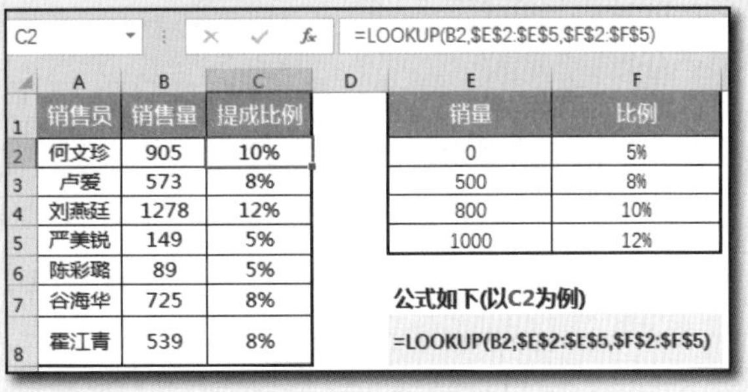

图 9.9　LOOKUP 的模糊匹配

小花：不止呢，如果目标值足够大，我们还可以使用 LOOKUP 来返回最后一条记录。

LOOKUP：我的用法中查询最后一条记录的玩法还有很多。比如图 9.10 中，如果返回的不是购买金额，而是购买日期，这时只需对公式稍加变化，将 A 列设置为 LOOKUP 的结果区域即可，如图 9.11 所示。

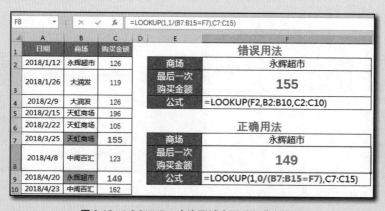

图 9.10 LOOKUP：最后一个有效数值　　　　图 9.11 LOOKUP：最后一条记录

小花：如果我们要在购买流水中，以商场作为查询条件，查询最后一次付款金额，那公式是不是可以这样写：=LOOKUP(F2,B2:B10,C2:C10)？咦，为什么查询结果错了？

LOOKUP：因为这里的查询结果并没有按升序排列，而文本是以其在本机字符集的编码数字为值进行大小比较的，所以最终的结果很容易出错。对于未按升序排列的文本和字符进行精确匹配，我们通常会运用 =LOOKUP(1,0/(查询区域 = 条件值), 结果区域) 这样的语句来查询满足条件的最后一条记录（当满足条件的记录唯一时，即为精确查询）。

F8			× ✓ fx	=LOOKUP(1,1/(B7:B15=F7),C7:C15)	
	A	B	C	D E	F
1	日期	商场	购买金额		错误用法
2	2018/1/12	永辉超市	126		商场 永辉超市
3	2018/1/26	大润发	119		最后一次购买金额 155
4	2018/2/9	大润发	126		公式 =LOOKUP(F2,B2:B10,C2:C10)
5	2018/2/15	天虹商场	196		正确用法
6	2018/2/22	天虹商场	105		商场 永辉超市
7	2018/3/25	天虹商场	155		最后一次购买金额 149
8	2018/4/8	中闽百汇	123		公式 =LOOKUP(1,0/(B7:B15=F7),C7:C15)
9	2018/4/20	永辉超市	149		
10	2018/4/23	中闽百汇	162		

图 9.12 LOOKUP：查询区域也可以不升序排列

小花：利用 "查询区域 = 目标值"（即 B7:B15=F7），将查询区域与条件值一一比较，相等返回 TRUE，不等返回 FALSE，从而得到一组由 TRUE 和 FALSE 组成的数组 {TRUE,FALSE,…FALSE}。用 0 除以该数组，除法运算时 TRUE 被视为 1，FALSE 被视为 0，运算结果为一个由 0 和 #DIV/0! 组成的数组 {0, #DIV/0!…#DIV/0!}。由于 LOOKUP 在查询时会忽略错误值，且返回最后一个小于或等于目标值 1 的对应结果，即最后一个 0 值所对应的结果，也就是逻辑判断为 TRUE、条件区域等于条件值的最后一条记录。这样我们就能完成条件值的精确查找，只是这种精确查找的结果与 VLOOKUP 是不同的，后者返回满足条件的第一条记录。这就是 LOOKUP(1,0/(查询区域＝条件值),结果区域) 这一经典语句的运算原理。

🔵 LOOKUP：没错，这就是我的核心语句，通过这个语句我可以轻松完成逆向查询，比 VLOOKUP 效率高且公式简单得多，如图 9.13 所示。

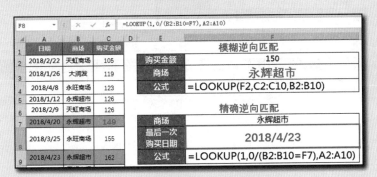

图 9.13　LOOKUP：逆向查询

🔵 小花：LOOKUP 的结果区域本身就是一个单独的参数，所以实现逆向查询简直轻而易举。我听说你的看家本事可不是这个哦！

🔵 LOOKUP：嘿嘿，被你看穿了！接下来我要亮出大招了！

🔵 小花：哦，在 LOOKUP 的 1/0 结构下用多个（查询区域＝条件值）相乘来表示并列条件，只有同时满足所有条件才返回 0，否则均返回 #DIV/0！再运用 LOOKUP 函数查找大于 0 的数 1，结果返回最后一条满足所有条件的记录，如图 9.14 所示。这样就能轻松搞定多条件查询了，太厉害了！

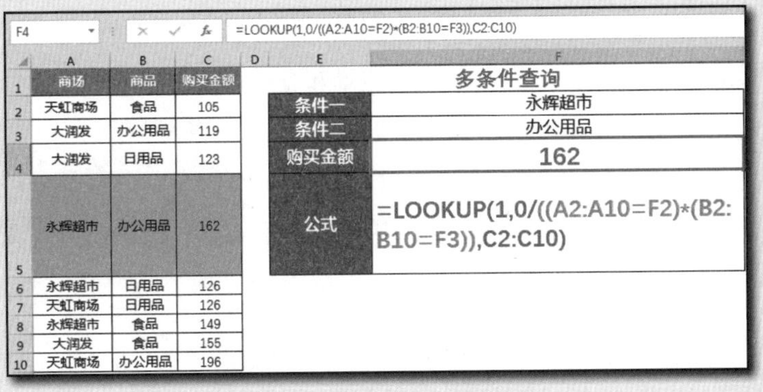

F4	× ✓ fx	=LOOKUP(1,0/((A2:A10=F2)*(B2:B10=F3)),C2:C10)

图 9.14　LOOKUP：多条件查询

🔵 LOOKUP：必须的，我可是 LOOKUP 查询三杰之首啊！VLOOKUP 和 HLOOKUP 能完成的工作我几乎都能搞定。

🔵 小花：HLOOKUP？就是那个著名的活在 VLOOKUP 函数阴影下的不知名函数？我记得它的基本语句是 =HLOOKUP(目标值,查询范围,返回的行数,精确/模糊匹配)。它的用法、运算原理和参数要求等与 VLOOKUP 几乎一模一样，只是 VLOOKUP 是按首行逐一匹配后返回满足条件的行所对应列的值，而 HLOOKUP 正好相反，它是按首列之一匹配后，返回满足条件的列所对应行的值。我们可以认为 HLOOKUP 是将查询范围转置的 VLOOKUP，如图 9.15 所示。

D12 =HLOOKUP(A11,A1:G8,MATCH(B11,A1:A8,0),0)

	A	B	C	D	E	F	G
1	费用科目	1月	2月	3月	4月	5月	6月
2	折旧费	45.39	18.12	35.99	49.34	15.64	21.10
3	直接人工	26.67	20.85	33.89	46.89	25.39	29.71
4	燃料费	35.07	47.86	21.60	33.21	22.52	46.74
5	维修费	11.02	44.05	42.73	18.46	11.57	39.63
6	差旅费	22.39	15.86	13.24	46.76	22.69	29.42
7	办公费	41.32	16.36	30.21	26.36	36.54	20.97
8	低值易耗品	40.93	35.17	17.91	41.84	38.53	23.84
9							
10	按费用科目查询发生额						
11	3月	维修费	公式	=HLOOKUP(A11,A1:G8,MATCH(B11,A1:A8,0),0)			
12			结果	42.73			

图 9.15　HLOOKUP 函数

LOOKUP：没错，VLOOKUP 和 HLOOKUP 分别只能从行列维度去匹配查询，而我则兼具二者的才能。前者不消说，看我表演横向查询，如图 9.16 所示。

D12 =LOOKUP(A11,A1:G1,A5:G5)

	A	B	C	D	E	F	G
1	费用科目	1月	2月	3月	4月	5月	6月
2	折旧费	45.39	18.12	35.99	49.34	15.64	21.10
3	直接人工	26.67	20.85	33.89	46.89	25.39	29.71
4	燃料费	35.07	47.86	21.60	33.21	22.52	46.74
5	维修费	11.02	44.05	42.73	18.46	11.57	39.63
6	差旅费	22.39	15.86	13.24	46.76	22.69	29.42
7	办公费	41.32	16.36	30.21	26.36	36.54	20.97
8	低值易耗品	40.93	35.17	17.91	41.84	38.53	23.84
9							
10	按费用科目查询发生额						
11	3月	维修费	公式	=LOOKUP(A11,A1:G1,A5:G5)			
12			结果	42.73			

图 9.16　LOOKUP：横向查询

小花：确切地说，LOOKUP 并没有横向查询和纵向查询之分。对于 LOOKUP 来说，查询区域只是一行多列或一列多行的一维数组，它的功能就是根据查询区域的匹配情况，返回结果区域中对应的值。由于其查询区域和结果区域是分开填写的两个参数，因此能够同时完成按行和按列查询。明白这一点，对我们实际使用 LOOKUP 相当重要。感谢观看本期函数大舞台，再会！

9.3 万能函数：SUMPRODUCT

小花：小函数也有大乾坤。大家好，今天我们一起来认识传说中的万能函数 SUMPRODUCT。

SUMPRODUCT：无所不在，无所不能，说的就是我，SUMPRODUCT！事实上，一开始的我只是一个乘积和函数，即 SUM 和 PRODUCT 函数的结合体。我可以把几个数组中相对位置一致的数值依次相乘，最后再将这些乘积累加求和，我的基本语句是：SUMPRODUCT(数组1,[数组2],[数组3]…,)，这里有三个注意点：

（1）SUMPRODUCT 函数支持的数组为 1 ～ 30 个；当数组个数为 1 时，相当于简单的求和公式。

（2）所有数组参数必须具有相同的维数（同样多个有效的值），否则，SUMPRODUCT 函数将返回错误值 #VALUE!。这是因为如果参数维度不一致，就会出现某一数组中的数据没有数据相乘的情况，此时函数就会出错。

（3）SUMPRODUCT 函数在运算过程中将非数值型的数组元素（文本、逻辑值等）作为 0 处理。

🌸 小花：图 9.17 中 "公式 1" =SUMPRODUCT(A2:A6,B2:B6) 比较好理解，表示数组 A2:A6 和数组 B2:B6 乘积之和。但是 "公式 2" =SUMPRODUCT((A2:A6)*(B2:B6)) 估计很多小花瓣难以理解，它有点像 SUM 函数的数组公式，但是又没有数组公式的标志大括号 {}，你能解释一下这两个公式的区别吗？

🌸 SUMPRODUCT：你算是问到点子上了。"公式 2" 实际上就是运用数组运算的原理，将两个数组的乘积组成的新数组作为我的第一也是唯一一个参数。这类公式之所以没有数组公式的标志，是利用了我一个超级特性——自带数组运算属性。需要重点指出的是，使用逗号 ","还是使用星号 "*" 分隔每一个独立数组，其运算过程有一个重大差别，即对逻辑值的处理，前者将逻辑值一律视为 0，后者将 TRUE 视为 1，FALSE 视为 0，如图 9.18 所示。分清这两个符号的差别对后续理解我的高级运用非常重要。

图 9.17　乘积和函数

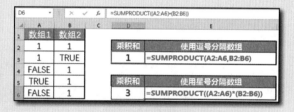

图 9.18　逗号与星号的区别

🌸 小花：使用逗号分隔不同数组时，SUMPRODUCT 函数的基本原理发挥作用，两个数组中的逻辑值都被当成 0，则仅有 A2*B2=1 这组乘积不为 0，所以乘积和为 1；使用星号分隔时，此时星号 * 发挥作用，TRUE 被当成 1，FALSE 被当成 0，此时只有 A4*B4 和 A6*B6 这两个乘积和为 0，所以乘积和为 3。这两个公式理解起来并不难，但它和你所说的高级应用有什么关系呢？

🌸 SUMPRODUCT：聪明的用户，从我的数组运算属性触发，结合星号的使用，开发了我的新语法 =SUMPRODUCT((条件数组 1)*(条件数组 2)…*(统计数组))，至此一个高能的新我全面进入了查询和统计函数的各个领域，成为最全能的函数。

（1）每个条件数组由条件区域、关系预算符（<、>、=、>=、<=、<>，共 6 种）和条件值组成，例如：A1:A10=B1、A1:A10>=B1:B10 等。

（2）所有的条件区域和统计数组区域必须是行列相同，可以是 1*N、M*1 和 M*N 中的任意一种形式，且当前两种同时出现时，必须有对应的第三种形式的条件 / 统计区域，不允许行列不一致的条件 / 统计区域存在。例如，=SUMPRODUCT((A2:A8=F11)*(B1:E1=G10)*(B2:E8)) 是一个正确的函数公式，而 =SUMPRODUCT((A2:A8=F11)*(B1:E1=G10)*(B2:E7))、=SUMPRODUCT((A2:A8=F11)*(B1:D1=G10)*(B2:E8)) 和 =SUMPRODUCT((A2:A7=F11)*(B1:E1=G10)*(B2:E8)) 都 是错误公式。

（3）所有条件数组之间相互独立，我们可以为相同的条件区域设置不同的条件值。特别的，当仅有一个条件且没有统计区域时，为了防止逻辑值被当成 0 处理，我们会在公式中添加“ *1”来对逻辑值进行乘除运算，从而将它们转为相应的数值。

小花：听了你的一番讲解，我忽然脑洞大开，我发现可以用 SUMPRODUCT 函数来完成一项复杂的计数运算，即统计销售员的业绩表现，如图 9.19 所示。

F2 =SUMPRODUCT((B2:B9>C2:C9)*1)

	A	B	C	D	E	F	G
1	姓名	当期业绩	基期业绩		业绩表现	人数	公式
2	李泽	126	200		增长	3	=SUMPRODUCT((B2:B9>C2:C9)*1)
3	陈世	330	110		持平	1	=SUMPRODUCT((B2:B9=C2:C9)*1)
4	董兰杰	290	114		衰退	4	=SUMPRODUCT((B2:B9<C2:C9)*1)
5	郭振哲	255	140				
6	冯倩	113	267				
7	钟洪璘	195	195				
8	赵钦华	211	299				
9	霍小英	158	168				

图 9.19 同比计数

SUMPRODUCT：将 B2:B9 和 C2:C9 中的单元格一对一比对，对符合条件的项计数，进而求出同比增长的人数，这个功能用计数函数也可以完成，而用我除了同样保质保量以外，还能更进一步，如果我们要统计业绩连续增长的人员数量，这时用计数函数将十分复杂，而我则能轻易完成，如图 9.20 所示。

A12 =SUMPRODUCT((C2:C9>B2:B9)*(D2:D9>C2:C9)*(E2:E9>D2:D9))

	A	B	C	D	E
1	姓名	一季度	二季度	三季度	四季度
2	钟文君	212	121	101	375
3	王慧	195	269	323	476
4	严成来	319	480	219	324
5	唐水兵	216	106	289	196
6	陈锦锋	211	262	371	347
7	王威兰	432	176	419	216
8	吴鑫勋	232	163	363	362
9	钟弘嘉	137	201	286	461
10					
11	持续增长人数	公式			
12	2	=SUMPRODUCT((C2:C9>B2:B9)*(D2:D9>C2:C9)*(E2:E9>D2:D9))			

图 9.20 环比计数

小花：这里的每一个条件数组都与图 9.19 的同比计数如出一辙，但是由于是多个条件相乘的格式，所以必须满足每一个条件，即业绩持续增长的销售员才会被计数。这里的 C 列和 D 列的单元格都被多次引用，但没有相互影响，我们不难发现，SUMPRODUCT 函数中的每个条件都是相互独立的。

SUMPRODUCT：其实很多人并不熟悉这种数组 = 数组的条件形式，他们更习惯于看到条件数组 / 区域 = 条件值这样的条件式。而这也是让我大放异彩的一种应用语句。在这种状态下的我，几乎能抢光所有查询和计数函数的活。先勉强拿 COUNTIF 函数开刀，如图 9.21 所示。

F3　=SUMPRODUCT((C2:C11<=60)*1)

	A	B	C	D	E	F	G
1	姓名	性别	成绩		条件	人数	公式
2	冯英豪	男	46		女	5	=SUMPRODUCT((B2:B11=E2)*1)
3	丘征文	男	99		不及格	3	=SUMPRODUCT((C2:C11<=60)*1)
4	潘欣星	女	54				
5	成嘉斌	男	86				
6	李笑	女	59				
7	李霭清	女	69				
8	褚苑延	男	76				
9	练紫	女	61				
10	江超	男	87				
11	赖小娇	女	92				

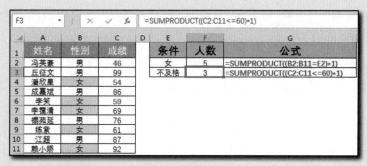

图 9.21　条件计数

小花：条件不难理解，主要是这两个公式都运用了“*1”结构来将逻辑判断结果转化为数值参与运算，这使得判断结果为 TRUE 的条件区域都计 1，从而实现条件计数的功能。如果我们使用两个以上的条件数组相乘，则可以进行多条件计数且无须添加“*1”结构，如图 9.22 所示。

F3　=SUMPRODUCT((B2:B11=F1)*(C2:C11>85))

	A	B	C	D	E	F
1	姓名	性别	成绩		条件1	男
2	冯英豪	男	46		条件2	85分以上
3	丘征文	男	99		人数	3
4	潘欣星	女	54		公式	=SUMPRODUCT((B2:B11=F1)*(C2:C11>85))
5	成嘉斌	男	86			
6	李笑	女	59			
7	李霭清	女	69			
8	褚苑延	男	76			
9	练紫	女	61			
10	江超	男	87			
11	赖小娇	女	92			

图 9.22　多条件计数

SUMPRODUCT：除此之外，COUNTIFS 函数很擅长的分组排名功能，我也能妥妥搞定，如图 9.23 所示。

D2　=SUMPRODUCT(($A$2:$A$11=$A2)*($C$2:$C$11>=$C2))

	A	B	C	D	E
1	区域	姓名	得分	区域排名	
2	一区	李映文	9	4	
3	二区	林名	20	1	
4	一区	李玉友	7	5	
5	二区	陈梅	13	2	
6	一区	梁炜文	19	1	
7	一区	陈翠森	14	2	
8	二区	梁兴宇	2	5	
9	二区	陈景华	5	4	
10	一区	宋婉莹	11	3	
11	二区	赖美美	12	3	
12					
13	D2公式				
14	=SUMPRODUCT(($A$2:$A$11=$A2)*($C$2:$C$11>=$C2))				

图 9.23　分组排名

小花：这个公式和 SUMIFS 函数的排名公式太像了，无非将 SUMIFS 函数的条件区域和条件值糅合在一个条件数组中。真是太机智了！

SUMPRODUCT：别急着夸我，我的本领还多着呢！之前我展示的公式都没有统计数组。接下来我们就来增加点难度，把它加到公式里来，看看会有什么神奇的变化！首先，当然是抢走SUMIF函数的饭碗咯，如图9.24所示。

E4 =SUMPRODUCT((A2:A11=E2)*(C2:C11))

	A	B	C
1	集团	厂家	一季度销量
2	上汽	上汽乘用车	181,838
3	广汽	广汽乘用车	386,296
4	广汽	广汽本田	168,464
5	东风	东风日产	248,849
6	上汽	上汽通用	491,269
7	一汽	一汽大众	526,978
8	上汽	上次大众	513,058
9	广汽	广汽丰田	111,158
10	东风	东风本田	156,092
11	一汽	一汽丰田	186,603

E
集团
广汽
一季度销量
665,918
公式
=SUMPRODUCT((A2:A11=E2)*(C2:C11))

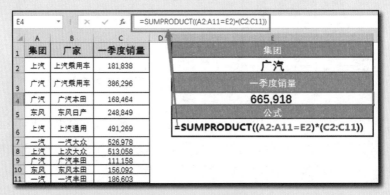

图9.24　单一条件求和

小花：感觉你这个条件数组/区域=条件值的条件式还真是无所不能，几乎能完成所有的条件匹配运算！

=SUMPRODUCT((A2:A11=E2)*(C2:C11))

A2:A11=E2是SUMIF函数的第一个参数和第二个参数的合体，代表一个完整的条件判断，而*(C2:C11)则实现了将满足条件的单元格加起来的功能。这就是SUMPRODUCT函数的厉害之处，没有什么是加一个条件式搞不定的问题。

SUMPRODUCT：那是，如果有，那就再来一打！且看我实力叫板SUMIFS函数，如图9.25所示。

I2 =SUMPRODUCT((A2:A10=F2)*(B2:B10=G2)*(C2:C10=H2)*(D2:D10))

	A	B	C	D
1	部门	渠道	产品	销售量
2	销售一部	经销	A产品	85
3	销售三部	直营	B产品	36
4	销售二部	经销	A产品	17
5	销售二部	经销	B产品	65
6	销售一部	经销	A产品	18
7	销售二部	直营	B产品	26
8	销售三部	经销	A产品	44
9	销售一部	直营	B产品	50
10	销售三部	经销	A产品	63

F	G	H	I
部门	渠道	产品	销售量
销售一部	经销	A产品	103

I2公式如下

=SUMPRODUCT((A2:A10=F2)*(B2:B10=G2)*(C2:C10=H2)*(D2:D10))

公式说明

=SUMPRODUCT((条件一)*(条件二)*(条件三)*(求和区域))

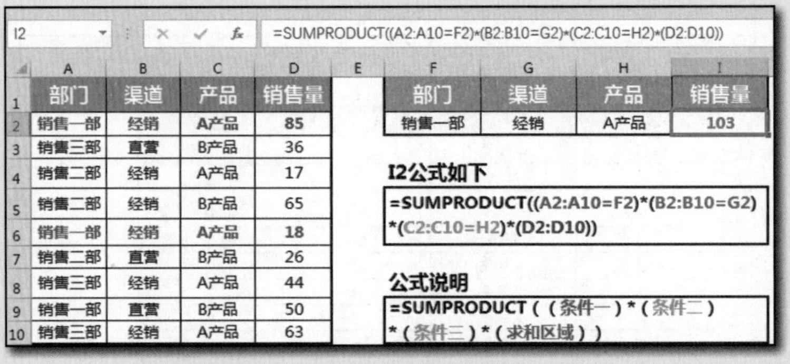

图9.25　多条件求和

小花：不是说你是查询函数吗？怎么都看到你在求和计数，赶紧秀真本事吧！

SUMPRODUCT：严格意义上来说，我并不是查询函数而是求和函数，当且仅当查询目标为数值，且所有条件式最终指向单一结果时，我的求和结果即为查询目标值，所以我只能称作“伪查询函数”，如图9.26所示。

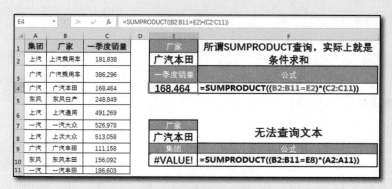

图 9.26 伪查询，真求和

小花：因为满足条件的记录唯一且为数值型数据，所以其求和结果即为其本身，因此可以将求和结果视为查询结果。这样看来，SUMIF 和 SUMIFS 也可以客串查询函数吧？问题是，为什么它们没有被用来做查询，而你却不一样？

SUMPRODUCT：这是因为我的多条件查询功能不仅可以支持多个行条件，还支持同步匹配列条件，我一个人顶 VLOOKUP+MATCH，如图 9.27 所示。

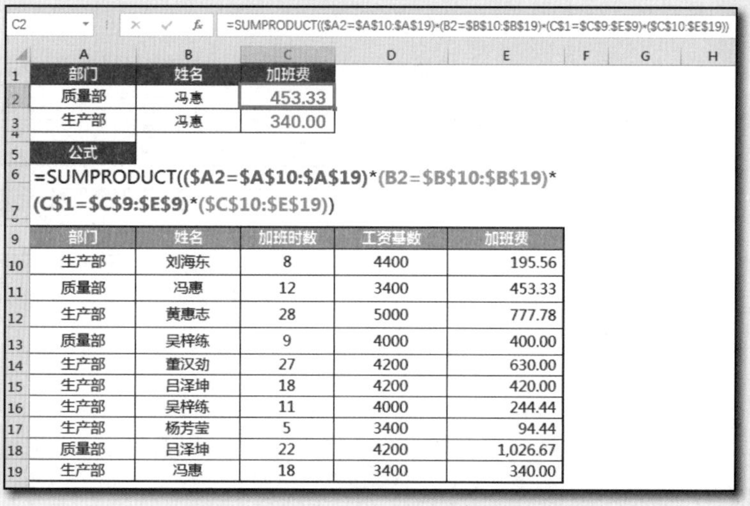

图 9.27 SUMPRODUCT 的交叉查询

小花：这个公式是一个极容易出现错误的公式，因为它对行列区域的大小要求非常高。区域包含多行的一定要有相同的行数，包含多列的则一定要有相同的列数。以 C2 单元格公式为例：

=SUMPRODUCT(($A2=$A$10:$A$19)*(B2=$B$10:$B$19)*(C$1=$C$9:$E$9)*($C$10:$E$19))

行条件区域 A$10:$A$19 与 $B$10:$B$19 都是从第 10 行到第 19 行，共 10 行；而列条件区域 $C$9:$E$9 是从 C 列到 E 列共三列，如果继续添加列条件，则列条件区域也一定是 3 列。最后统计区域 $C$10:$E$19 是一个多行多列区域，需同时与行列条件区域的大小相同，即 10 行 3 列。只有所有区域大小完全一致，SUMPRODUCT 函数的运算结果才不会出错。

SUMPRODUCT：嗯，虽然我可以支持多个行条件和多个列条件，但是我对各个区域的规整性要求是相当高的。通常这些区域不仅大小一致，而且相互平行，其起终点行序 / 列序相同，这确保了数据查询的准确性。

小花：高能函数各个脾气大，理解理解！本期节目到此结束，感谢收看！

9.4 坐标索引函数：INDEX

小花：小函数也有大乾坤，让我们掌声有请今天的主角——INDEX 函数。

INDEX：查询函数四大天王你们认识了三个，加上我就圆满了。我就是 INDEX，一个根据给定的位置坐标，从指定数组或单元格区域中索引对应数据的函数。我的基本语句是

= INDEX(查询区域 , 行序 , 列序 , 区域号)

其中：

（1）行序、列序、区域号都可以根据需要选择输入与否。

（2）查询区域可以是数组常量或单元格区域引用。

（3）行序和列序并不是单元格行号或列号，而是目标单元格在查询区域中的坐标位置。举个例子，同样是查询引用 B2 单元格，当查询区域为 A1: D4，则行序为 2，列序也为 2，因为 B2 出现在 A1:D5 区域的第 2 行第 2 列；当查询区域为 B2:E5，则行序列序都为 1，因为此时 B2 出现在 B2: E5 的第 1 行第 1 列，如图 9.28 所示。

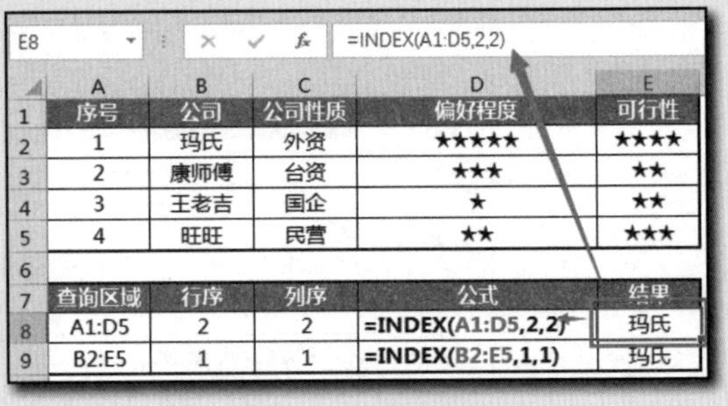
E8 =INDEX(A1:D5,2,2)

	A	B	C	D	E
1	序号	公司	公司性质	偏好程度	可行性
2	1	玛氏	外资	★★★★★	★★★★
3	2	康师傅	台资	★★★	★★
4	3	王老吉	国企	★	★★
5	4	旺旺	民营	★★	★★★
6					
7	查询区域	行序	列序	公式	结果
8	A1:D5	2	2	=INDEX(A1:D5,2,2)	玛氏
9	B2:E5	1	1	=INDEX(B2:E5,1,1)	玛氏

图 9.28 INDEX 函数的基本运用

小花：这么看来，你的查询原理可比你三个查询大咖好理解得多，嘿嘿！

INDEX：这就是大道至简吧。虽然原理简单，但我的本事和变化可一点也不简单。拿查询区域来说吧，它可以简化到仅是一行或一列，也可以复杂到对多个多行多列区域的联合引用，厉害着呢！当查询区域仅为一行或一列，可以仅输入一个参数，该参数即为行序或列序。当查询区域引用多个不连续区域时，此时需要输入第四个参数——区域号，如果省略区域号，则默认从第一个区域中取数，如图 9.29 所示。

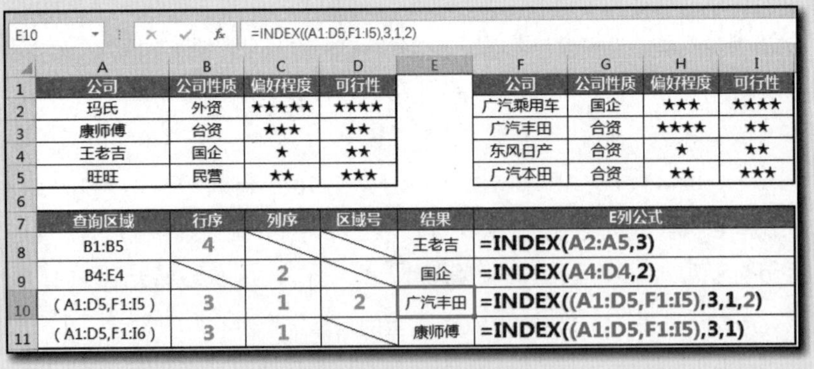
E10 =INDEX((A1:D5,F1:I5),3,1,2)

	A	B	C	D	E	F	G	H	I
1	公司	公司性质	偏好程度	可行性		公司	公司性质	偏好程度	可行性
2	玛氏	外资	★★★★★	★★★★		广汽乘用车	国企	★★★	★★★★
3	康师傅	台资	★★★	★★		广汽丰田	合资	★★★★	★★
4	王老吉	国企	★	★★		东风日产	合资	★	★★
5	旺旺	民营	★★	★★★		广汽本田	合资	★★	★★★
6									
7	查询区域	行序	列序	区域号	结果	E列公式			
8	B1:B5	4			王老吉	=INDEX(A2:A5,3)			
9	B4:E4		2		国企	=INDEX(A4:D4,2)			
10	(A1:D5,F1:I5)	3	1	2	广汽丰田	=INDEX((A1:D5,F1:I5),3,1,2)			
11	(A1:D5,F1:I6)	3	1		康师傅	=INDEX((A1:D5,F1:I5),3,1)			

图 9.29 INDEX 函数的进阶用法

🌸 小花：看来你还是收放自如的高手啊！据我所知，你还很痴情呢！说说吧，和花瓣们分享一下你和 MATCH 的爱情故事吧。

🌸 INDEX：天！谁传的谣言。我和 MATCH 虽然形影不离，但绝对是纯洁的革命友谊。我能根据行列坐标查询指定单元格，却没办法根据条件确定具体的行列坐标，而 MATCH 函数能返回目标值出现在条件区域的序数，却不能根据行列序数返回查询单元格的值。我们刚好优势互补，因此自然很快就建立了长期合作关系。INDEX 和 MATCH 的结合，可以玩出很巧妙的条件查询用法，比如匹配行条件查找指定列的值（VLOOKUP 的强项）、匹配列条件查找指定行的值（HLOOKUP 的强项）、逆向查询（LOOKUP 函数的强项），如图 9.30 所示。

	A	B	C	D
1	公司	公司性质	偏好程度	可行性
2	玛氏	外资	★★★★★	★★★★
3	康师傅	台资	★★★	★★
4	王老吉	国企	★	★★
5	旺旺	民营	★★	★★★
7	匹配行查找列			
8	公司	偏好程度	B9的公式	
9	玛氏	★★★★★	=INDEX(C2:C5,MATCH(A9,A2:A5,0))	
11	匹配列查找行			
12	公司	公司性质	B13的公式	
13	王老吉	国企	=INDEX(A4:D4,MATCH(B12,A1:D1,0))	
15	逆向查询			
16	公司性质	公司	B17的公式	
17	台资	康师傅	=INDEX(A2:A5,MATCH(A17,B2:B5,0))	

图 9.30 INDEX+MATCH

🌸 小花：其实早在 VLOOKUP 登场时，我们就已经和 MATCH 函数打过交道了。这里的主要功能是利用 INDEX 的查询区域为一行或一列时，只需输入目标值的行序或列序这一个参数时即可准确查询的特性，将 MATCH 匹配条件值得出的序数作为 INDEX 取值的依据。原理挺简单的，比如 B9 的公式 =INDEX(C2:C5,MATCH(A9,A2:A5,0))，首先使用 MATCH 匹配目标条件值"玛氏"在"公司"列 A2:A5 中出现的序数 1，然后利用 INDEX 取查询区域 C2:C5 的第一个单元格 C2 的值"★★★★★"，从而完成条件查询工作。由于 INDEX 函数的查询区域和 MATCH 的查询区域是相对独立的两个参数，所以我们可以很轻松地完成逆向查询，这和 LOOKUP 有异曲同工之妙。

🌸 INDEX：对于 SUMPRODUCT 的长处，同时匹配行列条件的交叉查询，我兄弟两个也能合力完成，如图 9.31 所示。

B9		× ✓ fx	=INDEX($B$2:$G$5,MATCH($A9,$A$2:$A$5,0),MATCH(B$8,$B$1:$G$1,0))				
	A	B	C	D	E	F	G
1	原材料	1月	2月	3月	4月	5月	6月
2	面粉	480	154	244	334	424	514
3	棕油	317	137	176	215	254	293
4	纸箱	205	139	422	705	988	1271
5	两片罐	318	218	252	286	320	354
7	交叉查询						
8	原材料	2月	5月	B9的公式			
9	面粉	154	424	=INDEX($B$2:$G$5,MATCH($A9,$A$2:$A$5,			
10	纸箱	139	988	0),MATCH(B$8,$B$1:$G$1,0))			

图 9.31 INDEX 函数的交叉查询

🌸 小花：同时使用两个 MATCH 函数来返回指定条件所对应的行序和列序，然后用 INDEX 函数从多行多列的查询区域中取数。INDEX 函数和 MATCH 函数就是如此亲密无间。

🌸 INDEX：其实我除了和 MATCH 经常合作外，还和其他函数也有很好的化学反应，其中比较出名的就是 INDEX+SAMLL+IF 组成的批量查询公式，如图 9.32 所示。

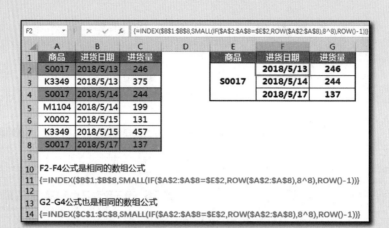

图 9.32　INDEX+SMALL+IF

小花：这就是传说中的批量查询，即一个公式返回满足条件的全部值。这也太帅了吧，这样的高端操作我们并不要求花瓣们掌握，了解即可，有兴趣的可以自行尝试理解和使用。大致的原理是先用 IF 函数返回满足条件的全部行序，然后通过 SMALL 函数依次取最小到第 N 小的行序，最后通过 INDEX 函数返回结果列上对应位置的数。

INDEX：还有呢，我还能完成……

小花：好好好，打住，知道你能行不行！但是今天我们只讲这些内容，点到为止。相信学会了 INDEX+MATCH 这对黄金搭档，就已经让很多花瓣十分受用了。感谢函数大舞台的最后一位嘉宾 INDEX 函数，杀青了！

VLOOKUP、LOOKUP、SUMPRODUCT 和 INDEX 是查询函数中使用频率最高、功能最强大、最能提高工作效率的"四大天王"。学会了本章中重点讲解的用法，相信解决日常工作中的查询问题绰绰有余。希望花瓣们学以致用，迅速变身为工作效率达人。

第十章

Excel 知识金字塔：通往大师之路

本书前面的章节中，我们分享了很多 Excel 技巧，也讲解了一些高频函数，于是有人就有疑问了，是不是掌握了这些技巧和函数，就能成为 Excel 大师了？不是的，Excel 技巧和函数只是 Excel 知识金字塔的底层运用，我们分享和讲解这些知识，是因为它们使用最频繁，能解决工作中遇到的绝大多数问题。掌握了这些技巧和函数，就能算得上是 Excel 效率达人了，但要成为大师，还有很长的路要走。那么问题来了，要学会哪些 Excel 技能才能称之为大师呢？在回答这个问题之前，让我们来了解一下，Excel 知识金字塔上到底有哪些内容，如图 10.1 所示。

图 10.1　Excel 知识金字塔

1 实用技巧

在本书的第 2、3、4 章，我们深入学习了各类技巧的使用方法。这些技巧都有一个共同的特点——简单实用。这些技巧往往只能应对某一种特定的情境，但一学就会，一用就能解决问题。这些技巧是位于 Excel 知识金字塔最底层的基础知识，它涵盖面非常广，知识零散，很难系统化学习，很多用法和技能更是可遇不可求。学习这类知识，重在积累和总结。

2 效率提升——函数和数据透视表

如果说技巧是一锤子买卖，那么函数和数据透视表则克服了这一缺点，它们都具有动态变化、普适性和循环使用的能力。当 Excel 金字塔进入第二层，解决问题的思路也从静态演变成动态，由单一到复杂，函数和数据数据表的应用，提供了模板化工作方法的实现手段，也让数据的分析汇总和查询引用得以实现，这大大提高了工作效率。

当我们学会了用技巧去处理简单问题，用函数和透视表去整理分析得出结论后，紧接着就会面临如何去展现成果并直观突出数据的问题。这需要进行表格的可视化。本书第4章中谈到了边框、迷你图和条件格式这些重要的可视化手段，但可视化的真正主角永远是图表。Excel中为我们提供了很多基本的图表，例如折线图、饼图、条形图等，由这些基本图形的变化、组合以及与函数、定义名称乃至窗体控件的联合使用，使图表千变万化并精彩纷呈。简单的图表人人信手拈来，而好看实用的图表则充满套路和想象。

很遗憾，本书的定位和篇幅限制了我们对图表绘制的进一步解读。但是笔者还是觉得有必要通过部分实例来开拓花瓣们的思路，给花瓣们一点启示并提升学习可视化的热忱。

【例1】图10.1中的金字塔图，其本质就是一张简单的面积图，将金字塔图转变成面积图的关键就是对数据源的设置，如图10.2所示。

▲	A	B	C	D	E	F	G	H	I	J	K	L	M	N
1	层级	点1	点2	点3	点4	点5	点6	点7	点8	点9	点10	点11	点12	点13
2	智能化						5	6	5					
3	大数据				4	5	5	5	4				
4	个性化			3	4	4	4	4	4	3			
5	可视化		2	3	3	3	3	3	3	2			
6	效率	1	2	2	2	2	2	2	2	2	1		
7	实用	0	1	1	1	1	1	1	1	1	1	1	0

图 10.2　金字塔的秘密

【例2】简单的堆积柱形图稍加装饰也可以变成吸引眼球的瀑布图，如图10.3所示。

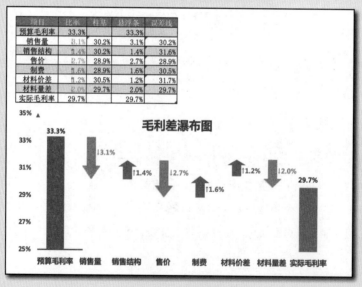

图 10.3　瀑布图

【例3】当气泡图联手棋盘，则可以实现横向和纵向同时对比，而当它遭遇管理学经典理论，竟是一场不期而遇的美好，如图10.4和图10.5所示。

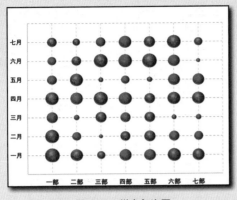

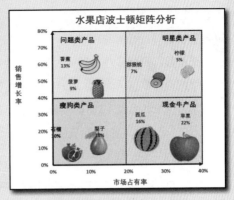

图 10.4　棋盘气泡图　　　　　　　　图 10.5　波士顿矩阵气泡图

【例 4】如果我们将柏拉图与切片器结合起来，就可以任意选择需要可视化的数据，做到多维度展示，如图 10.6 所示。

【例 5】当窗体控件被应用到图表中，可以动态变化的高级图表应运而生，如图 10.7 所示。

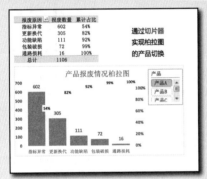

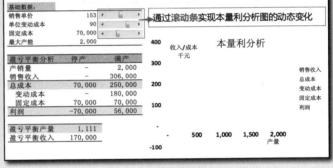

图 10.6　柏拉图与切片器　　　　　　图 10.7　动态本量利分析

上面展示的图表只是精美表格的沧海一粟，但从中我们可以窥见，数据可视化是一项集 Excel 各层级知识、审美和创意于一身的高级技术活。只有具备一定的 Excel 技能，才能告别土里土气，华丽变身！

4. 个性化开发

当 Excel 自带的功能不能满足使用需要或者效率低下时，大神们就会考虑开发个性化的宏、自定义函数、加载项或者工具等，甚至还有很多以 Excel 为载体的游戏。开发 Excel 的方式有很多，坦白说，笔者作为非专业人士，仅仅对 VBA 略知一二，但已经让我受益匪浅。下面分享几个我编写的 VBA 语句，简单粗糙，勿嗔勿怪！

【例 1】自定义条件颜色求和函数。

基本语句：

=SUMCOLOR(颜色区域 , 颜色条件 , 求和类型)

用法说明：

SUMCOLOR 是一个通过 VBA 自主编写的函数，它可以根据条件将相同填充颜色或字体颜色的单元格进行求和。

第一个参数：目标求和区域。

第二个参数：目标颜色，既可以是某一个单元格也可以是单元格区域。

第三个参数：默认值为 1，表示按填充颜色求和；若为 0 则按字体颜色求和。

该函数在求和区域数值变化时会自动计算，但颜色变化时无法自动计算，需按 <F9> 键重算（VBA 中，颜色变化无法自动触发过程）。

VBA 代码（见图 10.8）

```
(通用)                                                    SUMCOLOR
Function SUMCOLOR(rgs As Range, rg As Range, Optional cIndex As Boolean = True)
Application.Volatile
Dim s_rgs As Variant
Dim p_rg, p_rgs As Range
For Each p_rg In rg
   For Each p_rgs In rgs
   If cIndex = True Then
      If p_rgs.Interior.Color = p_rg.Interior.Color Then
         s_rgs = s_rgs + IIf(IsNumeric(p_rgs.Value), p_rgs.Value, 0)
      End If
   Else
      If p_rgs.Font.Color = p_rg.Font.Color Then
         s_rgs = s_rgs + IIf(IsNumeric(p_rgs.Value), p_rgs.Value, 0)
      End If
   End If
   Next
Next
   SUMCOLOR = s_rgs
End Function
```

图 10.8　SUMCOLOR 的 VBA 代码

实战演练（见图 10.9）

B10 =SUMCOLOR(B2:B7,A10,FALSE)

	A	B	C
1	部门	人数	
2	财务部	7	
3	市场部	16	
4	人资部	5	
5	法务部	4	
6	生产部	36	
7	销售部	30	
8			
9	颜色条件	结果	公式
10	红色字体	16	=SUMCOLOR(B2:B7,A10,FALSE)
11	蓝色填充	82	=SUMCOLOR($B$2:$B$7,A11:A12,TRUE)
12	红色填充		

图 10.9　SUMCOLOR 实战演练

【例 2】Excel 灯光师。

笔者尝试做过两个跟聚焦数据有关的 Excel 灯光效果，一个是聚光灯，它能将与所选区域同行同列的单元格都用条件格式凸显出来；另一个是追光灯，它能够将指定范围内与所选单元格相同或相近内容的单元格凸显出来，如图 10.10 和图 10.11 所示。这里 VBA 的用法仅仅是获取选中单元格的行序、列序和内容，主要功能在于条件格式和定义名称，有兴趣的花瓣可以在我的公众号里查阅相关文章。

	A	B	C	D	E	F	G
1	品项	1月	2月	3月	4月	5月	6月
2	产品1	147	193	222	130	257	277
3	产品2	263	124	170	123	161	126
4	产品3	224	201	284	257	113	217
5	产品4	137	251	182	250	231	114
6	产品5	294	160	200	288	100	161
7	产品6	246	137	126	[illegible]	129	202
8	产品7	268	156	149	220	140	119
9	产品8	263	196	255	300	155	216
10	产品9	174	147	181	281	184	257
11	产品10	193	263	204	275	195	174

图 10.10　聚光灯

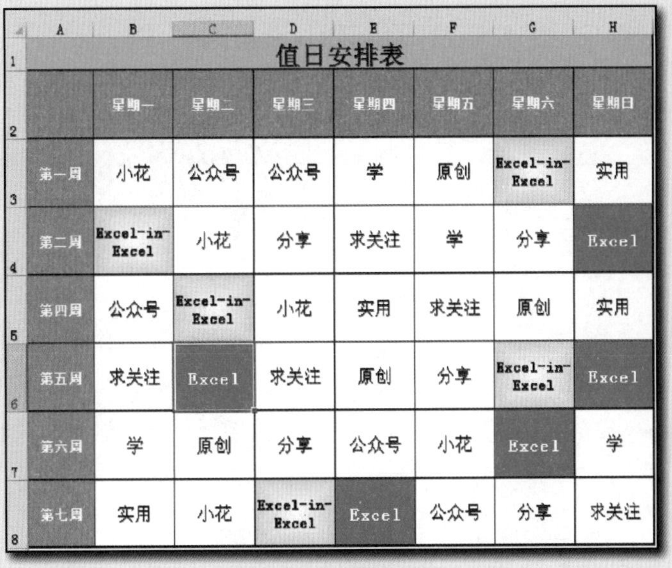

值日安排表

	星期一	星期二	星期三	星期四	星期五	星期六	星期日
第一周	小花	公众号	公众号	学	原创	Excel-in-Excel	实用
第二周	Excel-in-Excel	小花	分享	求关注	学	分享	Excel
第四周	公众号	Excel-in-Excel	小花	实用	求关注	原创	实用
第五周	求关注	Excel	求关注	原创	分享	Excel-in-Excel	Excel
第六周	学	原创	分享	公众号	小花	Excel	学
第七周	实用	小花	Excel-in-Excel	Excel	公众号	分享	求关注

图 10.11 追光灯

5. 大数据与智能化

作为 Excel 数据分析与可视化的最前沿技术，Power Query、Power Pivot、Power Viewer、Power Map 提供了大数据时代处理超大数据的专业化工具，它们远胜于 Sheet 函数强大的数据处理能力。而 Power BI 则是在集成上述 4P 工具的基础上加强了可视化的一套商业化智能分析工具，它代表着办公数据处理技术革新的方向和未来，是处于 Excel 知识金字塔顶层的尖端技术。

回到最初的问题，怎么样的人才能称之为 Excel 大师？这是一个仁者见仁、智者见智的问题，我个人认为，一个 Excel 大师，应当是对 Excel 金字塔下半部分的基础知识有深入的研究，并对金字塔顶层的高端技能有一定涉猎的人。这样的人总能以全面的思路来给出解决问题的可行方案，不会因知识的缺陷而束手无策，或者徒费心力而不自知。他们熟练地使用着各种技巧、用熟悉的函数写出陌生而简单的公式搞定复杂问题、对图表有着很深的造诣、用 VBA 等高级工具简化工作。最可怕的是，即使他们已经成为办公室的 Excel 头牌，即使他们已经能很好地完成工作，他们仍然比别人更快地在学习中成长，仍然坚持不懈地探究高效的解决方案。知识广博，经验丰富，但始终充满敬畏并谦逊勤学的人，我称之为 Excel 大师。